高等院校艺术设计专业精品系列教材

“互联网+”新形态立体化教学资源特色教材

装饰材料与构造设计

（第 2 版）

张玲　王金玲　编著

中国轻工业出版社

图书在版编目（CIP）数据

装饰材料与构造设计 / 张玲，王金玲编著，—2 版，—北京：中国轻工业出版社，2024.8
全国高等教育艺术设计专业规划教材
ISBN 978-7-5184-1837-4

Ⅰ．①装…Ⅱ．①张…②王…Ⅲ．①建筑材料：装饰材料－高等学校－教材②建筑装饰、建筑构造－高等学校－教材Ⅳ．①② TU56 TU767

中国版本图书馆 CIP 数据核字（2018）第 014707 号

责任编辑：王　淳　李　红
策划编辑：王　淳　　　责任终审：孟寿萱　　　封面设计：峰尚设计
版式设计：汤留泉　　　责任校对：李　靖　　　责任监印：张京华

出版发行：中国轻工业出版社（北京鲁谷东街 5 号，邮编：100040）
印　　刷：三河市万龙印装有限公司
经　　销：各地新华书店
版　　次：2024 年 8 月第 2 版第 5 次印刷
开　　本：880×1230　1/16　印张：9.75
字　　数：250 千字
书　　号：ISBN 978-7-5184-1837-4　定价：48.00 元
邮购电话：010-85119873
发行电话：010-85119832　010-85119912
网　　址：http：//www.chlip.com.cn
Email：club@chlip.com.cn

241483J1C205ZBW

前 言

随着艺术设计专业的不断发展，装饰材料与构造设计现已成为环境艺术设计专业的物质基础，所有的设计方案最终都要通过“材料”与“构造”来表达。即使是优秀的设计师也要全面掌握材料特性与构造原理，本书能适时地支撑设计师的创意思维。

装饰材料这类课程内容非常丰富，很多高校的艺术设计专业都在开设相关课程，全面了解材料与构造成为广大青年学生深入设计的基本功。从实践到教学，再从教学到实践，我们不断地积累、总结装饰材料，极力尝试运用新材料、新工艺来提高设计品质和施工效率。装饰材料与构造设计在不断地更新变化，早些年流行的胶合板和木芯板逐渐转化为纤维板或实木板、钉结合的固定工艺逐渐转化为成品连接件，在表现现代设计风格的同时，还能提高操作效率。装饰材料的运用不能一成不变，创新的材料产品还得通过新型设备来加工，手工锯、铁钉锤也逐渐让位于切割机、射钉枪等电气工具。要在理论学习中了解这些不断变化的知识，非常不易。这部教材的编写正是针对这种现状，全面地概括了装修手法，系统地介绍了装饰材料与构造设计，将实践经验直观地奉献给广大读者。

本书分为上、下篇，共18章，分别介绍装饰材料与构造设计，每种材料与构造都列举出图片来作直观讲解，重点内容还另设“熟记要点”栏目，强化学习效果。本书适用于环境艺术设计、室内设计、建筑装潢设计等专业本、专科课程教学，也是装饰设计工作者、施工人员的必备参考读物。本教材附有PPT课件二维码,请读者用手机扫描后在计算机上阅读。为本书提供资料的师生如下:姚丹丽、柏雪、李平、张达、杨清、刘涛、万丹、汤留泉、刘星、胡文秀、向芷君、李帅、汪飞、张文轩、马文丹、史凡娟、祝旭东、王涛、袁朗、曹玉红、窦真、黄晓峰,在此表示感谢.

编者

2018年3月

目 录

第十六章　地面

第十七章　门窗

第十八章　家具

PPT课件二维码，请在计算机上阅读（1章—5章）

上篇 · 装饰材料

PPT课件二维码，请在计算机上阅读（6章—10章）

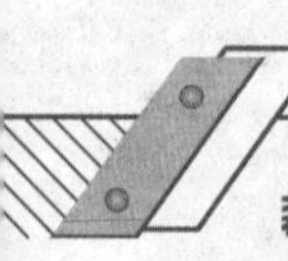

图1-1　酒店套房装饰

第一章　装饰材料概述

装饰材料是装饰设计与施工的物质基础，任何装饰工程都要使用装饰材料。现代装饰材料门类丰富、品种齐全，在很大程度上简化了设计与工艺，但是也加大了我们认识材料的难度。全面了解现代化的装饰材料需要具备敏锐的洞察力和时尚的生活观，理论知识要与实践经验相结合，才能完全掌握这门学科。

第一节 装饰材料概念

现代社会的科技水平发展很快，不断给装饰材料注入新概念、新产品，知识面也在不断拓宽。传统的装饰材料按形态来定义，主要分为“五材”，即实材、板材、片材、型材、线材五个类型，这些归纳今天仍旧在用。但是现代工业的新技术、新工艺又派生出各种新型材料，如真石漆、液体墙纸等，这就完全超越了传统观念。

装饰材料是指直接或间接用于装饰设计、施工、维修中的实体物质成分，通过这些物质的搭配、组合能创造出适宜使用的环境空间。

装饰装修的目的是为了美化建筑的内外环境空间，保护建筑的主体结构，延长建筑及室内空间的使用年限，营造一个舒适、温馨、安逸、高雅的生活环境和工作场所。目前，装饰材料的功能主要表现在以下三个方面。

1. 装饰功能

装饰工程最显著的效果就是满足装饰美感，室内外各基层面的装饰都是通过装饰材料的质感、色彩、线条样式来表现的。设计师通过对这些样式的巧妙处理来改进我们的生活空间，从而弥补原有建筑设计的不足，营造出理想的空间氛围和意境，美化我们的生活（见图1-1）。例如：天然石材不经过加工打磨就没有光滑的质感，只有经过表面处理后，才能表现其真实的纹理色泽；普通原木非常粗糙，但是经过精心刨切之后，所形成的板材或方材就具备很强的装饰性；金属材料昂贵，配置装饰玻璃后，用到精致的细节部位才能体现其自身的价值。

2. 保护功能

建筑在长期使用过程中会受到日晒、雨淋、风吹、撞击等自然气候或人为条件的影响（见图1-2），会造成建筑的墙体、梁

熟记要点

传统“五材”

1.实材：即原材，主要是指原木制成的木方，常用的原木有杉木、榆木、水曲柳等。目前，在装饰装修中所用的木方主要由杉木制成，其他木材主要用于配套家具和雕花配件。实材以立方米为单位。

2.板材：是指由各种木材或其他材料加工成单张的产品，统一规格为1220mm×2440mm。常见的有木芯板、胶合板、纤维板、石膏板等。板材以张为单位。

3.片材：是指将石材、陶瓷、木材、竹材加工成块的产品。其中石材以大理石、花岗岩为主，其厚度基本上为15~20mm，品种繁多，花色不一，价格依材质而定。片材以平方米为单位。

4.型材：主要是钢、铝合金和塑料制品，适用于承重结构，尤其是门窗的制作和栅栏的造型。型材以根为单位。

5.线材：主要是指木材、石膏或金属加工而成的产品。主要包括木线条、石膏线条、不锈钢制成的装饰边条等，长度一般为2.4m或3.6m。线材以米为单位。

柱等结构出现腐蚀、粉化、裂缝等现象，影响了室内空间的使用寿命。这就要求装饰材料应该具备较好的强度、耐久性、透气性、调节空气湿度、改善环境等持久性能。选择适当的装饰材料对居室表面进行装饰，能够有效地提高建筑的耐久性，降低维修费用。例如：在卫生间墙地面铺贴瓷砖，可减少卫生间高温潮气对水泥墙面的侵蚀，保护建筑结构（见图1-3）；墙面涂刷乳胶漆可以有效地保护水泥层不被腐蚀。

图1-2 建筑外墙装饰

图1-3 卫生间装饰

3. 使用功能

装饰材料除了具有装饰功能和保护功能以外，还应该根据装饰部位的具体情况，具有一定的使用功能（见图1-4），能改善居室环境，给人以舒适感。不同部位和场合使用的装饰材料及构造方式应该满足相应的功能需求。例如：吊顶使用纸面石膏板，地面铺设实木地板，均可起到保温、隔声、隔热的作用，保证上下楼层间杂音互不干扰，提高生活质量；厨房、卫生间铺设的地面砖应该具有防滑、防水的作用；墙面贴壁纸能有效保持墙面干净、整洁（见图1-5）。

图1-4 住宅建筑构造

图1-5 住宅室内装饰

第二节 装饰材料分类

现代装饰材料的发展速度异常迅猛（见图1-6），种类繁多，更新换代很快。不同的装饰材料用途不同，性能也千差万别，因此，装饰材料的分类方法很多，常见的分类有以下四种。

1. 按材料的材质性分类

主要分为：高分子材料（如塑料、有机涂料等）、非金属材料（如木材、玻璃、花岗岩、大理石、瓷砖、水泥等）、金属材料（如铝合金、不锈钢、铜制品等）、复合材料（如人造石、彩色涂层钢板、铝塑板、真石漆等）。

2. 按材料的燃烧性分类

主要分为：A级材料（具有不燃性，在空气中遇到火或在高温

图1-6 咖啡厅装饰

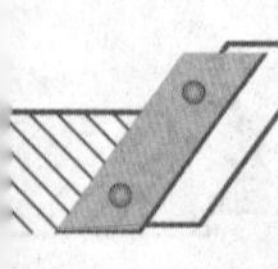

作用下不燃烧的材料，如花岗岩、大理石、玻璃、石膏板、钢、铜、瓷砖等）（见图1-7）、B1级材料（具有很难燃烧性，在空气中受到明火燃烧或高温作用时难起火、难微燃、难碳化，当火源移走后，已经燃烧或微燃烧立即停止的材料，如装饰防火板、阻燃墙纸、纸面石膏板、矿棉吸声板等）、B2级材料（具有可燃性，在空气中受到火烧或高温作用时立即起火或微燃，将火源移走后仍继续燃烧的材料，如木芯板、胶合板、木地板、地毯、墙纸等）、B3级材料（具有易燃性，在空气中受到火烧或高温作用时迅速燃烧，将火源移走后仍继续燃烧的材料，如油漆、纤维织物等）。

图1-7　卫生间石材装饰

3. 按材料的使用部位分类

主要分为：外墙装饰材料（如石材、玻璃制品、水泥制品、金属、外墙涂料等）、内墙装饰材料（陶瓷墙面砖、装饰板材、内墙涂料、墙纸墙布等）、地面装饰材料（如地板、地毯、玻化砖等）、顶棚装饰材料（如石膏板、金属扣板、硅钙板等）（见图1-8）。

图1-8　会议室吊顶装饰

4. 按材料的商品形式分类

主要分为：装饰水泥与混凝土、装饰石材、装饰陶瓷、装饰板材、装饰玻璃、塑料织物、金属、油漆涂料、胶粘剂等。这种分类形式最直观、最普遍，为大多数专业人士所接受。

图1-9　宾馆大堂装饰

第三节 装饰材料应用

在环境空间设计中选择装饰材料是件很费脑筋的事情，一味使用传统材料的确轻车熟路，长此以往就缺乏创新精神，环境空间的设计毫无生气；突破常规选用新材料，但是又很难把握新材料的特性和运用方式。合理运用装饰材料要分清本末和主次，在大多数装饰界面上可以选用常规材料，在细节表现上可以适当选用时尚、别致的创新材料。

图1-10　宾馆大堂装饰

1. 材料的外观

装饰材料的外观主要指材料的形状、质感、纹理和色彩等方面的直观效果。材料的形状、质感、色彩的图案应与空间氛围相协调。空间宽大的大堂（见图1-9、图1-10）、门厅，装饰材料的表面组织可粗犷而坚硬，并可采用大线条的图案，以突出空间的气势；对于相对窄小的空间，如客房、居室，就要选择质感细腻、体型轻盈的材料（见图1-11）。总之，合理而艺术地使用装饰材料外观效果能使室内外的环境显得层次分明、鲜明生动、精

图1-11　客厅装饰

致美观。

2. 材料的功能

选择装饰材料应该结合使用场所的特点来考虑，保证这些场所具备相应的功能。室内所在的气候条件，特别是温度、湿度、楼层高低等情况，对装饰选材有着极大的影响，例如：南方地区气候潮湿，应当选用含水率低、复合元素多的装饰材料；一、二层建筑室内光线较弱，应该选用色彩亮丽、明度较高的饰面材料，而北方地区或高层建筑与之相反。

不同材料有不同的质量等级，用在不同部位应该选用不同品质的材料。例如：厨房的墙面砖应选择优质砖材，能满足防火、耐高温、遇油污易清洗的基本要求，不宜选择廉价和一般的材料，而阳台、露台使用频率不高，地面可选用经济型饰面砖。

此外，还应该特别注重基层材料的选择和使用，例如：廉价、劣质的水泥砂浆及防水剂会对高档饰面型材造成不利影响；使用劣质木芯板制作家具会使高档外部饰面板起泡、开裂等。

3. 材料的价格

对材料价格应慎重考虑，它关系到消费者的经济承受能力。材料的价格受不同地域的资源情况、供货能力等因素的影响，在选择过程中，应做到货比三家，量体裁衣，根据自己的实际情况选择材料的档次。现在，装饰装修的费用占建设项目总投资的二分之一甚至三分之二。装饰设计应从长远性、经济性的角度来考虑，充分利用有限的资金取得最佳的使用效果和装饰效果，做到既能满足装饰空间目前的需要，又能考虑到今后的更新变化。总之，装饰工程的投资应该充分考虑装饰材料的性价比，使投资变得更合理、更经济。

★思考题★

1. 什么是装饰材料?
2. 装饰材料有哪些种类?
3. 怎样在设计中合理选择装饰材料?

熟记要点

装饰材料的特性

1. 色彩

色彩反映了材料的光学特征。人眼对颜色的辨认是出于某种心理感受，不同的颜色给人以不同的心理感受，而每个人又不可能对同一颜色的感受产生完全相同的印象。

2. 光泽

光泽是材料表面的一种特性。它对形成于材料表面上的物体形象的清晰程度起着决定性的作用。材料表面越光滑，则光泽度越高。

3. 透明性

透明性是指光线通过物体所表现的穿透程度，如可以透视的物体是透明体，有普通玻璃、有机玻璃板等。

4. 花纹图案

在材料上制作出各种花纹图案是为了增加材料的装饰性，在生产或加工材料时，可以利用不同的工艺将材料的表面做成各种不同的表面组织，例如：粗糙或细致、光滑或凹凸、坚硬或疏松等。

5. 形状和尺寸

不同的设计对大理石板材、地毯、玻璃等装饰材料的形状和尺寸都有特定的要求和规格，给人带来空间大小和使用上是否舒适的感觉。

6. 质感

质感是材料的表面组织结构、花纹图案、颜色、光泽、透明性等给人的综合感觉。

7. 使用性能

装饰材料还需具备基本的使用性能，例如：耐污性、耐火性、耐水性、耐磨性、耐腐蚀性等，这些基本性能保证材料在使用过程中经久常新，保持其原有的装饰效果。

第二章　装饰水泥与混凝土

图2-1　水泥生产设备

熟记要点

水泥的性能及用途

普通水泥通常为1300kg/m³。水泥颗粒越细，硬化得越快，早期强度也越高。

普通硅酸盐水泥从加水搅拌到凝结完成所需的时间不早于45min，终凝时间不迟于12h。

水泥的强度等级以MPa来表示，如32.5、32.5R、42.5、42.5R、52.5、52.5R等，数据越大，硬度越强。

1. 通用水泥：一般土木建筑工程通常采用的水泥，如：硅酸盐水泥、普通硅酸盐水泥、矿渣硅酸盐水泥、火山灰质硅酸盐水泥、粉煤灰硅酸盐水泥和复合硅酸盐水泥等。

2. 专用水泥：专门用途的水泥。如：G级油井水泥，道路硅酸盐水泥。

3. 特性水泥：某种性能比较突出的水泥。如：快硬硅酸盐水泥、低热矿渣硅酸盐水泥、膨胀硫铝酸盐水泥。

图2-2　彩色水泥粉末

水泥是一种粉状水硬性无机胶凝材料，加水搅拌后形成浆体状，能在空气中硬化或者在水中更好地硬化，并能把砂、石等材料牢固地胶结在一起。水泥是重要的建筑材料，用水泥制成的混凝土，坚固耐久，广泛应用于土木建筑、水利、国防等工程。

水泥的历史可追溯到古罗马人在建筑工程中使用的石灰和火山灰的混合物。1796年英国人帕克用泥灰岩烧制一种棕色水泥，称罗马水泥或天然水泥。1824年英国人阿斯普丁用石灰石和黏土烧制成水泥，硬化后的颜色与英格兰岛上波特兰地方用于建筑的石头相似，被命名为波特兰水泥，并取得了专利权。20世纪初，随着人民生活水平的提高，对建筑工程的要求日益提高，在不断改进波特兰水泥的同时，研制成功一批适用于特殊建筑工程的水泥，如高铝水泥、特种水泥等，水泥的品种已发展到100多个（见图2-1、图2-2）。

第一节 装饰水泥

装饰水泥是指用在装饰装修工程中的水泥，属于硅酸盐水泥，它是由水泥熟料、6%~15%混合材料、适量石膏磨细制成的水硬性胶凝材料，简称普通水泥，代号P.O。这类水泥一般用于建筑物的表层装饰，施工简单、造型方便、容易维修、价格低廉。

1. 装饰水泥的种类

装饰水泥进一步细分的扩展品种有白色硅酸盐水泥和彩色硅酸盐水泥两种。

（1）白色硅酸盐水泥 以硅酸钙为主要成分，加少量铁质熟料及适量石膏磨细而成。

（2）彩色硅酸盐水泥（见图2-2） 以白色硅酸盐水泥熟料和优质白色石膏，掺入颜料、外加剂共同磨细而成。常用的彩色掺加颜料有氧化铁（红、黄、褐、黑），二氧化锰（褐、黑），氧化铬（绿），钴蓝（蓝），群青蓝（靛蓝），孔雀蓝（海蓝）、炭黑（黑）等。

2. 装饰水泥的应用

在装修中，地砖、墙砖粘贴以及砌筑等都要用到水泥与砂的调和物：水泥砂浆，它不仅可以增强面材与基层的吸附能力，而且还能保护内部结构，同时可以作为建筑表面的找平层，所以在装修工程中，水泥砂浆是必不可少的材料（见图2-3、图2-4）。

提高水泥砂浆的粘结强度，要求具备适当的比例，以粘贴瓷砖为例，如果水泥标号过大，当水泥砂浆凝结时，水泥大量吸收水分，表面的水分被过分吸收就容易拉裂，缩短使用寿命。水泥砂浆一般应按水泥：砂=1：2（体积比）的比例来搅拌。水泥砂浆在使用中要注意以下几点。

图2-3 彩色水泥砖

（1）忌受潮结硬 受潮结硬的水泥会降低甚至丧失原有强度，出厂超过3个月的水泥应复查试验，按试验结果使用。对已受潮成团或结硬的水泥，须过筛后使用，筛出的团块搓细或碾细后一般用于次要工程的砌筑砂浆或抹灰砂浆。

图2-4 水泥地砖

（2）忌暴晒速干 混凝土或抹灰如操作后便遭暴晒，随着水分的迅速蒸发，其强度会有所降低，甚至完全丧失。因此，施工前必须严格清扫并充分湿润基层，施工后应严加覆盖，并按规范规定浇水养护（见图2-5）。

（3）忌负温受冻 砂浆拌成后，如果受冻，并且水分结冰膨胀，则混凝土或砂浆就会遭到由表及里的粉酥破坏。

（4）忌高温酷热 凝固后的砂浆层或混凝土构件，如果经常处于高温酷热条件下，会有强度损失。

图2-5 水泥装饰墙

（5）忌基层脏软 水泥能与坚硬、洁净的基层牢固地粘结或握裹在一起，但是其粘结握裹强度与基层面部的光洁程度有关。在光滑的基层上施工，必须预先将基层表面凿毛、砸麻、刷净，方能使水泥与基层牢固粘结。基层上的尘垢、油腻、酸碱等物质，都会起隔离作用，必须经过严格的清除处理。水泥制品的表面也要作基本的涂饰处理（见图2-6、图2-7）。

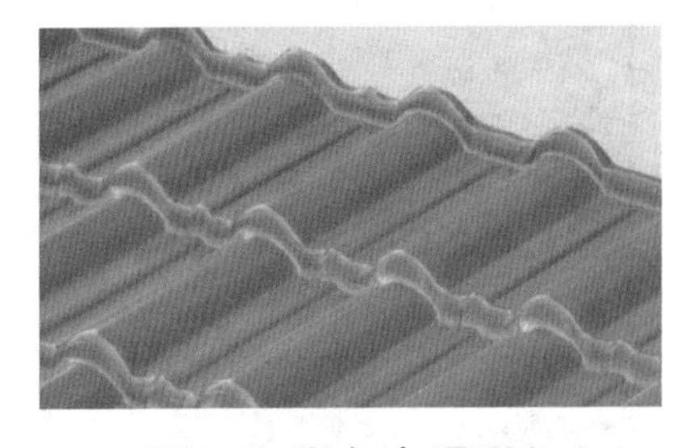

图2-6 彩色水泥瓦(一)

（6）忌骨料不纯 作为水泥砂浆骨料的砂石，如果有尘土、黏土或其他有机杂质，都会影响到水泥与砂、石之间的粘结握裹强度，因而最终会降低抗压强度。

（7）忌水多灰稠 如果将混凝土拌得很稀，多余的水分蒸发后便会在混凝土中留下很多孔隙，这会使混凝土强度降低。

（8）忌受酸腐蚀 酸性物质与水泥中的氢氧化钙会发生中和反应，生成物体积松散、膨胀，遇水后极易水解粉化，致使混凝土或抹灰层逐渐被腐蚀解体，所以水泥忌受酸性物质腐蚀。

总之，装饰水泥的抗压强度不大，对使用环境要求很高，需谨慎操作。此外，调配色彩要“三思而后行”，保证一步到位，达到完美的装饰效果。

图2-7 彩色水泥瓦(二)

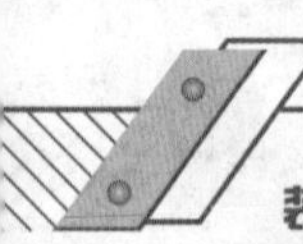

第二节 装饰混凝土

图2-8 装饰混凝土公路

熟记要点

彩色装饰混凝土的用途

装饰混凝土可以通过红、绿、黄等不同的色彩与特定的图案相结合以达到如下不同的功能需要：

1. 警戒与引导交通的作用：如在交叉口、公共汽车停车站、上下坡危险地段、人行道及需要引导车辆分道行驶地段（见图2-8）。

2. 表面路面功能的变化：如停车场、自行车道、公共汽车专用道等。

3. 改善照明效果：采用浅色可以改善照明效果，如隧道、高架桥等对于行驶安全有更高要求的地段。

4. 美化环境：合理的色彩运用，有助于周围景观的协调、和谐和美观，如人行道、广场、公园、娱乐场所等。将彩色的装饰效果搭配到周边环境中去。

装饰混凝土是一种近年来流行在国外的绿色环保材料。它能在原本普通的新旧混凝土表层，通过色彩、色调、质感、款式、纹理、机理和不规则线条的创意设计，图案与颜色的有机组合，创造出各种天然大理石、花岗岩、砖、瓦、木地板等天然石材铺设效果，具有美观自然、色彩真实、质地坚固等特点。

装饰混凝土是通过使用特种水泥和颜料或选择颜色骨料，在一定的工艺条件下制得的混凝土，因此，它可以在混凝土拌合物中掺入适量颜料（或采用彩色水泥），使整个混凝土结构（或构件）具有色彩（见图2-9、图2-10）；也可以只将混凝土的表面部分做成设计的彩色。这两种方法各具特点，前者质量较好，但成本较高；后者价格较低，但耐久性较差。

装饰混凝土的装饰效果如何，主要取决于色彩，色彩效果的好与差，混凝土的着色是关键。这与颜料的性质、掺量和掺加方法有关。因此，掺加到彩色混凝土中的颜色，必须具有良好的分散性，暴露在自然环境中耐腐蚀不褪色，并与水泥和骨料相容。在正常情况下，颜料的掺量约为水泥用量的6%，最多不超过10%。在掺加颜料时，若同时加入适量的表面活性剂，可使混凝土的色彩更加均匀。装饰混凝土的着色方法很多，在实际工程中常用的有以下4种。

1. 彩色外加剂

彩色外加剂不同于其他混凝土的着色料，它是以适当的组成、按比例配制而成的均匀的混合物。它不仅能使混凝土着色，而且还能提高混凝土各龄期的强度，改善混凝土拌合物的和易性，对颜料和水泥具有扩散作用，使混凝土获得均匀的颜色。彩色外加剂与彩色水泥配合使用，其效果会更佳。

图2-9 装饰混凝土庭院应用

图2-10 装饰混凝土绿地应用

2. 无机氧化物颜料

在混凝土中直接加入无机氧化物颜料，也可以使混凝土着色。为保证混凝土着色均匀，在混凝土拌和时应有正确的投料顺序，其投料顺序为：砂→颜料→水泥→水。在未加入水之前，应将干料搅拌基本均匀，加水后再充分搅拌。对掺加的颜料，应试验确定与混凝土的相容性。

3. 化学着色剂

化学着色剂是一种金属盐类水溶液，将它掺入混凝土并与之发生反应，在混凝土孔隙中生成难溶且抗磨性好的颜色沉淀物。化学着色剂中含有稀释的酸，对混凝土有轻微的腐蚀作用，这种作用不仅对混凝土强度影响不大，反而使着色剂能渗透较深，色调更加均匀。采用化学着色剂，混凝土的养护工作至少在30天后进行。在施加化学着色剂前，应将混凝土表面的尘土、杂质、污垢清除干净，以免影响着色效果。

4. 干撒着色硬化剂

干撒着色硬化剂是一种比较简单的表面着色的方法。这种着色硬化剂，是由细颜料、表面调节剂、分散剂等混合拌制而成，施工非常简单，将其均匀干撒在新浇筑的混凝土表面上，即可着色。可用于混凝土楼板、人行道、庭院小径及其他水平表面，但不能用于竖直结构的表面着色。

装饰混凝土用的水泥强度应大于或等于42.5MPa，骨料应采用粒径小于1mm的石粉或白粉，也可以用洁净的黄砂代替。颜料可用氧化铁质或有机颜料，颜料要求分散性好、着色性强。骨料在使用前应用清水冲洗干净，防止杂质干扰色彩的呈现效果（见图2-11、图2-12）。另外，为了提高饰面层的耐磨性、强度及耐候性，常在面层混合料中掺入适量的胶粘剂。在生产中为了改善施工成型性能，还可掺入少量的外加剂，例如：缓凝剂、促凝剂、早强剂、减水剂等。

目前能采用的装饰混凝土地面砖，有不同的几何图形和连锁形式，产品外形美观、色泽鲜艳、成本低廉、施工方便，适用于园林、街心花园、宾馆庭院和人行便道（见图2-13）。

熟记要点

装饰混凝土制品成型工艺

将模具清理干净并刷脱模剂，饰面层原材料按配合比称料并搅拌均匀，注入模具中振动密实成1cm厚左右的饰面层，然后再浇筑普通混凝土混合料至设计厚度。成型后的制品放入养护室进行养护，待凝结硬化后即可脱模成为饰面混凝土制品。

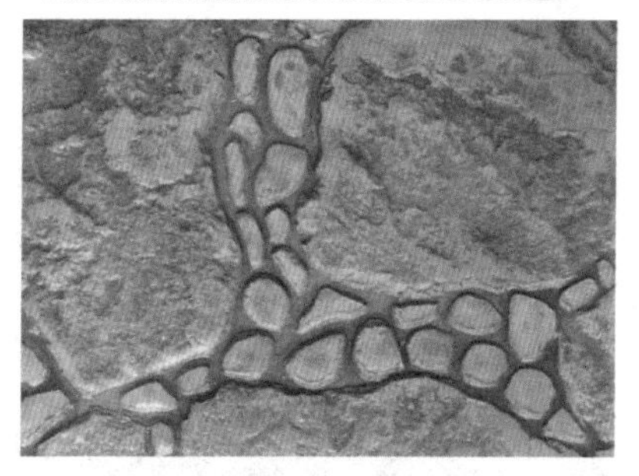

图2-11 装饰混凝土

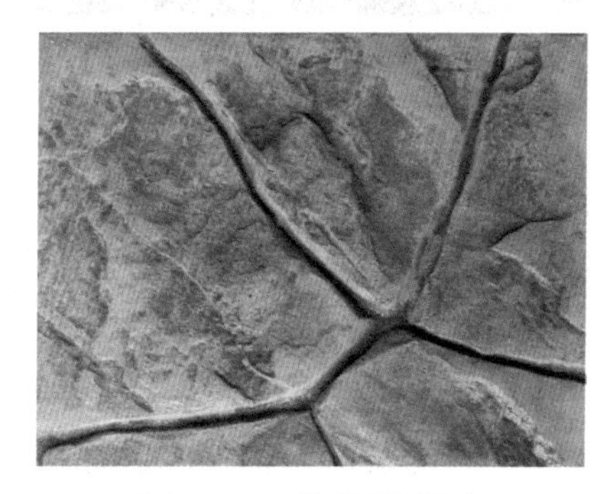

图2-12 装饰混凝土

图2-13 装饰混凝土砖

★思考题★

1. 白色硅酸盐水泥与彩色硅酸盐水泥有什么区别?
2. 装饰混凝土主要用在什么地方?

第三章　装饰石材

图3-1　天然岩石

图3-2　酒店地面石材装饰

岩石是地球上一种固有的物质形体，它是地壳变动产生大量的高温高压，在一定的温度、压力条件下，由一种或多种不同元素的矿物质按照一定比例重新结合，冷却后而形成的，它在地球表部构成了坚硬的外壳，这又可以称为岩石层（见图3-1）。不同的岩石有不同的化学成分、矿物成分和结构构造，目前已知的岩石有2000多种。用作装饰装修的石材，无论花岗岩还是大理石，都是指具有装饰功能和审美感，并且可以经过切割、打磨、抛光等应用加工的石材（见图3-2）。

装饰石材主要包括天然石材和人工石材两类。天然石材是一种具有悠久历史的建筑材料，主要分为花岗岩和大理石。经表面处理后可以获得优良的装饰性，对建筑物起保护和装饰作用。（见表3-1、表3-2）随着科学技术的进步，近年来发展起来的人造石材无论在材料质地、生产加工、装饰效果和产品价格等方面都显示出了优越性，成为一种有发展前途的新型装饰材料，已经运用到装饰装修的各个领域。

表3-1　各种岩石的分类及用途

类　别	物质岩浆	形成机理	材料名称
沉积岩	地下岩浆	岩浆侵入，喷溢冷却的结晶	石灰岩、页岩、砂岩
岩浆岩	各种岩浆分解后的物质	岩石碎屑经搬运、沉积固结成岩	辉长岩、玄武岩、岩长岩、安山岩、花岗岩、流纹岩
变质岩	各种岩石变质	地壳运动使已形成的岩石经高温高压熔解后变成新的岩石	大理岩、千枚岩、石英岩、混合岩

表3-2　各种岩石的分类及用途

种　类	类　型	用　途
介质灰岩、火山凝灰岩等	墙体料石及大型墙砌块，凿平的料石	墙体
各种花岗岩、拉长岩、辉长岩、玄武岩、火山凝灰岩、大理岩、致密灰岩、砂岩、石英岩等	装饰用板材、块材及定型件	外墙装饰，纪念性建筑物、大型建筑构件
大理岩、大理石化灰岩、蛇纹岩、石膏岩等	装饰用板材及定型件	内墙装饰
各种花岗岩、正长岩、闪长岩、辉长岩、玄武岩、砂岩	装饰用板材，用于平台、柱及围墙的板材	台阶，外部平台，女儿墙，围墙

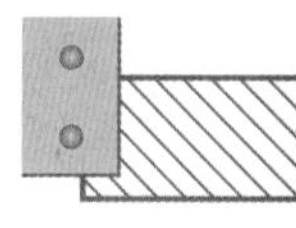

虽然岩石的面貌是千变万化的，但是从它们形成的环境、成因上来看，可以分为沉积岩、岩浆岩和变质岩三种。

1. 沉积岩

沉积岩是在地表或近地表形成的一种岩石类型。它是由风化产物、火山物质、有机物质等碎屑物质在常温常压下经过搬运、沉积和石化作用，最后形成的岩石，其中，火山爆发喷射出大量的火山物质是沉积物质的来源之一，植物和动物有机质在沉积岩中也占有一定比例。不论哪种方式形成的碎屑物质都要经历搬运过程，然后在合适的环境中沉积下来，经过漫长的压实作用，石化成坚硬的沉积岩。(图3-3、图3-4)

图3-3 沉积岩

图3-4 沉积岩产品

2. 岩浆岩

岩浆岩又称火成岩，是在地壳深处或在地幔中形成的岩浆，当侵入到地壳上部或者喷出到地表冷却固结以后，经过结晶作用而形成的岩石。(图3-5)

3. 变质岩

变质岩是指在地壳形成和发展过程中，最早形成的岩石，包括沉积岩、岩浆岩，后来由于地质环境和物理化学条件的变化，在固态情况下发生了矿物组成调整、结构构造改变甚至化学成分的变化，从而形成一种新的岩石，这种岩石被称为变质岩。变质岩是大陆地壳中最主要的岩石类型之一。

图3-5 岩浆岩

第一节 花岗岩

花岗岩又称为岩浆岩或火成岩，主要成分是二氧化硅，矿物质成分有石英、长石和云母，是一种全晶质天然岩石。密度一般为2300～2800kg／m^3；抗压强度高,约为120～250MPa；孔隙率小,约为0.19%～0.36%；吸水率低约为0.1%～0.3%。(图3-6)

按晶体颗粒大小可分为细晶、中晶、粗晶及斑状等多种，颜色与光泽因长石、云母及暗色矿物质而定，通常呈现灰色、黄色、深红色等。优质的花岗岩质地均匀、构造紧密、石英含量多而云母含量少，不含有害杂质，长石光泽明亮，无风化现象。

花岗岩在装饰装修中应用广泛，具有良好的硬度，抗压强度好，耐磨性好，耐久性高，抗冻、耐酸、耐腐蚀，不易风化，表面平整光滑，棱角整齐，色泽持续力强且色泽稳重、大方，一般使用年限约数十年至数百年，是一种较高档的装饰材料。花岗岩一般存于地表深层处，具有一定的放射性，大面积用在封闭且狭小的空间里，会对人体健康造成不利影响。此外，花岗岩自重

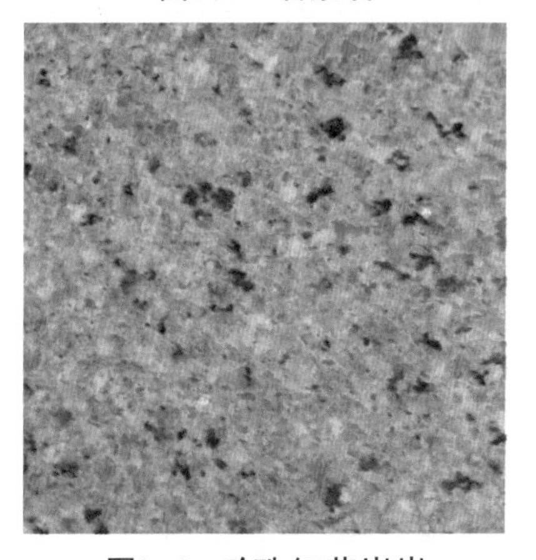

图3-6 珍珠红花岗岩

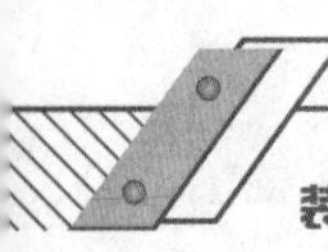

大，在装饰装修中增加了建筑的负荷，花岗岩中所含的石英会在570℃及870℃时发生晶体变化，产生较大体积膨胀，致使石材开裂，故发生火灾时花岗岩不耐火。

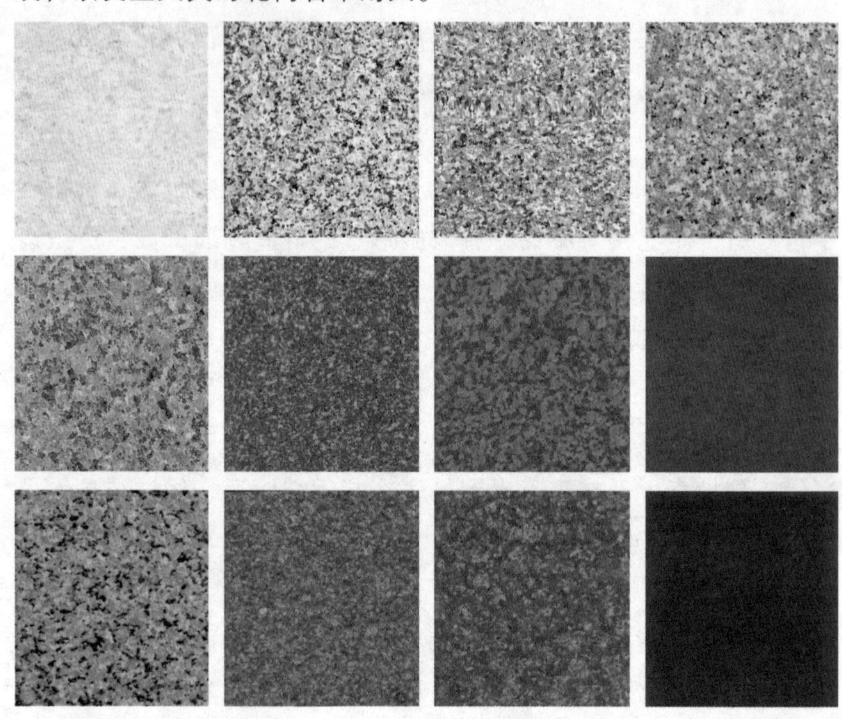

图3-7 天然花岗岩样式

花岗岩的应用繁多（见图3-7），一般用于室内的墙、柱、楼梯踏步、地面、厨房台柜面、窗台面的铺贴。由于应用的部位不同，花岗岩石材表面通常被加工成剁斧板、机刨板、粗磨板、火烧板、磨光板等样式。

1. 剁斧板（见图3-8）

图3-8 剁斧板

石材表面经手工剁斧加工，表面粗糙，呈有规则的条状斧纹。表面的质感粗犷大方，用于防滑地面、台阶等。

2. 机刨板（见图3-9）

图3-9 机刨板

石材表面被机械刨成较为平整的表面，有相互平行的刨切纹，用于与剁斧板材类似的场合。

3. 粗磨板

石材表面经过粗磨，表面平滑无光泽，主要用于需要柔光效果的墙面、柱面、台阶、基座、纪念碑等。

4. 火烧板（见图3-10、图3-11）

图3-10 火烧板一

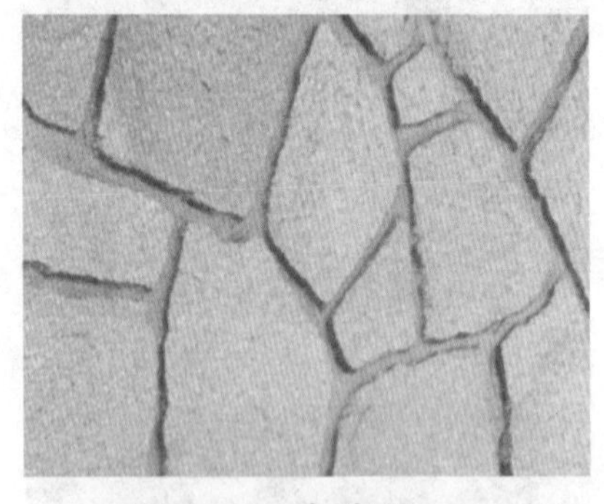

图3-11 火烧板二

表面粗糙，在高温下形成，生产时对石材加热，晶体爆裂，因而表面粗糙、多孔，板材背后必须用渗透密封剂。

5. 磨光板（见图3-12）

图3-12 磨光板

石材表面经磨细加工和抛光，表面光亮，花岗石的晶体纹理清晰，颜色绚丽多彩，多用于室内外地面、墙面、立柱、台阶等装饰。

花岗岩石材的大小可随意加工（见图3-13），用于铺设室内地面的厚度为20～30mm，铺设家具台柜的厚度为18～20mm等。市场上零售的花岗岩宽度一般为600～650mm，长度在2000～5000mm不等。特殊品种也有加宽加长型，可以打磨边角。若用于大面积铺设，也可以订购同等规格的型材，例如：300mm×300mm×15mm、500mm×500mm×20mm、600mm×600mm×25mm、800mm×800mm×30mm、800mm×600mm×30mm、1000mm×1000mm×30mm、1200mm×1200mm×40mm（长×宽×厚）等。

图3-13 花岗岩加工成品件

第二节 大理石

大理石是一种变质或沉积的碳酸类岩石，主要矿物质成分有方解石、蛇纹石和白云石（见图3-14）等，化学成分以碳酸钙为主，占5%以上。密度一般为2500～2600kg/m³；抗压强度高，约为47～140MPa，属于中硬石材。天然大理石质地细密，抗压性较强，吸水率小于10%，耐磨、耐弱酸碱，不变形。

图3-14 大理石装饰地面

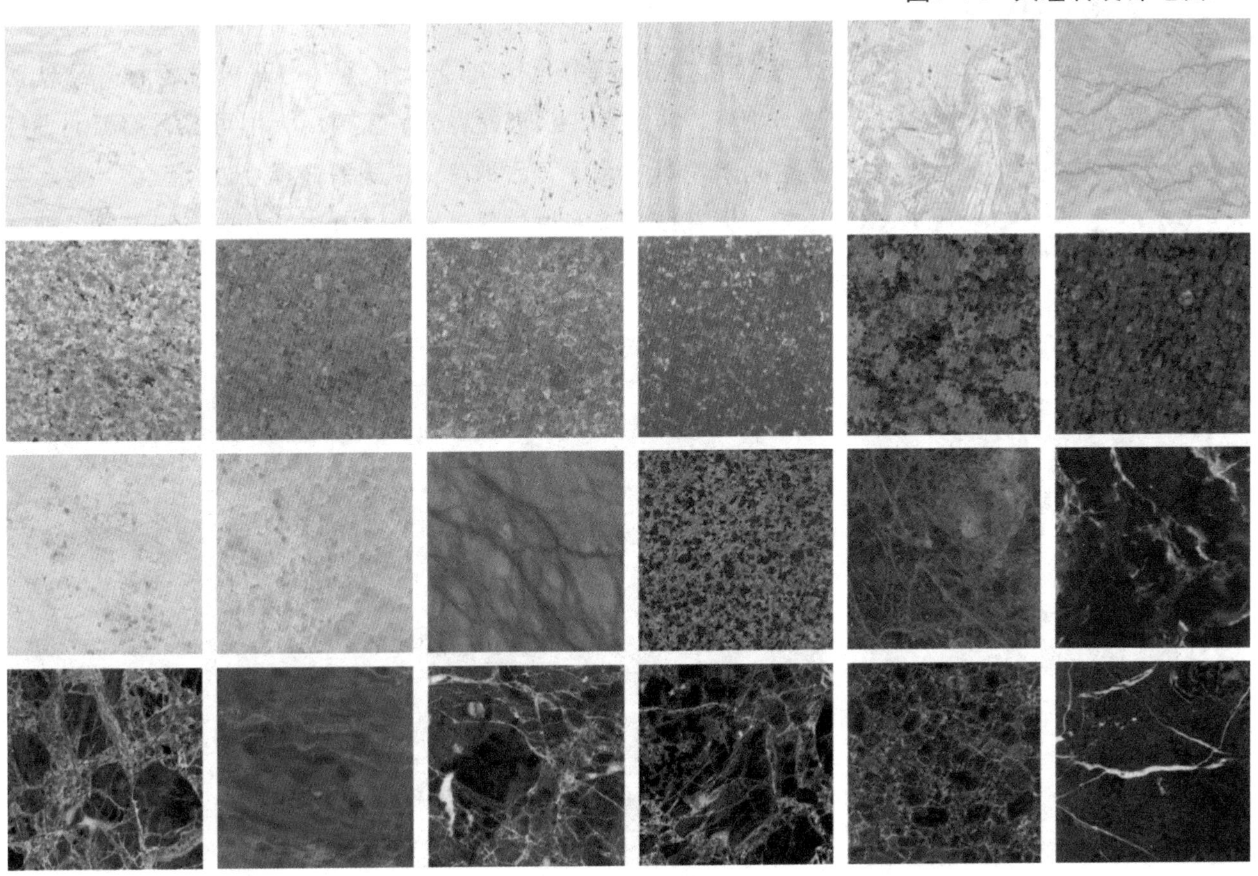

图3-15 天然大理石样式

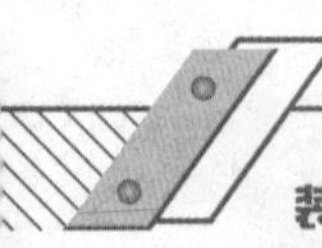

大理石结晶颗粒直接结合成整体块状构造，抗压强度较高，质地紧密但硬度不大，相对于花岗岩而言更易于雕琢磨光。纯大理石为白色，我国又称为汉白玉，但分布较少。普通大理石含有氧化铁、二氧化硅、云母、石墨、蛇纹石等杂石，使大理石呈现为红、黄、黑、绿、棕等各色斑纹（见图3-15），色泽肌理的装饰性极佳（见图3-16、图3-17）。

天然大理石的色彩纹理一般分为云灰、单色和彩花三大类。云灰大理石花纹如灰色的色彩，灰色的石面上或是乌云滚滚，或是浮云漫天，有些云灰大理石的花纹很像水的波纹，又称水花石，纹理美观大方。单色大理石色彩单一，例如：色泽洁白的汉白玉、象牙白等属于白色大理石；纯黑如墨的中国黑、墨玉等属于黑色大理石；彩花大理石是层状结构的结晶或斑状条纹，经过抛光打磨后，呈现出各种色彩斑斓的天然图案，可以制成由天然纹理构成的山水、花木等美丽画面（见图3-18、图3-19）。

大理石的抗风化性能较差，不宜用作室外装饰，空气中的二氧化硫会与大理石中的碳酸钙发生反应，生成易溶于水的石膏，使表面失去光泽、粗糙多孔，从而降低了装饰效果。

大理石与花岗岩一样，可用于室内各部位的石材贴面装修，但强度不及花岗岩，在磨损率高、碰撞率高的部位应慎重使用。大理石的花纹色泽繁多，可选择性强，饰面板材表面需经过初磨、细磨、半细磨、精磨、抛光等工序，大小可随意加工，可打磨边角。常见的大理石品种有：中国黑、黑金砂、金花米黄、英国棕、大花绿、啡网纹、爵士白等，其中又分国产和进口多种，具体规格根据需求订制加工。

图3-16 大理石装饰地面

图3-17 大理石装饰地面

图3-18 大理石装饰地面

图3-19 大理石装饰地面

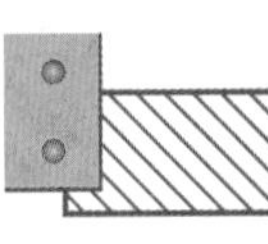

第三节 人造石

人造石是一种根据设计意图，利用有机材料或无机材料合成的人造石材，它具有轻质、高强、耐污染、多品种、易施工、色泽丰富、品种繁多等特点，其经济性、选择性等均优于天然石材。一般分为水泥型人造石、聚酯型人造石、复合型人造石、烧结型人造石四种。

1. 水泥型人造石

水泥型人造石是以各种水泥或石灰磨细砂为黏结剂，砂为细骨料，碎大理石、花岗岩、工业废渣等为粗骨料，经配料、搅拌、成型、加压蒸养、磨光、抛光等工序而制成。这种人造石表面光泽度高，花纹耐久，抗风化能力、耐火性、防潮性都优于一般天然石材。

水泥型人造石取材方便，价格低廉，色彩可以任意调配，花色品种繁多，用于公共空间地面、墙面、柱面、台面、楼梯踏步等处，也可以被加工成文化石，铺装成各种不同图案或肌理效果（见图3-20、图3-21）。

2. 聚酯型人造石

聚酯型人造石多是以不饱和聚酯为胶粘剂，与石英砂、大理石、方解石粉等搅拌混合，浇铸成型（成型方法有振动成型、压缩成型、挤压成型等），在固化剂的作用下产生固化作用，经过脱模、烘干、抛光等系列工序而制成（见图3-22、图 3-23、图

图3-20 水泥型人造石铺装

图3-21 水泥型人造石坯料

图3-22 聚酯型人造石

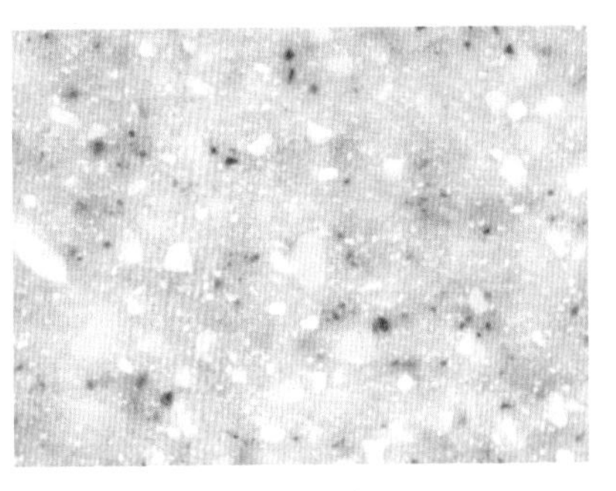

图3-23 聚酯型人造石

图3-24 聚酯型人造石样式

图3-25 聚酯型人造石应用

图3-26　聚酯型人造石应用

图3-27　聚酯型人造石应用

3-24）。

聚酯型人造石具有天然花岗岩、大理石的色泽花纹，几乎能以假乱真，它的价格低廉，重量轻，吸水率低，抗压强度较高，抗污染性能优于天然石材，对醋、酱油、食用油、鞋油、机油、墨水等均不着色或轻微着色，耐久性和抗老化性较好，且具有良好的可加工性。

使用不饱和聚酯的人造石，表面光泽好，可调成不同的鲜明色彩。市场上销售的树脂型人造大理石一般用于厨房台柜面（见图3-25、图3-26、图3-27），宽度在650mm以内，长度为2400~3200mm，厚度为10~15mm，可以订制加工，包安装，包运输。

3. 复合型人造石

复合型人造石的黏结剂中既有无机材料，又有有机高分子材料。用无机材料将填料结成型后，再将坯体浸渍于有机单体中，使其在一定条件下聚合。对板材而言，底层用低廉而性能稳定的无机材料，面层用聚酯和大理石粉制作。无机粘结材料可以用快硬盐水泥、粉煤灰水泥、矿渣水泥等；有机单体可用苯乙烯、甲基丙烯酸甲酯、醋酸乙烯、丙烯腈、二氯乙烯、丁二烯、异戊二烯等，这些单体既可以单独使用、组合使用，又可以与聚合物混合使用（见图3-28）。

宾馆大堂、室内停车场地面经常采用复合人造石作为天然石

熟记要点

装饰石材的识别

对于加工好的成品饰面石材，其质量好坏可以从以下四个方面来鉴别。

1. 观：即肉眼观察石材的表面结构。优质均匀的细料石材具有细腻的质感；粗粒及不等粒结构的石材其外观效果较差，力学性能也不均匀，选择时应该注意。

2. 量：即量石材的尺寸规格，以免影响拼接，或造成拼接后的图案、花纹、线条变形，影响装饰效果。

3. 听：即听石材的敲击声音。一般而言，质量好的石材其敲击声清脆、悦耳；相反，若石材内部存在显微裂隙或因风化导致颗粒间接触变松，则敲击声粗哑、沉闷。

4. 试：即在石材的背面滴上一小粒墨水，如果墨水很快四处分散浸开，就表明石材内部颗粒松动或存在缝隙，石材质量不好；反之，如果墨水滴在原地不动，则说明石材致密，质地好。

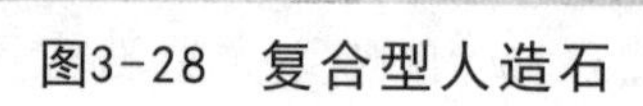

图3-28　复合型人造石

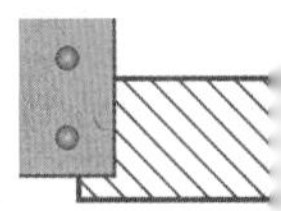

材的边界拼接，用作天然石材的边角装饰，相对于天然石材而言，它成本低廉，施工方便。

4. 烧结型人造石

烧结型人造石的烧结方法与陶瓷工艺相似，将斜长石、石英、辉石、方解石粉和赤铁矿粉及部分高岭土等混合，一般配比为黏土40%、石粉60%，用泥浆法制备坯料，用半干压法成型，在窑炉中经1000℃左右的高温焙烧而成。

烧结型人造石类似于瓷砖，可以用于中低档室内走道（见图3-29）、门厅或露台的地面装修，成本低廉。

上述人造石中最常用的是聚酯型，它的物理性能和化学性能最好，花纹容易设计，有重现性，适应多种用途，但是价格相对较高；水泥型价格最低廉，但耐腐蚀性能较差，容易出现微细龟裂，适用于墙面铺贴，一般以文化墙的形式出现；复合型则综合了前两种的优点，既有良好的物化性能，成本也较低；烧结型虽然只用黏土作粘结剂，但需要高温焙烧，因而耗能大，造价高，产品破损率高。

装饰石材要经常擦拭，保持表面清洁，并定期打蜡上光，使石材表面始终焕然如新。此外，可以根据石材类别正确使用石材清洁剂，尽量避免酸、碱之类的化学品直接接触石材表面，引起化学反应，导致颜色差异或影响石材的质量。尽可能避免鞋钉直接或间接摩擦地面，使石材表面粗糙无光，至于装饰石材的保养与维护，要尽量使用专门的石材清洁器。

图3-29 烧结型人造石应用

熟记要点

石材的放射性

由火生成的花岗岩类中，暗色系列（包括黑色系列、蓝色系列和暗绿色系列）的花岗岩和灰色系列花岗岩，其放射性元素含量都低于地壳平均值的含量。

由火成岩变质形成的片麻状花岗岩及花岗片麻岩等（包括白色系列、红色系列、浅绿色系列和花斑系列），其放射性元素含量稍高于地壳平均值的含量。

在全部天然装饰石材中，大理石类、绝大多数的板石类、暗色系列(包括黑色、蓝色、暗色中的绿色)和灰色系列的花岗岩类，其放射性、辐射强度都很小，即使不进行任何检测也能够确认是安全产品，可以放心大胆地使用。

★思考题★

1. 怎样区分花岗岩和大理石?
2. 大理石有哪些色彩纹理?
3. 人造石比天然石材有哪些优点?
4. 怎样正确选用人造石?

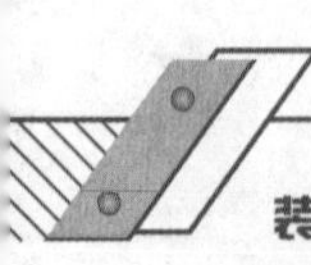

第四章 装饰陶瓷

图4-1 瓷砖装饰墙面

图4-2 瓷砖装饰墙面

装饰陶瓷是家居装饰装修中不可缺少的材料，厨房、卫生间、阳台甚至客厅、走道等空间都大面积采用这种材料，其生产和应用具有悠久的历史。在装饰技术发展和人民生活水平得到提高的今天，陶瓷制品的生产更加科学化、现代化，品种、花色多样，性能也更加优良（见图4-1、图4-2）。

陶瓷制品能够得到广泛的应用，是因为陶瓷与塑料、金属等新型饰面材料相比有着不可替代的优势。塑料饰面材料具有易老化、易燃、易褪色等不足，金属饰面材料有易锈蚀、造价高等缺点，陶瓷饰面材料却具有易清洁、耐腐蚀、坚固耐用，色彩鲜艳、装饰效果好等优点，因此，在装饰材料的竞争中占了领先地位（见表4-1）。

陶瓷生产使用的原料品种很多，从来源讲，一种是天然矿物原料，一种是通过化学方法加工处理的化工原料。天然矿物原料主要为黏土，它是由多种矿物组合而成，是生产陶瓷的主要原料。黏土是由天然岩石经过长期风化而成，是多种微细矿物的混合体。根据质地不同，黏土有白、灰、黄、黑、红等各种颜色。常见的黏土矿物有高岭土、蒙脱石、云母等，其主要化学成分是层状结合的含水硅铝酸盐。黏土还含有石英、长石、铁矿物、碳

表4-1 釉面砖种类及特点

种类		特点
白色釉面砖		色纯白，釉面光亮，镶于墙面，清洁大方
彩色釉面砖	有光彩色釉面砖	釉面光亮晶莹，色彩丰富雅致
	无光彩色釉面砖	釉面半无光，不晃眼，色泽一致，色调柔和
装饰釉面砖	花釉砖	在同一砖上施以多种彩釉，经高温烧成，色釉互相渗透，有良好装饰效果
	结晶釉砖	晶花辉映，纹理多姿
	斑纹釉砖	斑纹釉面，丰富多彩
	理石釉砖	具有天然大理石花纹，颜色丰富，美观大方
图案砖	白底图案砖	在白色釉面砖上装饰各种彩色图案，经高温烧成，纹样清晰，明朗优美
	色底图案砖	在有光（YG）或石光（SHG）彩色釉面砖上装饰各种图案，经高温烧成，产生浮雕、缎光、绒毛、彩漆等效果，做内墙饰面，别具风格
瓷砖画和色釉陶瓷砖	瓷砖画	以各种釉面砖拼成各种瓷砖画，或根据已有画稿烧成釉面砖，拼成各种瓷砖画，清洁优美，永不褪色
	色釉陶瓷砖	以各种色釉、瓷土烧制而成，色彩丰富，光亮美观，永不褪色

酸盐、碱及有机物等多种杂质。黏土中所含杂质的种类及含量的多少对黏土性能影响较大。含石英较多时，会降低黏土的可塑性；黏土中铁的氧化物和钛的氧化物是影响烧结坯体颜色的主要原因；钙和镁的化合物会降低黏土的耐火性，缩小烧结范围，过时会起泡；含有机杂质多时，吸水性强的黏土可塑性较高，干燥后强度高，收缩性大。

陶砖和瓷砖的区别在于吸水率，吸水率小于0.5%为瓷砖，大于10%为陶砖，介于两者之间为半瓷。常见各种抛光砖、无釉锦砖、大部分卫生洁具是瓷质的，吸水率小于0.5%；仿古砖、小地砖、水晶砖、耐磨砖、亚光砖等是炻质砖，即半瓷砖，吸水率0.5%；瓷片、陶管、饰面瓦、琉璃制品等一般都是陶质的，吸水率大于10%。

图4-3 系列瓷砖装饰

第一节 釉面砖

釉面砖又称为陶瓷砖、瓷片或釉面陶土砖，是一种传统的卫生间、浴室墙面砖，是以黏土或高岭土为主要原料，加入一定的助溶剂，经过研磨、烘干、铸模、施釉、烧结成型的精陶制品。

釉面砖的正面有釉，背面呈凸凹方格纹。由于釉料和生产工艺不同，一般分为白色釉面砖、彩色釉面砖、印花釉面砖等多种。

由陶土烧制而成的釉面砖吸水率较高，强度低，背面为红色；由瓷土烧制而成的釉面砖吸水率较低，强度较高，背面为灰白色。现今主要用于墙地面铺设的是瓷制釉面砖，质地紧密，美观耐用，易于保洁，孔隙率小，膨胀不显著。

釉面砖主要用于厨房、浴室、卫生间、实验室、精密仪器车间及医院等室内墙面、台面部位，具有易清洁、美观耐用、耐酸耐碱等特点。目前，市场上销售的陶瓷釉面砖色彩丰富，高档产品一般呈套型系列（见图4-3）。

釉面砖一般不宜用于室外，因为它是多孔的精陶制品，吸水率较大，吸水后会产生湿胀现象，其釉层湿胀性很小，如果用于室外，长期与空气接触，特别是在潮湿的环境中使用，它就会吸收水分产生湿胀，当湿胀应力大于釉层的抗张应力时，釉层就会产生裂纹，经过多次冻融后釉层还会出现脱落现象，所以釉面砖只能用于室内，不宜用于室外，以免影响建筑装饰效果。由于陶瓷釉面砖的原料开采于地壳深处，仅覆于岩石上，因此也会粘染地壳岩石的放射性物质，具有一定的放射性。不合标准的劣质瓷

熟记要点

鉴别陶瓷砖的方法

陶瓷砖的花色品种繁多，质量参差不齐，需要一套系统的鉴别方法：

1. 观察外观：选购时应从包装箱内拿出多块砖，放在地面上对比，看是否平坦一致，对角处是否嵌接，没有误差的是上品。此外好的产品花色图案细腻、逼真，没有明显的缺色、断线、错位等。看背面颜色，全瓷砖的背面应呈现乳白色，而釉面砖的背面应是红色的。

2. 用尺测量：在铺贴时采取无缝铺贴工艺，对瓷砖的尺寸要求很高，应使用钢尺检测不同砖块的边长是否一致。

3. 提角敲击：可用手指垂直提起陶瓷砖的边角，让瓷砖轻松垂下，用另一手指轻敲瓷砖中下部，声音清亮响脆的是上品，而声音沉闷浑浊的是下品。

4. 背部湿水：可将瓷砖背部朝上，滴入少许清水，如果水渍扩散面积较小则为上品，反之则为次品，因为优质陶瓷砖密度高，吸水率低，而低劣陶瓷砖密度低，吸水率高。

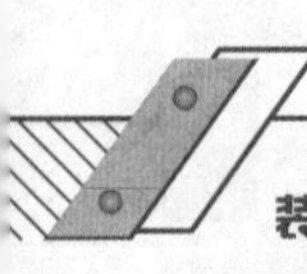

图4-4　系列瓷砖装饰

熟记要点

劈离砖

劈离砖又名劈开砖或劈裂砖，是一种用于内外墙或地面的装饰瓷砖，它以长石、石英、高岭土等陶瓷原料经干法或湿法粉碎混合后制成具有较好可塑性的湿坯料，有真空螺旋挤出机挤压成双面以扁薄的筋条相连的中空砖坯，再经切割，干燥然后在1100 ℃以上高温下烧成，再以手工或机械方法将其沿筋条的薄弱连接部位劈开而成两片。

劈离砖按表面的粗糙程度分为光面砖和毛面砖两种，前者坯料中的颗粒较细，产品表面较光滑和细腻，而后者坯料颗粒较粗，产品表面有突出的颗粒和凹坑。按用途来分可分为墙面砖和地面砖两种。按表面形状来分可分为平面砖和异型砖等。

砖的危害性甚至要大于天然石材。

墙面砖规格一般为（长×宽×厚）200mm×200mm×5mm、200mm×300mm×5mm、250mm×330mm×6mm、330mm×450mm×6mm等，高档墙面砖还配有相当规格的腰线砖、踢脚线砖、顶脚线砖等，均施有彩釉装饰，且价格高昂。地面砖规格一般为（长×宽×厚）250mm×250mm×6mm、300mm×300mm×6mm、500×500×8mm、600mm×600mm×8mm、800mm×800mm×10mm等。

陶瓷墙地砖铺贴用量换算方法：以每平方米为例，200mm×300mm的瓷砖需要16.7块；250mm×330mm的瓷砖需要12.2块；330mm×500mm的瓷砖需要6.1块；300mm×600mm的瓷砖需要5.6块。在铺贴时遇到边角需要裁切，需计入损耗。地砖所需块数可按下式计算：地砖块数＝（铺设面积／每块板面积）×（1＋地砖损耗率）；地砖损耗率为2%～5%，砖材规格越大，损耗率越大（见图4-4）。

第二节 通体砖

通体砖是表面不施釉的陶瓷砖，而且正反两面的材质和色泽一致，只不过正面有压印的花色纹理。通体砖表面具有一定的吸水功能，可以用于潮湿的环境，而且表面不带釉，是一种耐磨砖。为了提高它的装饰效果，现在还有渗花通体砖等品种，但花色均不及釉面砖。

通体砖成本低廉，色彩多样，一般为单色装饰效果，目前的室内设计越来越倾向于素色设计，所以通体砖也成为一种时尚，被广泛使用于厅堂、过道和室外走道等装修项目的地面（见图4-5），也有较少使用在墙面上，而多数的防滑砖都属于通体砖（见图4-6）。

通体砖常见规格有（长×宽×厚）100mm×100mm×5mm、300mm×300mm×5mm、400mm×400mm×6mm、500mm×500mm×6mm、600mm×600mm×8mm、800mm×800mm×10mm等。

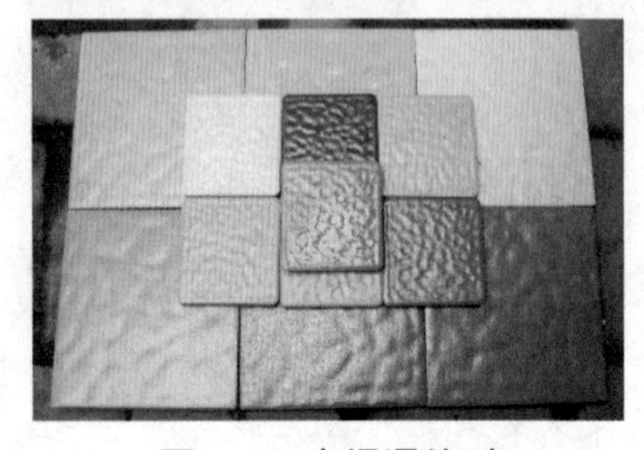
图4-5　广场通体砖

图4-6　墙面通体砖

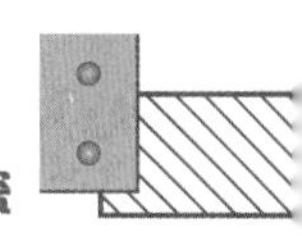

第三节 抛光砖

抛光砖是通体陶瓷砖，是通体砖的一种，用黏土和石材的粉末经压机压制，然后烧制而成，正面和反面色泽一致，不上釉料，烧好后，表面经过打磨而制成的一种光亮砖体，外观光洁，质地坚硬耐磨，通过渗花技术可制成各种仿石、仿木效果（见图4-7）。表面也可以加工成抛光、亚光、凹凸等效果。

（1）抛光 细腻无瑕的纹理，平整如镜的表面，可以形成明显的光影反衬效果，使空间倍感明亮，增添丰富的层次感，营造出明净、瑰丽的现代格调（见图4-8）。

（2）亚光 具有理想的防滑功能，表面质感真实可鉴，克服天然石材有色差的弱点，作为局部搭配的少量运用，也能赋予空间错落的层次和艺术的灵韵（见图4-9）。

（3）凹凸 更古朴自然，历久常新，宏伟大气的风采依然如

熟记要点

鉴别抛光砖的方法

鉴别抛光砖的质量有很多方法，最简单的就是用钢笔在砖的表面写几个字，质量差的抛光砖，写完后立刻擦去，很难擦干净，字迹已快速渗入了，优质的品牌，因为密度高、烧制的温度高，所以也就不容易渗入。但是这不是绝对的，再好的抛光砖，如果写完字10分钟后再擦，也必然会留有永远都擦不去的痕迹，因为墨汁已经渗入到砖的孔隙里面了。

图4-7 抛光砖样式

图4-8 抛光砖铺设

图4-9 抛光砖细部

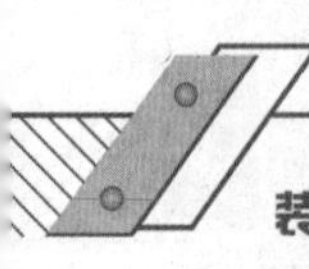

图4-10　抛光砖铺设效果

故，还可以大面积运用于建筑外墙，以原石般的质感，营造顶级建筑的风范（见图4-10）。

但是抛光砖在使用中容易污染，这是抛光砖在抛光时留下的凹凸气孔造成的，这些气孔会藏污纳垢，因此，质量好的抛光砖在出厂时都加了一层防污层，但这层防污层又使抛光砖失去了通体砖的效果。如果要继续体现通体砖的效果，就只好继续刷防污层了，当然可以在施工前打上水蜡以防玷污。其次，抛光砖因为表面光洁，铺贴后容易打滑，一般使用亚光产品才可以避免。

抛光砖一般用于相对比较高档的公共场所，商品名称很多，如铂金石、银玉石、钻影石、丽晶石、彩虹石等，规格通常为（长×宽×厚）400mm×400mm×6mm、500mm×500mm×6mm、600mm×600mm×8mm、800mm×800mm×10mm、1000mm×1000mm×10mm等。

第四节 玻化砖

图(4-11)　玻化砖铺设效果

玻化砖是近几年来出现的一个新品种，又称为全瓷砖，是使用优质高岭土强化高温烧制而成，质地为多晶材料，主要由无数微粒级的石英晶粒和莫来石晶粒构成网架结构，这些晶体和玻璃体都有很高的强度和硬度，其表面光洁而又无需抛光，因此不存在抛光气孔的污染问题（见图4-11）。

不少玻化砖具有天然石材的质感，而且更具有高光度、高硬度、高耐磨、吸水率低，色差小、规格多样化和色彩丰富等优点（见图4-12），其色彩、图案、光泽等都可以人为控制，产品兼

图4-12　玻化砖样式

容了欧式和中式风格，色彩多姿多样，无论装饰于室内或是室外，均具有现代气派（见图4-13），除外观上有多种多样的变化外，装饰在建筑物外的墙壁上能起到隔音、隔热的作用，而且它比大理石轻便。玻化砖质地均匀致密、强度高、化学性能稳定，其优良的物理化学性能来源于它的微观结构。

在玻化砖的市场中，占主导地位的是中等尺寸的产品（800mm×800mm），占有率为90%，产品最大规格为1200mm×1200mm，主要用于大面积的贴面。产品的种类有单一色彩效果、花岗石外观效果、大理石外观效果和印花瓷砖效果，以及采用施釉玻化砖装饰法、粗面或施釉等多种新工艺的产品，其中印花瓷砖采用特殊的印花模板技术，色料是在压制之前加到模具腔体中，放置于被压粉料之上，并与坯体一起烧结，产生多色的变化效果。

玻化砖有很多优点，在市场上也大受欢迎，但实际上它也有自身不能克服的缺点，特有的微孔结构是它的致命缺陷。一般铺完玻化砖后，要对砖面进行打蜡处理，三遍打蜡后进行抛光，以后每三个月或半年打一次蜡，如果不打蜡，那么水会从砖面微孔渗入砖体。特别是有颜色的水，如酱油、墨水、菜汤、茶水等，会渗入砖面后留在砖体内，形成花砖。同时，砖面的光泽会渐渐变乌，影响美观。所以，玻化砖的养护复杂、费时，此外，玻化砖表面太滑，高岭土辐射较高，这些都是缺点。玻化砖尺寸规格一般较大，通常为（长×宽×厚）600mm×600mm×8mm、800mm×800mm×10mm、1000mm×1000mm×10mm、1200mm×1200mm×12mm。

熟记要点

玻化砖与抛光砖的区别

市场上销售的玻化砖和普通抛光砖通常混放在一起，很难从外观上分辨，可以通过以下两点来判定：

1. 听声音：一只手悬空提起瓷砖的边或角，另一只手敲击瓷砖中间，发出浑厚且回音绵长的瓷砖为玻化砖；发出的声音浑浊、回音较小且短促则说明瓷砖的胚体原料颗粒大小不均，为普通抛光砖。

2. 试手感：相同规格相同厚度的瓷砖，手感重的为玻化砖，手感轻的为抛光砖。

3. 吸水率：低于0.5%的陶瓷都称为玻化砖，抛光砖吸水率低于0.5%，也属玻化砖，吸水率越低，玻化程度越好，产品理化性能越好，如果抛光砖吸水率小于或等于0.1%，则属于完全玻化，是瓷砖产品中的优质产品。

图4-13 玻化砖铺设的客厅

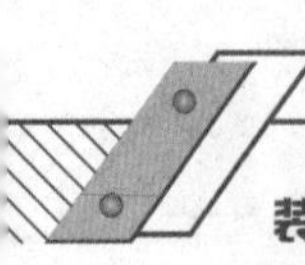

图4-14 仿古砖铺设

五、仿古砖

仿古砖是从彩釉砖演化而来的，实质上是上釉的瓷质砖，使用设计制造成形的模具压印在普通瓷砖或全瓷砖上，铸成凹凸的纹理，其古朴典雅的形式受到人们的喜爱，它与普通的釉面砖相比，其差别主要表现在釉料的色彩上面（见图4-14），仿古砖属于普通瓷砖，与磁片基本是相同的，所谓仿古，指的是砖的效果，应该称为具有仿古效果的瓷砖，仿古砖并不难清洁。

仿古砖多为一次烧成，烧成温度1180℃~1230℃，在辊道窑中烧成，它与普通瓷砖唯一不同的是在烧制过程中，仿古砖技术含量要求相对较高，数千吨液压机压制后，再经千度高温烧结，使其强度高，具有极强的耐磨性，经过精心研制的仿古砖兼具了防水、防滑、耐腐蚀的特性。仿古砖仿造以往的样式做旧，用带着古典的独特韵味吸引着人们的目光，为体现岁月的沧桑，历史的厚重，仿古砖通过样式、颜色、图案，营造出怀旧的氛围（见图4-15）。

目前普及的仿古砖以亚光的为主，全抛釉砖则在亚光釉上印花（或底釉上印花再上一层亚光釉）。最后上一层透明釉或透明干粒，烧成后再抛光，属釉下彩装饰。上釉砖都涉及坯与釉适应性问题，为了防止和杜绝后期龟裂、坯体的吸水率必须降低，其结果是瓷质砖的比例越来越大、并有完全取代釉质的趋势。这样

熟记要点

仿古砖的渊源

欧洲人习惯称仿古砖为“Rustic”，特指上釉瓷质砖，“Rustic”译成中文为：乡村风味的、质朴的、粗犷的，粗面的，这是指仿古砖的色彩和外貌着重体现的是重归大自然的风格。

欧洲人崇尚他们祖先创造的文明、文化,包括古建筑风格、油画、古典音乐等，他们认为在瓷砖中“仿古砖”最擅长于表现这种题材和风格，无论是用于公共场所还是用于家庭的装修上。欧洲人常常提到古希腊和古罗马的建筑，提到达·芬奇和米开朗基罗；提到荷兰著名画家凡·高；谈到线条和色的运用；谈到贝多芬和他的第六交响曲（田园交响曲）,其实色彩、图画和音乐都是相通的，都是人们的文化生活和精神生活所不可缺少的，而在所有建筑砖中，恰恰是仿古砖最擅长于表达这些内容，这就是仿古砖的魅力所在。

图4-15 仿古砖样式

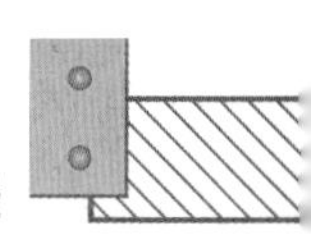

砖体的装饰性就下降了，因此，不能一味追求高密度仿古砖产品。

仿古砖的规格通常有（长×宽）：300mm×300mm、400mm×400mm、500mm×500mm、600mm×600mm、300mm×600mm、800mm×800mm的，欧洲国家以300mm×300mm、400mm×400mm和500mm×500mm的为主；我国则以600mm×600mm和300mm×600mm的为主；300mm×600mm则是目前国内很流行的规格，仿古砖的表面有平面效果的，也有小凹凸面效果的。

图4-16 仿古砖

仿古砖主要用于风格独特的室内外墙面、地面铺贴，尤其是田园氛围浓郁的酒吧、厨房、阳台、花园等空间。它的图案以仿木、仿石材、仿皮革为主，也有仿植物花草、仿几何图案（见图4-16）、纺织物、仿墙纸、仿金属等。瓷质有釉砖的设计图案和色彩是所有陶瓷中最为丰富多彩的。在色彩和色彩运用方面，仿古砖多采用自然色彩，采用单色和复合色，自然色彩就是取自于土地、大海、天空等的颜色，这些色彩普遍存在于世界的各个角落，例如：沙土的棕色、棕褐色和红色的色调；叶子的绿色、黄色、橘黄色的色调；水和天空的蓝色、绿色和红色，这些色彩常被设计师所应用（见图4-17）。

图4-17 仿古砖与陶瓷锦砖铺设

第六节 锦砖

锦砖又称为马赛克，它最早是一种镶嵌艺术，以小石子、贝壳、瓷砖、玻璃等有色嵌片应用在墙壁面或地板上的图案中来表现的一种艺术效果。锦砖一般由数十块小砖拼贴而成，小瓷砖形态多样，有方形、矩形、六角形、斜条形等，形态小巧玲珑，具有防滑、耐磨、不吸水、耐酸碱、抗腐蚀、色彩丰富等特点。

锦砖按照材质、工艺可以分为若干不同的种类，玻璃材质的锦砖按照其工艺可以分为机器单面切割、机器双面切割以及手工切割等，非玻璃材质的锦砖按照其材质可以分为陶瓷锦砖、石材锦砖、金属锦砖等。由于陶瓷质地的锦砖最早运用，故将这种材料划分到装饰陶瓷中来。

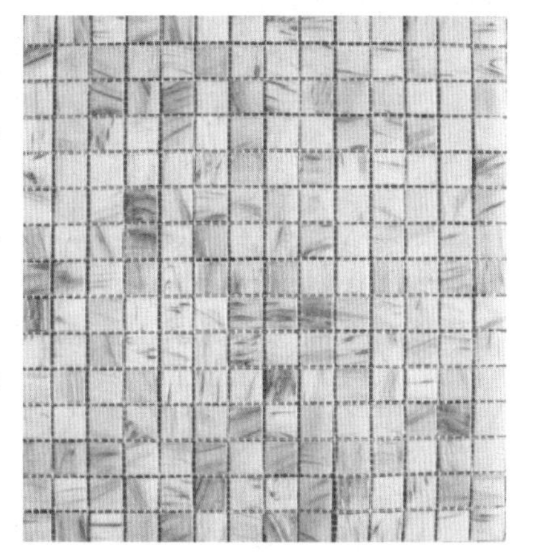

图4-18 陶瓷锦砖

1. 陶瓷锦砖（见图4-18）

陶瓷锦砖是最传统的一种锦砖，贴于牛皮纸上，也称陶瓷石锦砖。陶瓷锦砖分无釉、上釉两种，以小巧玲珑著称，但较为单调，档次较低。

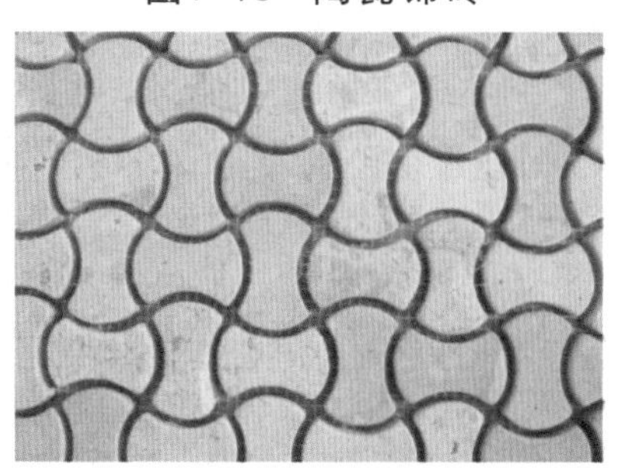

图4-19 大理石锦砖

2. 大理石锦砖（见图4-19）

大理石锦砖是中期发展的一种锦砖品种，丰富多彩，但其耐酸

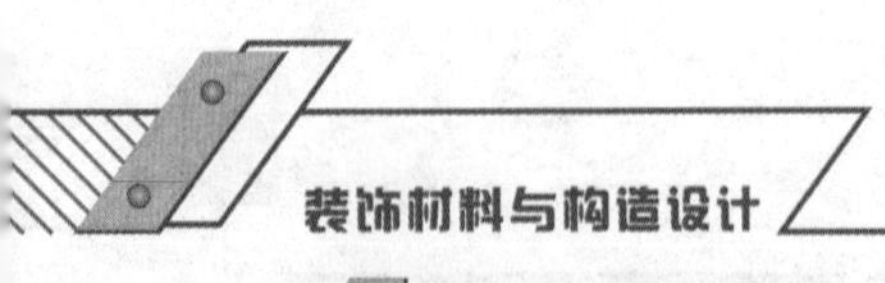

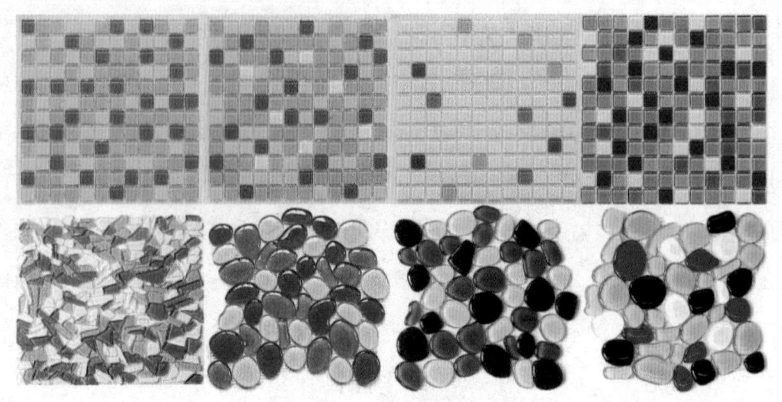
图4-20 玻璃锦砖

碱性差、防水性能不好，所以市场反映并不是很好。

3. 玻璃锦砖

玻璃锦砖的主要成分是硅酸盐、玻璃粉等，（见图4-20）,在高温下熔化烧结而成，它耐酸碱、耐腐蚀、不褪色。玻璃的色彩斑斓给锦砖带来蓬勃生机，它依据玻璃的品种不同，又分为多个小品种。

（1）熔融玻璃锦砖 以硅酸盐等为主要原料，在高温下熔化成型并呈乳浊或半乳浊状，内含少量气泡和未熔颗粒的玻璃锦砖。

（2）烧结玻璃锦砖 以玻璃粉为主要原料，加入适量粘结剂等压制成一定规格尺寸的生坯，在一定温度下烧结而成的玻璃锦砖。

（3）金星玻璃锦砖（见图4-21） 内含少量气泡和一定量的金属结晶颗粒，具有明显遇光闪烁的玻璃体块。

目前，锦砖已经成为许多家庭铺设卫生间墙面、地面的材料，以多姿多彩的形态成为装饰材料的宠儿，备受前卫、时尚家庭的青睐。它一般由数十块小块的砖组成一个相对的大砖，常用规格有（长×宽）20mm×20mm、25mm×25mm、30mm×30mm，厚度依次在4~4.3mm之间。它以小巧玲珑、色彩斑斓的特点被广泛使用于室内小面积地面、墙面和室外大小幅墙面和地面。马赛克由于体积较小，可以作一些拼图，产生渐变效果。如果卫生间大，照明效果好，可以适当选择，清洗要比其他瓷砖方便。

由于锦砖单块的单位面积小，色彩种类繁多，具有无穷的组合方式，它能将设计师的造型和设计的灵感表现得淋漓尽致，尽情展现出其独特的艺术魅力和个性气质，还被广泛应用于宾馆、酒店、酒吧、车站、游泳池、娱乐场所、居家墙地面以及艺术拼花等。

熟记要点

仿古砖的渊源

马赛克原义为：镶嵌，镶嵌图案,镶嵌工艺，发源于古希腊。早期希腊人的大理石马赛克最常用黑色与白色来相互搭配。只有权威的统治者及有钱的富人才请得起工匠、购得起材料来表现此奢侈的艺术。到了罗马时期，马赛克已经发展得很普遍了，一般民宅及公共建筑的地板、墙面都用它来装饰，这使得当时的罗马显得多么的富裕，使得古罗马建筑豪华到了不可思议是程度。

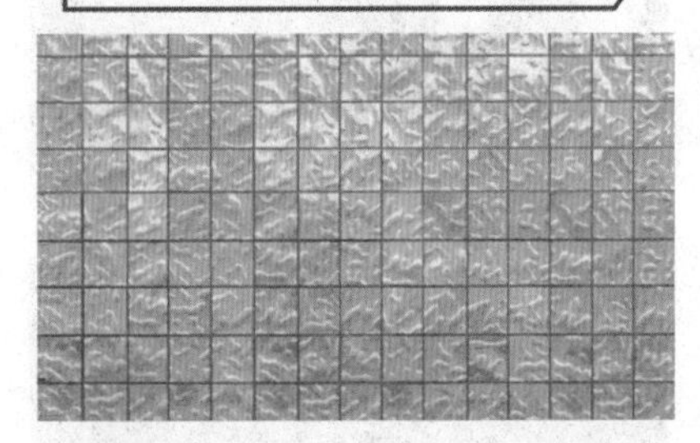
图4-21 金星玻璃锦砖

熟记要点

鉴别陶瓷锦砖的质量

1. 外观质量检验：铺贴后的锦砖线路在目测的距离内，如果基本均匀一致，符合标准规格的尺寸和公差即可，如线路有明显的参差不齐，便要重新处理。另外可用一铁棒敲击产品，如果声音清晰，则没有缺陷，如果声音浑浊，则是不合格产品。

2. 检验砖与铺贴纸结合程度：用两手捏住联在一边的两角，使联直立，然后放平，反复三次，以不掉砖为合格或取锦砖联卷曲，然后伸平，反复三次，以不掉砖为合格品。

3. 检查脱水时间：将锦砖联放平，铺贴纸向上，用水浸透后放置40min，捏住铺贴纸的一角，将纸揭下。能揭下即符合标准要求。

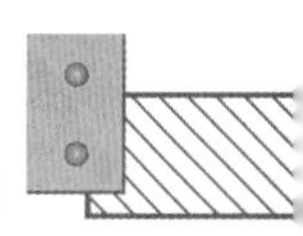

第七节 卫生洁具

卫生洁具是厨房和卫生间不可缺少的设施，它不仅存在于家居空间，而且还用于公共空间，空间内的功能使用取决于洁具设备的质量，厨卫洁具既要满足使用功能要求，又要满足节水节能等环保要求（见图4-22）。

图4-22 卫生洁具

1. 面盆

面盆又称为洗脸盆，它是卫生间不可缺少的部件，可以满足洗脸、洗手等各种卫生行为。面盆的种类、款式和造型非常丰富，影响面盆价格的因素主要有品牌、材质与造型。目前常见的面盆材质可以分为陶瓷、玻璃、亚克力三种，造型也可以分为挂式、立柱式、台式三种。

图4-23 半台上面盆

陶瓷面盆使用频率最多，占据90%的消费市场，陶瓷材料保温性能好，经济耐用，但是色彩、造型变化较少，基本都是白色，外观以椭圆形、半圆形为主。传统的台下盆价格最低，可以满足不同的消费需求，最近流行的台上盆造型就更丰富了（见图4-23、图4-24）。

角型洗脸盆由于占地面积小，一般适用于面积较小的卫生间，安装后使卫生间有更多的回旋余地；普通型洗脸盆适用于一般装修的卫生间，经济实用，但不美观；立式洗脸盆适用于面积不大的卫生间，它能与室内高档装饰及其他豪华型卫生洁具相匹配；有沿边的台式洗脸盆和无沿边台式洗脸盆适用于面积较大的高档的卫生间使用，台面可以采用大理石或花岗岩材料。

图4-24 全台上面盆

2. 蹲便器

蹲便器（见图4-25）是传统的卫生间洁具，一般采用全陶瓷制作，安装方便，使用效率高，适合公共卫生间。蹲便器不带冲

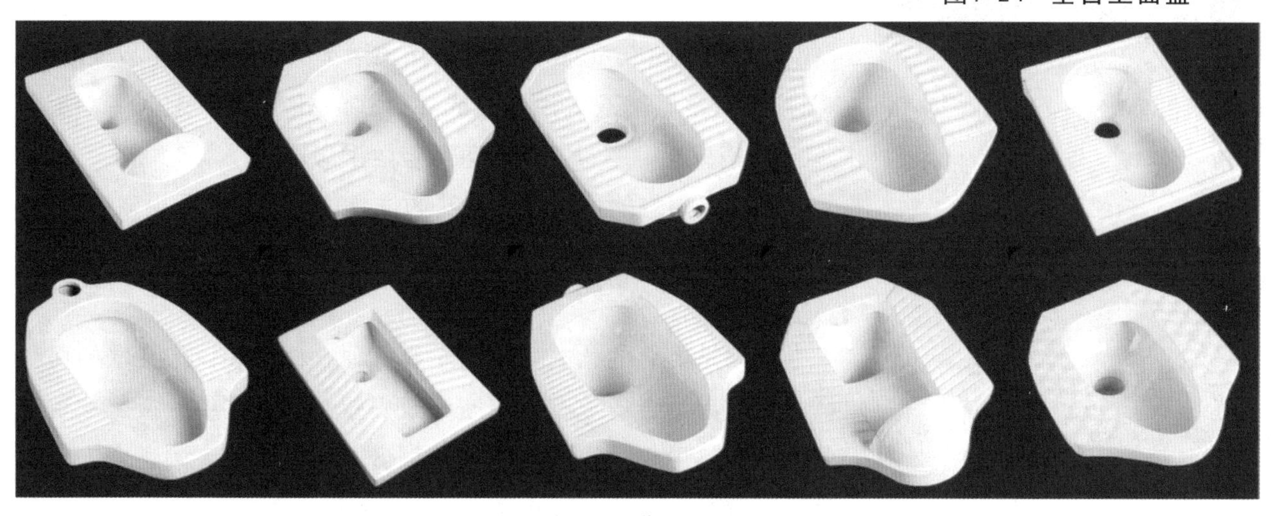

图4-25 蹲便器样式

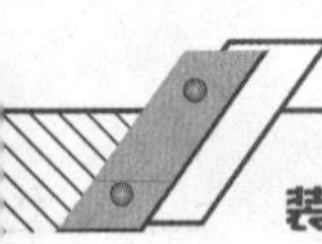

熟记要点

选择坐便器的方法

由于卫生洁具多半是陶瓷质地，所以在挑选时应仔细检查它的可见面，也就是外观质量。观察坐便器是否有开裂，即用一根细棒轻轻敲击瓷件边缘，听其声音是否清脆，当有“沙哑”声时就证明瓷件有裂纹。此外，将瓷件放在平整的台面上，进行各方向的转动，检查是否平稳匀称，安装面及瓷件表面的边缘是否平正，安装孔是否均匀圆滑。国家规定使用的坐便器排水量须在6L以下，现在市场上的坐便器多数是6升的，许多厂家还推出了大小便分开冲水的坐便器，有3升和6升两个开关，这种设计更利于节水。

图4-26 坐便器

图4-27 浴缸

水装置，需要另外配置给水管或冲水水箱。蹲便器的排水方式主要有直排式和存水弯式，其中直排式结构简单，存水弯式防污性能好，但安装时有高度要求，平整的卫生间里需要砌筑台阶。

蹲便器适用于家居空间的客用卫生间和大多数公共卫生间，占地面积小，成本低廉。安装蹲便器时注意上表面要低于周边陶瓷地面砖，蹲便器出水口周边需要涂刷防水涂料。

3. 坐便器

坐便器又称为抽水马桶（见图4-26），主要采用陶瓷或亚克力材料制作。坐便器按结构可分为分体式坐便器和连体式坐便器两种；按下水方式分为冲落式、虹吸冲落式和虹吸漩涡式三种。冲落式及虹吸冲落式注水量约6L左右，排污能力强，只是冲水时噪声大；漩涡式一次用水8～10L，具有良好的静音效果。近年来，又出现了微电脑控制的坐便器，需要接通电源，根据实际情况自动冲水，并带有保洁功能。

选择坐便器，主要看卫生间的空间大小。分体式坐便器所占空间大些，连体式坐便器所占空间要小些。另外，分体坐便器外形要显得传统些，价格也相对便宜，连体式坐便器要显得新颖高档些，价格也相对较高。

4. 浴缸

浴缸又称为浴盆（见图4-27），是传统的卫生间洗浴洁具。浴缸按材料一般分为钢板搪瓷浴缸、亚克力浴缸、木质浴缸和铸铁浴缸；按裙边分为无裙边缸和有裙边缸；从功能上分为普通缸和按摩缸。普通浴缸的长度从1200～1800mm不等，深度一般在500～700mm之间，特殊形态的空间，也可以订制加工。

选择浴缸首先要注意使用空间，如果浴室面积较小，可以选择1200mm、1500mm长的浴缸；如果浴室面积较大，可选择1600mm、1800mm长的浴缸；如果浴室面积很大，可以安装高档的按摩浴缸、双人用浴缸或外露式浴缸。目前销售的高档浴缸还具有喷射、按摩功能，甚至与淋浴房相连。

其次是浴缸的形状和龙头孔的位置，这些要素是由浴室的布局和客观尺寸决定的，此外，还要根据预算投资来考虑品牌和材质。

最后是浴缸的款式，目前主要有独立柱脚和镶嵌在地的两种样式。前者适合安放在卫浴空间面积较大的住宅中，最好放置在整个空间的中央，这种布置显得尊贵典雅；而后者则适合安置在面积一般的浴室里，如果条件允许的话最好临窗安放。

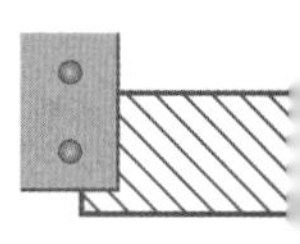

5. 淋浴房

淋浴房一般由隔屏和淋浴托（底盘）组成，内设花洒。隔屏所采用的玻璃均为钢化玻璃，甚至具有压花、喷砂等艺术效果，淋浴托则采用玻璃纤维、亚克力或金刚石制作。淋浴房从形态上可以分为立式角形淋浴房、一字形浴屏、浴缸上浴屏三类。

（1）立式角形淋浴房 从外形上看有方形、弧形、钻石形；以结构分有推拉门、折叠门、转轴门等；以进入方式分有角向进入式或单面进入式。角向进入式最大的特点是可以更好利用有限浴室面积，扩大使用率；常见的方形对角形更好利用有限浴室面积，扩大使用率；常见的方形对角形淋浴房、弧形淋浴房、钻石形淋浴房均属此类，是应用较多的款式。

（2）一字形浴屏 采用10mm钢化玻璃隔断，适合宽度窄的卫生间，或者有浴缸位并不愿用浴缸而选用淋浴屏时，多选择一字形淋浴屏。

（3）浴缸上浴屏 为兼顾浴缸与淋浴二者的功能，也可以在浴缸上制作浴屏。

高档淋浴房（见图4-28）一般由桑拿系统、淋浴系统、理疗按摩系统三个部分组成。桑拿系统主要是通过独立蒸汽孔散发蒸汽，可以在药盒内放入药物享受药浴保健。理疗按摩系统是通过淋浴房壁上的针刺按摩孔出水，用水的压力对人体进行按摩。一般单人淋浴房有12个左右按摩孔，双人的则达到16个。

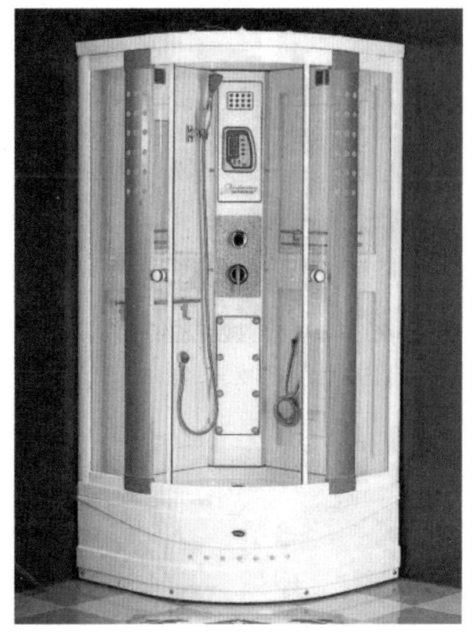

图4-28 淋浴房

熟记要点

选择淋浴房的方法

1. 卫生间面积决定淋浴房的形状：最小的淋浴房边长不宜低于900mm，开门形式有推拉门、折叠门、转轴门等，能更好利用有限的浴室面积。

2. 关注材料质量：淋浴房的主材为钢化玻璃，正宗的钢化玻璃仔细看有隐隐约约的花纹。选购淋浴房一定要从正规渠道购买，不能贪图便宜，劣质产品的玻璃会发生炸裂。

3. 蒸汽功能淋浴房的保修期：购买带蒸汽功能的淋浴房时要关注蒸汽机和电脑控制板。如果蒸汽机不过关，容易出现损坏。同样，电脑控制板也是淋浴房的核心部位，一旦电脑板出问题，整个淋浴房就无法启用。

4. 注意底盘的板材是否环保：目前，淋浴房所使用的板材主要是亚克力，有一些复合亚克力板中使用的玻璃丝含有甲醛，容易造成空气污染。如果亚克力板的背面与正面不同，比较粗糙，就属于劣质复合亚克力板。

★思考题★

1. 生产瓷砖的主要原料有哪些？
2. 怎样识别抛光砖与玻化砖？
3. 仿古砖的主要应用优势在哪里？
4. 怎样正确选用蹲便器与坐便器？

图5-1　板材制作的家具

图5-2　木芯板

第五章　装饰板材

装饰板材是装饰装修中使用频率最高的型材，它以统一的规格和丰富的品种被广泛用于各种装饰构造，涵盖了整个装饰材料的全部（见图5-1）。装饰板材商品化程度很高，同一种产品多家厂商均有生产，并派生出各种商品名，在学习过程中要注意比较、鉴别，不断加以总结、归类。尤其是多种材料合成的复合板材，特性与使用方法均存在很大区别，不能产生混淆。

第一节 木芯板

木芯板又称为大芯板（细木工板），是装饰工程中的首选材料，将原木切割成长短不一条状后拼合成板芯，在上下两面胶贴1～2层胶合板或其他饰面板（见图5-2），再经过压制而成，其竖向（以芯板材走向区分）抗弯压强度差，但是横向抗弯压强度较高。木芯板的板芯常用松木、杉木、桦木、泡桐、杨木等树种，其中以杨木、桦木为最好，质地密实，木质不软不硬，握钉力强，不易变形，而泡桐的质地很轻、较软、吸收水分大，握钉力差，不易烘干，制成的板材当水分蒸发后，非常容易干裂变形。而普通硬木质地坚硬，不易压制，拼接结构不好，握钉力差，变形系数大。它的成品规格为（长×宽）2440mm×1220mm，厚度为15mm、18mm。

木芯板的加工工艺分为手拼与机拼两种。手工拼制是用人工将木条镶入夹板中，木条受到的挤压力较小，拼接不均匀，缝隙大，握钉力差，不能锯切加工，只适宜做部分装修的子项目，例如用作实木地板的垫层板等。机拼的板材受到的挤压力较大，缝隙极小，拼接平整，承重力均匀，长期使用，结构紧凑不易变形（见图5-3）。

木芯板取代了传统装饰装修中对原木的加工，大幅度提高了工作效率。木芯板表面平整，物理性能和力学性能良好，尤其是握螺钉力好，强度高，具有质坚、吸声、绝热等特点，而且含水

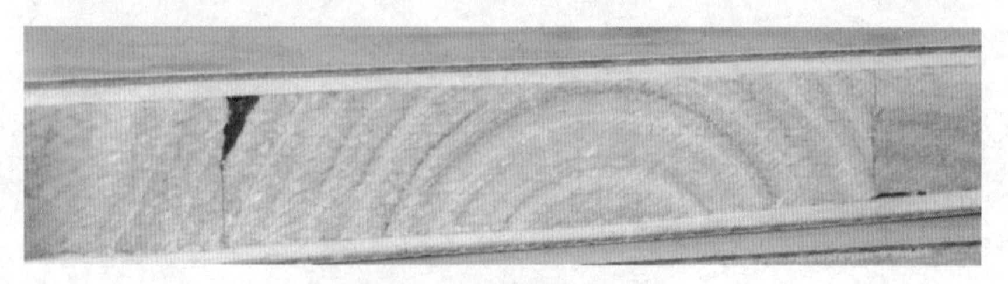

图5-3　木芯板剖切面

熟记要点

鉴别木芯板的方法

由于木芯板使用频率高，单板的价格差距较大。在选购时应注意：木芯板一般分为一、二、三等，直接用于饰面板的应选用一等板，而作底层板使用的可用三等板。

1. 表面要注意观察，挑选表面平整，节疤、起皮少的板材；观察板面是否有起翘、弯曲，有无鼓包、凹陷等；观察板材周边有无补胶、补腻子现象。

2. 用手触摸，展开手掌，轻轻平抚木芯板板面，如感觉到有毛刺扎手，则表明质量不高。也可以用双手将木芯板一侧抬起，上下抖动。

3. 倾听是否有木料拉伸断裂的声音，有则说明内部缝隙较大，空洞较多。

4. 从侧面拦腰锯开后，观察板芯的木材质量是否均匀、整齐，有无腐朽、断裂、虫孔等，实木条之间缝隙是否较大。

5. 将鼻子贴近木芯板剖开截面处，闻闻是否有强烈的刺激性气味。

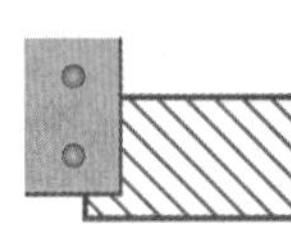

率不高，在10%～13%之间，加工简便。

木芯板大量使用于装饰装修中，可用作各种家具、隔墙、门窗套及装饰饰面基层骨架制作等，是一种小材大用的低成本装饰型材，可谓是“万能板”。但是，木芯板在制作过程中，添加了带有甲醛、苯等有害物质的胶粘剂，应控制使用范围，在制作加工过程中，应该对边角、断面进行封闭处理，如果经济条件允许，尽量使用环保型木芯板。

第二节 胶合板

胶合板又称为夹板，是将椴木、桦木、榉木、水曲柳、楠木、杨木等原木经过蒸煮软化后，沿着年轮悬切或刨切成大张单板，这些多层单板通过干燥后纵横交错排列，使相邻两单板的纤维相互垂直，再经加热胶压而成的一种人造板材。为了消除木材各项异性的缺点，增加强度，生产胶合板时单板的厚度、树种、含水率、木纹方向及制作方法都应该相同，层数一般为奇数，例如：三、五、七、九、十三合板等（见图5-4、图5-5），以使各种内应力平衡，各层单板的叠加原则如下。

1. 对称原则

对称中心平面两侧的单板，无论树种单板厚度、层数、制造方法、纤维方向和单板的含水率都应该互相对应，即对称原则。胶合板中心平面两侧各对应层不同方向的应力大小相等。因此，当胶合板含水率变化时，其结构稳定，不会产生变形、开裂等缺陷；反之，如果对称中心平面两侧对应层有某些差异，将会使对称中心平面两侧单板的应力不相等，使胶合板产生变形、开裂。

图5-5 胶合板剖切面

熟记要点

E级环保标准

当今社会，环保越来越被人们所认同。在装饰板材中，对于环保材料有严格的限定。

E级均为板材游离甲醛含量标准，其中E0级甲醛含量≤0.5mg/L；E1级≤1.5mg/L；E2级≤5mg/L。甲醛含量应小于或等于1.5mg/L（E1级），才可直接用于室内，而大于或等于5mg/L（超过E2）时必须经过饰面处理后才允许用于室内。

现代家具和构造都广泛使用装饰板材，为了使板材更加结实和耐用，人造板中需添加防潮剂和胶粘剂，这些是游离甲醛的主要来源，E级标准是欧洲国家根据人造板中游离甲醛含量来划分的，也是我国人造板材的使用标准。

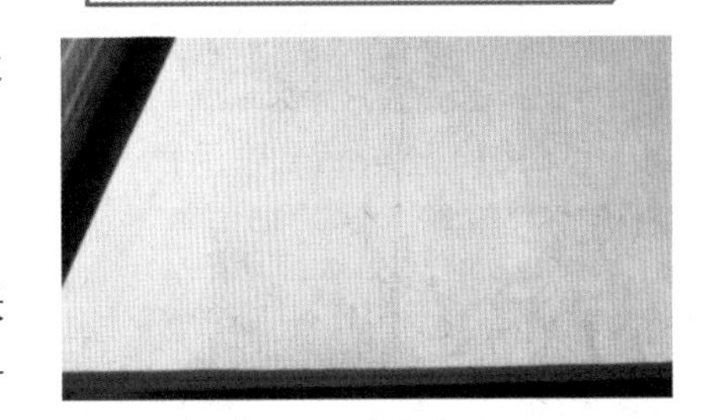

图5-4 胶合板

熟记要点

胶合板等级划分

胶合板一般分为四个等级：

1. 一级胶合板为耐气候、耐沸水胶合板，有耐久、耐高温等优点；

2. 二级胶合板为耐水胶合板，能在冷水中或短时间热水中浸渍；

3. 三级胶合板为防潮胶合板，能在冷水中短时间浸渍；

4. 四级胶合板为不防潮胶合板，为一般用途。

图5-6 胶合板家具

图5-7 胶合板制作吊顶

图5-8 薄木贴面板

图5-9 薄木贴面板贴面家具

2. 奇数层原则

由于胶合板的结构是相邻层单板的纤维方向互相垂直，又必须符合对称原则，因此它的总层数必定是奇数。例如：三层板、五层板、七层板等。奇数层胶合板弯曲时最大的水平剪应力作用在中心单板上，有较大的强度。偶数层胶合板弯曲时最大的水平剪应力作用在涂胶层上而不是作用在单板上，易使胶层破坏，降低了胶合板强度。

胶合板的外观平整美观，幅面大，收缩性小，可以弯曲，并能任意加工成各种形态。规格为（长×宽）2440mm×1220mm，厚度分别为3mm、5mm、7mm、9mm、12mm、18mm、22mm。

胶合板主要用于装饰装修中木质制品的背板、底板，由于厚薄尺度多样，质地柔韧、易弯曲（见图5-6），也可以配合木芯板用于结构细腻处，弥补了木芯厚度均一的缺陷，或者用于制作隔墙、弧形天花（见图5-7）、装饰门面板和墙裙等构造。

在选购胶合板时应列好材料清单，由于规格、厚度不同，所使用的地方也不同，要避免浪费。观察胶合板的正反两面，不应看到节疤和补片，观察剖切截面，单板之间均匀叠加，不应有交错或裂缝，不应有腐朽变质等现象。双手提起胶合板一侧，能感受到板材是否平整、均匀、无弯曲起翘的张力等。

第三节 薄木贴面板

薄木贴面板（见图5-8）是胶合板的一种，全称为装饰单板贴面胶合板，它是将天然木材或科技木刨切成0.2~0.5mm厚的薄片，粘附于胶合板表面，然后热压而成的一种用于室内装修或家具制造的表面材料。它是新型的高级装饰材料，规格为（长×宽×厚）2440mm×1220mm×3mm。薄木贴面板具有花纹美丽、种类繁多、装饰性好、立体感强的特点，用于装修中家具及木制构件的外饰面（见图5-9），涂饰油漆后效果更佳。

薄木贴面板一般分为天然板和科技板两种：天然薄木贴面板采用名贵木材，如枫木、榉木、橡木、胡桃木、樱桃木、影木、檀木等（见图5-10），经过热处理后刨切或半圆旋切而成，压合并粘接在胶合板上，纹理清晰、质地真实、价格较高。科技板表面装饰层则为人工机械印刷品，易褪色、变色，但是价格较低，也有很大的市场需求量。

优质薄木贴面板具有清爽华丽的美感，色泽均匀清晰，材质

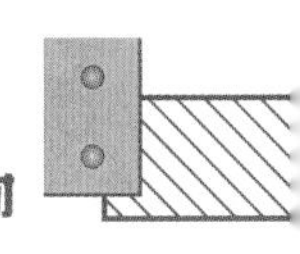

图5-10　薄木贴面板样式

熟记要点

刨花板

刨花板是将各种枝芽粉碎成颗粒状后，再经黏合高压而成，因其剖面类似蜂窝状，所以称为刨花板。现在国际上大多数的板式家具都选用刨花板，优点是内部为交叉错落结构的颗粒状，因此握钉力好，横向承重力好，且造价比中密度板低，甲醛含量虽比中密度板高，但比木芯板要低得多。刨花板价格相对较便宜，但是质量差异很大，不易辨别，抗弯性和抗拉性较差，密度疏松易松动。

细致，纹路美观，能够感受到其良好的装饰性，反之，如果有污点、毛刺沟痕、刨刀痕或局部发黄、发黑就很明显属于劣质或已被污染的板材。价格也根据木种、材料、质量的不同有很大差异，跟纹路，厚度，内芯等有直接关系。选购时可以使用砂纸轻轻打磨边角，观测是否褪色或变色，即可鉴定该贴面板的质量。

图5-11　纤维板

第四节 纤维板

纤维板又称为密度板（见图5-11），是采用森林采伐后的剩余木材、竹材和农作物秸秆等为原料，经打碎、纤维分离、干燥后施加脲醛树脂或其他适用的胶粘剂，再经过热压后制成的一种人造板材。纤维板按原料可以分为木质纤维板和非木质纤维板，木质纤维板是用木工废料加工制成的；非木质纤维板是以芦苇、秸秆、稻草等草本植物和竹材加工制成。纤维板的构造致密，隔音、隔热、绝缘和抗弯曲性较好，生产原料来源广泛，成本低廉，但是对加工精度和工艺要求高（见图5-12）。

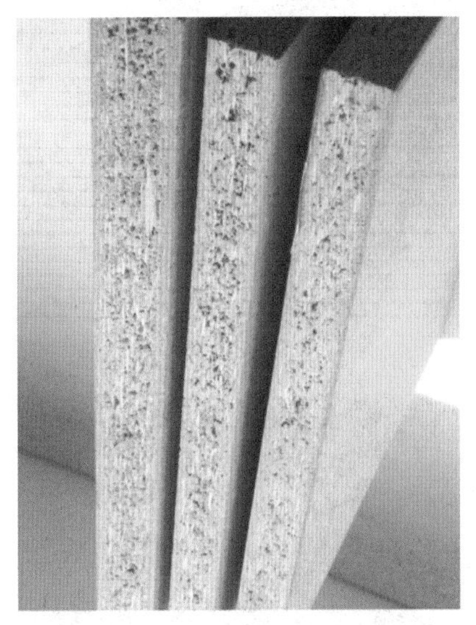

图5-12　纤维板剖切面

由于纤维板是以植物纤维为原料，产品按密度的不同分为硬质纤维板、半硬质纤维板和软质纤维板，性质因原料种类、制造工艺的不同而有很大差异。

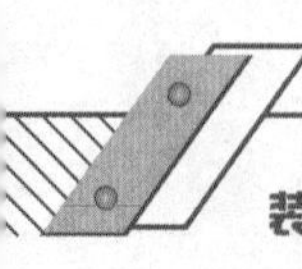

熟记要点

中密度纤维板类型

1. 室内型中密度纤维板（简称室内型板），表示符号为MDF，是不具有短期经受水浸渍或高湿度作用的中密度纤维板，板型颜色标识为本色。

2. 室内防潮型中密度纤维板（简称防潮型板），表示符号为MDF.H，是具有短期经受冷水浸渍或高湿度作用的中密度纤维板，适合于室内厨房、卫生间等环境使用，板型颜色标识为绿色。

3. 室外型中密度纤维板（简称室外型板），表示符号为MDF.E，是具有经受气候条件的老化作用、水浸泡或在通风场所经受水蒸气湿热作用的中密度纤维板，板型颜色标识为灰色。

图5-14 纤维板家具

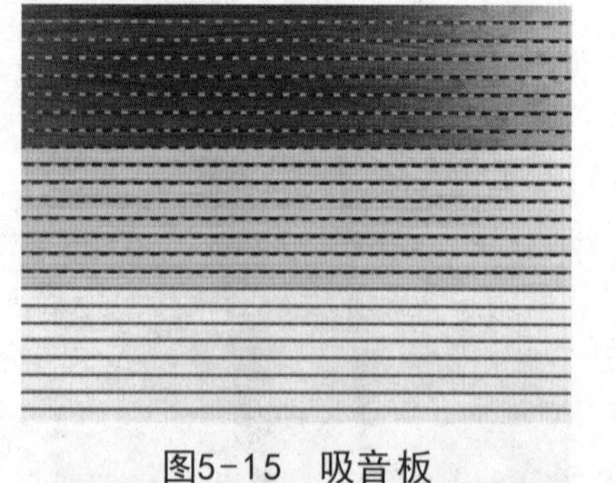

图5-15 吸音板

图5-16 波纹板

图5-13 纤维板家具

1. 硬质纤维板

硬质纤维板又称为高密度板，密度在0.8g/cm^{3}以上，常为一面光或两面光的，具有良好力学性能，主要用于建筑、车辆与船舶生产、家具制造等行业（见图5-13）。

2. 半硬质纤维板

半硬质纤维板又称为中密度板，密度在0.4~0.8g/cm^{3}之间，广泛用于建筑和家具生产等行业，也可用作包装材料（见图5-14）。

3. 软质纤维板

软质纤维板又称为低密度板，密度在0.4g/cm^{3}以下，是一种具有良好吸音和隔热性能的板材，主要用于高级建筑（如剧院等）的吸音结构。

纤维板型材规格为（长×宽）2440mm×1220mm，厚度3~25mm不等，价格也因此不同。

在现代装饰材料中，纤维板因做过防水处理，其吸湿性比木材小，形状稳定性、抗菌性都比较好。半硬质纤维板使用频率最高，适用于装修中的家具制作，现今市场上所售卖的纤维板都经过了二次加工和表面处理，外表面一般覆有彩色喷塑装饰层，色彩丰富多样，可选择性强。中、硬质纤维板甚至可以替代普通木板或木芯板，制作衣柜、储物柜时可以直接用作隔板或抽屉壁板，使用螺钉连接，无须贴装饰面材，简单方便。而软质纤维板多用作吸声、绝热材料，如墙体吸音板。

胶合板、纤维板表面经过压印、贴塑等处理方式，被加工成各种装饰效果，例如：吸音板（见图5-15）、波纹板（见图5-16）、浮雕板、网孔板、砂岩板等，被广泛应用于装修中的家具贴面、门窗饰面、墙顶面装饰等，使用胶粘剂粘贴在基层板上即可。

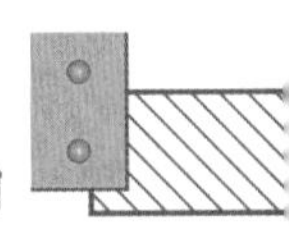

第五节 地板

人类使用天然木材铺设地面已有几千年的历史，最初是以木质建筑、木质家具为主体的平托物，后来发现在众多的材料中，只有木材的导热性适合人体体温，并且方便开采、加工，于是以木材为主的地面铺设材料诞生了。在今天的工业技术中，地面铺设材料主要以木材为主，涵盖的成熟产品很多，主要可以分为实木地板、实木复合地板、强化复合木地板、竹地板和塑料地板等，各种类型地板的性能需要正确认识（见表5-1）。

图5-17 实木地板效果图

1. 实木地板

实木地板是采用天然木材（见图5-17、图5-18），经加工处理后制成条板或块状的地面铺设材料。实木地板对树种的要求相对较高，档次也由树种拉开。一般来说，地板用材以阔叶材为多，档次也较高；针叶材较少，档次也较低。近年来，由于国家实施天然林保护工程，进口木材作为实木地板的比例也在增加。

图5-18 实木地板

表 5-1 各种类型地板的性能

项 目	实木地板	实木复合地板	强化复合木地板	竹地板	塑料地板
自 然	返璞归真	返璞归真	仿真性	返璞归真	仿真性
美 观	纹理清晰自然	纹理清晰自然	时尚但不生动	纹理清晰自然	时尚
脚 感	好	好	差	好	好
变 形	易	不易，0.6mm多层的变形率是实木的1/20	不易	易	不易
膨胀收缩	易	不易	有一定的膨胀收缩	易	不易
耐磨性	良好	良好	好	良好	一般
自然环境	干缩湿胀	性能很稳定	性能稳定	干缩湿胀	性能很稳定
地热环境	极不适合，易开裂变形	适合，性能稳定	慎重用于地热	极不适合，易开裂变形	适合，性能稳定
重复打磨	可重新打磨	0.6mm木皮地板不可打磨，厚皮层新产品可重新打磨	不能	可重新打磨	不能
寿 命	40~50年	8~15年	8~10年	10~15年	3~5年
资料利用	资源浪费	有效利用	有效利用	比较环保	有效利用
价位	高	中	低	高	低
甲醛含量	低	达国标	达国标	低	低

图5-19 实木地板

熟记要点

鉴别实木地板的方法

1. 测量地板的含水率：我国不同地区含水率要求均不同，国家标准所规定的含水率为10%～15%。如果相差在2%以内，可以认为合格。

2. 观测木地板的精度：一般木地板开箱后可取出10块左右徒手拼装，观察企口咬合、拼装间隙和相邻板间高度差，若严格合缝，手感无明显高度差即可。

3. 检查基材的缺陷：看地板是否有死节、活节、开裂、腐朽、菌变等缺陷。由于木地板是天然木制品，客观上存在色差和花纹不均匀的现象。如若过分追求地板无色差，是不合理的，只要在铺装时稍加调整即可。

4. 挑选板面、漆面质量：注意观察烤漆漆膜光洁度，有无气泡、漏漆以及耐磨度等。

5. 识别木地板树种：目前市场上将木材冠以各式各样的美名，如樱桃木、花梨木、金不换、玉檀香等，以低档充高档木材，一定不要为名称所惑，须弄清材质，以免上当。

6. 确定合适的长度、宽度：实木地板并非越长越宽越好，最好选择中短长度地板，不易变形，而长度、宽度过大的木地板相对容易变形。

优质木地板应该具有自重轻、弹性好、构造简单、施工方便等优点，它的魅力在于妙趣天成的自然纹理和与其他任何装饰品都能和谐相配的特性。优质木地板还有三个显著特点：第一是无污染，它源于自然，成于自然，无论人们怎样加工使之变成各种形状，它始终不失其自然的本色；第二是热导率小，使用它有冬暖夏凉的感觉；第三是木材中带有可抵御细菌、稳定神经的挥发性物质，是理想的居室地面装饰材料。但是实木地板存在怕酸、怕碱、易燃的弱点，所以一般只用在卧室、书房、起居室等室内地面的铺设（见图5-19）。

实木地板的样式主要有条形和拼花两种。

（1）条形木地板 按一定的走向、图案铺设在地面上。条形木地板接缝处有平口与企口之分。平口就是上下、前后、左右六面平齐的木条。企口就是通过专用设备将木条的断面（具体表面依要求而定）加工成榫槽状，便于固定安装。优点是铺设图案选择余地大，企口便于施工铺设。缺点是工序多，操作难度大，难免粗糙。

（2）拼花木地板 事先按一定图案、规格，在设备良好的车间里，将几块（一般是四块）条形木地板拼装完毕，呈正方形。消费者购买后，可将拼花形的板块再拼铺在地面或墙面上。这种地板的拼装程序使得质量有了一定的保证，方便了施工。但是，由于地板已经事先拼装，故对地面的平整要求较高，否则会出现翘曲变形现象。

实木地板的规格根据不同树种来订制，一般宽度为90～120mm，长度为450～900mm，厚度为12～25mm。优质实木地板表面经过烤漆处理，应具备不变形、不开裂的性能，含水率均控制在10%～15%之间。

2. 实木复合地板

由于世界天然林正在逐渐减少，特别是装饰用的优质木材日渐枯竭，木材的合理利用已经越来越受到人们的重视，多层结构的实木复合地板就是这种情况下的产物。实木复合地板是利用珍贵木材或木材中的优质部分以及其他装饰性强的材料作表层，材质较差或质地较差部分的竹、木材料作中层或底层，构成经高温高压制成的多层结构的地板。实木复合地板不仅充分利用了优质材料，提高了制品的装饰性，而且所采用的加工工艺也不同程度地提高了产品的力学性能。实木复合地板主要是以实木为原料制成的，有以下三种。

（1）三层实木复合地板 采用三层不同的木材黏合制成，表层使用硬质木材，例如：榉木、桦木、柞木、樱桃木、水曲柳等，中间层和底层使用软质木材，例如：用松木为中间的芯板，提高了地板的弹性，又相对降低了造价（见图5-20）。

（2）多层实木复合地板 以多层胶合板为基材，表层镶拼硬木薄板，通过脲醛树脂胶多层压制而成。

（3）新型实木复合地板 表层使用硬质木材，例如：榉木、桦木、柞木、樱桃木、水曲柳等，中间层和底层使用中密度纤维板或高密度纤维板。效果和耐用程度都与三层实木复合地板相差不多。

不同树种制作成实木复合地板的规格、性能、价格都不同，但是高档次的实木复合地板表面多采用UV亚光漆，这种漆是经过紫外光固化的，耐磨性能非常好，不会产生脱落现象，使用后无须打蜡维护，连续使用十几年不用上新漆。优质的UV亚光漆对强光线应该无明显反射现象，光泽柔和、高雅，对视觉无刺激。

3. 强化复合木地板

强化复合木地板是20世纪90年代后才进入我国市场的，它由多层不同材料复合而成（见图5-21），其主要复合层从上至下依次为：强化耐磨层、着色印刷层、高密度板层、防振缓冲层和防潮树脂层（见图5-22）。强化耐磨层用于防止地板基层磨损；着色印刷层为饰面贴纸，纹理色彩丰富，设计感较强；高密度板层是由木纤维及胶浆经高温高压压制而成的；防震缓冲及树

图5-20 实木复合地板

熟记要点

鉴别实木复合地板的方法

1. 观察表层厚度如何：实木复合地板的表层厚度决定其使用寿命，表层板材越厚，耐磨损的时间就越长，进口优质实木复合地板的表层厚度一般在4mm以上，此外还要观察表层材质和四周榫槽是否有缺损。

2. 检查产品的规格尺寸公差是否与说明书或产品介绍一致：可以用尺子实测或与不同品种相比较，拼合后观察其榫槽结合是否严密，结合的松紧程度如何，拼接表面是否平整。

3. 试验其胶合性能及防水、防潮性能：可以取不同品牌小块样品浸渍到水中，试验其吸水性和黏合度如何，浸渍剥离速度越低越好，胶合黏度越强越好。如果有刺鼻或刺眼的感觉，则说明空气中的甲醛含量超标了。

图5-21 强化复合木地板样式

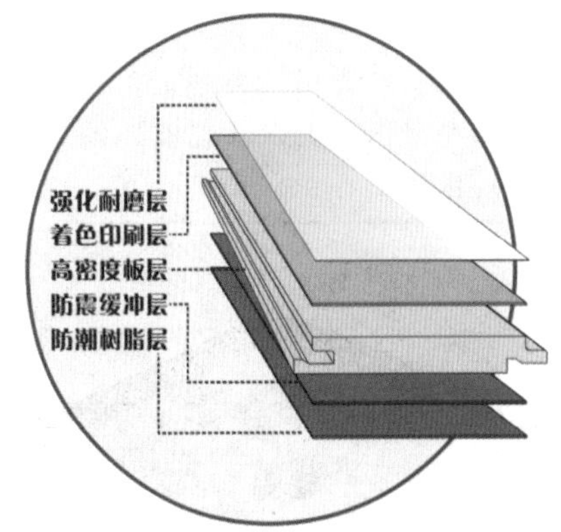

图5-22 强化复合木地板构造

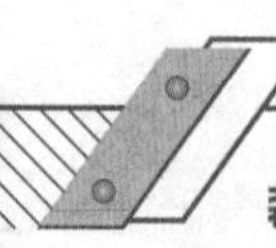

熟记要点

鉴别强化复合地板的方法

1. 检测耐磨转数：这是衡量强化复合地板质量的一项重要指标。一般而言，耐磨转数越高，地板使用的时间就越长，地板的耐磨转数达到1万转为优等品，不足1万转的产品，在使用1～3年后就可能出现不同程度的磨损现象。

2. 观察表面质量是否光洁：强化复合木地板的表面一般有沟槽型、麻面型和光滑型三种，本身无优劣之分，但都要求表面光洁无毛刺。观察企口的拼装效果，可以拿两块地板的样板拼装一下，看拼装后企口是否整齐、严密。

3. 吸水后的膨胀率：此项指标在3%以内可视为合格，否则地板在遇到潮湿，或在周边密封不严的情况下，就会出现变形现象，影响正常使用。

4. 地板厚度：目前市场上地板的厚度一般在6～18mm，选择时应以厚度厚些为宜。厚度越厚，使用寿命也就相对延长，但同时要考虑装修的实际成本。

5. 查看正规证书和检验报告，选择地板时一定要弄清商家有无相关证书和质量检验报告。

6. 注重售后服务，强化复合木地板一般需要专业安装人员使用专用工具进行安装，因此一定要问清商家是否有专业安装队伍，以及能否提供正规保修证明书和保修卡。

图5-24 抗静电地板

图5-23 强化复合木地板

脂层垫置在高密度板层下方，用于防潮、防磨损，并且起到保护基层板的作用。

（1）强化复合木地板具有很高的耐磨性 强化复合木地板表面耐磨度为普通油漆木地板的10～30倍，其次是产品的内结合强度、表面胶合强度和冲击韧性力学强度都较好，此外，还具有良好的耐污染腐蚀、抗紫外线光、耐香烟灼烧等性能（见图5-23）。

（2）强化复合木地板有较大的规格尺寸 地板的流行趋势为大规格尺寸，而实木地板随尺寸的加大，其变形的可能性也在加大。强化复合木地板采用了高标准的材料和合理的加工手段，具有较好的尺寸稳定性。

（3）安装简便，维护保养简单 地板采用泡沫隔离缓冲层（PVC防潮毡）悬浮铺设的方法，施工简单，效率高。平时可用清扫、拖抹、辊吸等方法维护保养，十分方便。

（4）复合强化木地板的缺点 强化复合木地板的脚感或质感不如实木地板，其次当基材和各层间的胶合不良时，使用中会脱胶分层而无法修复。此外，地板中所包含的胶合剂较多，游离甲醛释放导致环境污染也要引起高度重视。

强化复合木地板的规格长度为900～1500mm，宽度为180～350mm，厚度分别有6mm、8mm、12mm、15mm、18mm，厚度越高，价格也相对越高。此外，复合木地板还可以被加工成抗静电地板（见图5-24），主要用于计算机操作间及办公室。

4. 竹地板

竹地板是竹子经处理后制成的地板。与木材相比，竹材作为地板原料有许多特点（如图5-25）。

（1）竹地板良好的质地和质感 竹材的组织结构细密，材质坚硬，具有较好的弹性，脚感舒适，装饰自然而大方。

（2）优良的物理力学性能 竹材的干缩湿胀小，尺寸稳定性高，不易变形开裂，同时竹材的力学强度比木材高，耐磨性好。

（3）别具一格的装饰性 竹材色泽淡雅，色差小，竹材的纹理通直，很有规律，竹节上有点状放射性花纹，有特殊的装饰性。

由于竹材中空、多节，头尾材质、径级变化大，在加工中需去掉许多部分，竹材利用率往往仅20%～30%左右，此外，竹地板对竹材的竹龄有一定要求，需达3～4年以上，在一定程度上限制了原料的来源。因此，材料的利用率低，产品价格较高。

5. 塑料地板

塑料地板在我国使用比较早，属于建筑塑料之一，主要用于办公室、展览馆、超级市场等公共室内空间，价格低廉，花色样式繁多（见图5-26）。塑料地板主要有聚氯乙烯卷材地板和聚氯乙烯块状地板两种。

（1）聚氯乙烯卷材地板 聚氯乙烯卷材地板是以聚氯乙烯树脂为主要原料，加入适当促凝剂，在片状连续基材上，经涂

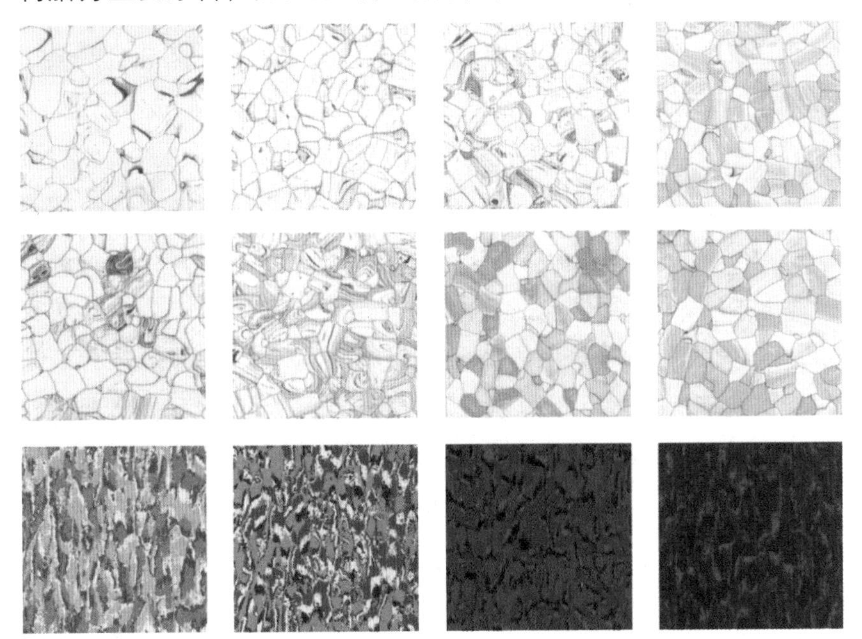

图5-26 聚氯乙烯卷材地板

图5-25 竹地板

熟记要点

鉴别竹地板的方法

1. 选择优异的材质：正宗楠竹较其他竹类纤维坚硬密实，抗压抗弯强度高，耐磨、不易吸潮、密度高、韧性好、伸缩性小。

2. 含水率的控制：各地由于湿度不同，选购竹地板含水率标准也不一样，必须注意含水率对当地的适应性。目前市场上有很多未经处理和粗制滥造的竹地板。极易受湿气、潮气的影响，安装一段时间后地板发黑、失去光泽、收缩变形，选购时应认真鉴别。

3. 生虫霉变的预防：选购竹地板时应强调防虫防霉的质量保证。未经严格特效防虫、防霉剂浸泡和高温蒸煮或炭化的竹地板，绝对不能选购。

4. 胶合技术：竹地板经高温高压胶合而成。对高温、高压和胶合都有严格的工艺标准和检测标准。市场上有的厂家和个体户利用手工压制或简易机械压制，施胶质量不能保证，因而容易出现开胶现象。

5. 表面感观：好的竹地板是六面淋漆。由于竹地板是绿色自然产品，表面带有毛细孔，因为存在吸潮几率而引发变形，所以必须将四周和底、表面全部封漆。正常顺弯不会影响使用质量，安装时可以自动平整。

图5-27 聚氯乙烯卷材地板

图5-28 发泡聚氯乙烯块材地板

图5-29 致密聚氯乙烯块材地板

(a)

(b)

图5-30 防火板饰面橱柜

敷工艺生产而成，分为带基材的发泡聚氯乙烯卷材地板和带基材的致密聚氯乙烯卷材地板两种，表面平整光洁，冷却后切除边卷即为产品，有一定的弹性，脚感舒适（见图5-27）。卷材的规格不一，常见的宽度有1800mm、2000mm，每卷长度20m、30m，总厚度有1.5mm、2mm、3mm、4mm。

聚氯乙烯卷材地板适合铺设在办公室、会议室、快餐厅等场所。卷材地板所需面积可按铺设面积乘以1.1计算，如果卷材地板的宽度正好是房间净宽，也应该考虑2%的损耗。

（2）聚氯乙烯块状地板 聚氯乙烯块状地板是以聚氯乙烯及其共聚树脂为主要原料，加入填料、增塑剂、稳定剂、着色剂等辅料，经压延、挤出或挤压工艺生产而成（见图5-28、图5-29），有单层和同质复合两种，规格为300mm×300mm、600mm×600mm，总厚度有15mm、20mm、25mm、30mm。

塑料地板花色品种多，有木材、石材、砖材、图案、纯色等样式。安装方便，直接展平铺设即可，大面积使用可以添加胶水固定于清洁地面上，边缘使用热融机焊接。聚氯乙烯块状地板比较厚，富有弹性，一般用于室内外体育娱乐场所的局部铺装，铺装面积可大可小，使用灵活。

第六节 防火板

防火板又名耐火板（见图5-30），原名为热固性树脂浸渍纸高压装饰层积板，一般是由表层纸、色纸、基纸（多层牛皮纸）三层构成的。表层纸与色纸经过三聚氰胺树脂成分浸染，经干燥后叠合在一起，在热压机中通过高温高压制成。

防火板的特性取决于原料经加工制造所显示出来的物理性质，一般来说，防火板是一种防水、耐磨、耐热、表面硬、脆、表面不易被污染、不易褪色、容易保养及不产生静电等性质。防火板图案、花色丰富多彩，有仿木纹、仿石纹、仿皮纹、仿织物和净面色等多种（见图5-31），表面多数为高光色，也有呈麻纹状、雕状。防火板耐湿、耐磨、耐烫、阻燃，耐一般酸、碱、油渍及酒精等溶剂的侵蚀。一般型材规格为（长×宽）2440mm×1220mm，厚度为0.6mm、0.8mm、1.0mm、1.2mm不等，少数纹理色泽较好的品种多在0.8mm以上，价格也因此不同。

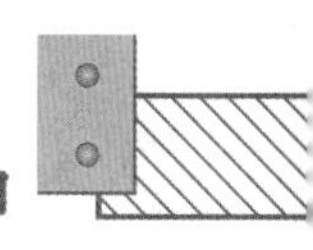

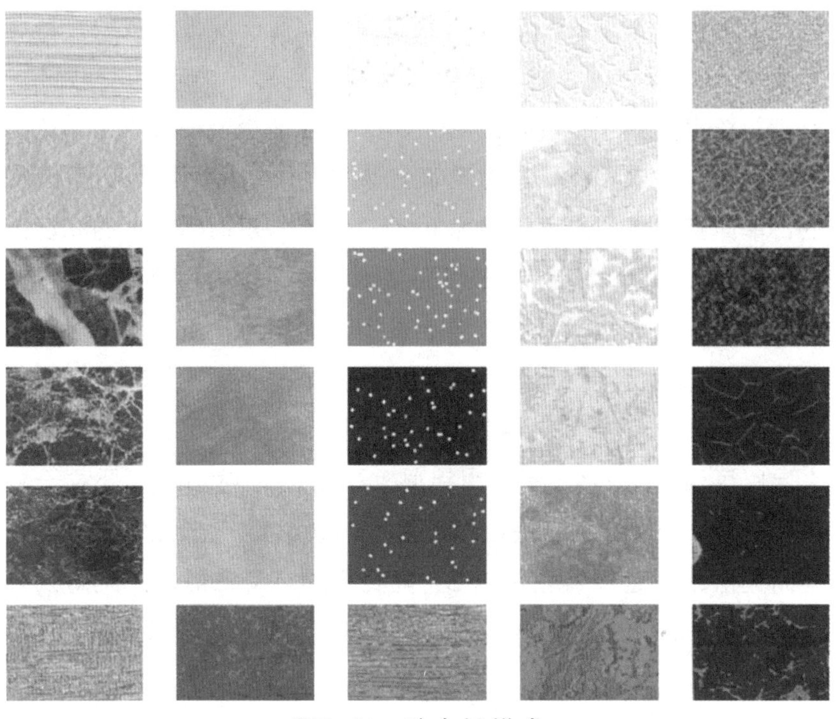

图5-31　防火板样式

熟记要点

三聚氰胺板

三聚氰胺板又称双饰面板。这种板材就是将印有色彩或仿木纹的纸，在三聚氰胺透明树脂中浸泡之后，贴于基材（中密度纤维板）表面热压成型。三聚氰胺树脂固化后使贴面具有较好的耐磨、耐划等物理性能，并且有一定的耐明火性能及优良的化学性能，因此比较适于用作厨房家具。这种板材的贴面是由板材厂家在出厂的时候就一次性热压完成，橱柜厂家不需要作二次加工，只要裁板封边就可以，比较经济实惠，相对于防火板贴面要单薄很多。

防火板广泛应用于防火工程，在装饰装修中一般用于厨房橱柜的台面和柜门的贴面装饰，具有很好的审美效果，同时也可以耐高温、防明火。

第七节 装饰板

一、铝塑板

铝塑板全称铝塑复合板（见图5-32），是采用高纯度铝片

图5-32　铝塑板

图5-33　PE聚乙烯树脂粒料

图5-34　铝塑板样式

图5-35　铝塑板饰面吊顶

和聚乙烯树脂（见图5-33），经过高温高压一次性构成的复合装饰板材，外部经过特种工艺喷涂塑料，色彩艳丽丰富（见图5-34），长期使用不褪色（见图5-35）。铝塑板规格为（长×宽）2440mm×1220mm，分为单面和双面两种，单面较双面价格低，单面铝塑板的厚度一般为3mm、4mm，双面铝塑板的厚度为5mm、6mm、8mm。铝塑板又可以分室外、室内用两种，再可分为一般型和防火型，现在市场大量销售的均为一般型。室外用铝塑复合板厚度为4～6mm，最薄应为4mm，上下均为0.5mm铝板（见图5-36），中间夹层为聚乙烯（PE）或聚氯乙烯（PVC），夹层厚度为3～5mm。室内用铝塑板厚度为3～4mm，上下面一般为0.2～0.25mm铝板，夹层厚度为2.5～3mm。一般型铝塑复合板中间夹层如果是聚氯乙烯PVC，复合板燃烧受热时将产生对人体有害的氯气，防火型铝塑复合板中间夹层为FR（防火塑胶）。

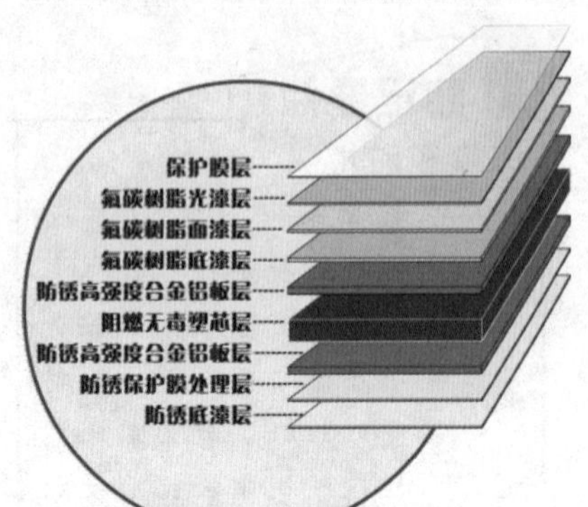

图5-36　铝塑板构造

二、阳光板

阳光板是采用聚碳酸酯（PC）合成着色剂开发出来的一种新型室内外顶棚材料[见图5-37（a）]，中心成条状气孔，主要有白色、绿色、蓝色、棕色等样式，透光率达82%，呈透明或半透明状，传热系数低，隔热性好，节能量是相同厚度玻璃的1.5～1.7倍，重量是相同厚度玻璃的1/15，可冷弯，安全弯曲半径为其板厚的175倍以上，可以取代玻璃、钢板、石棉瓦等传统材料，质轻，安全、方便。阳光板的规格多为（长×宽）2440mm×1220mm，厚度为4～6mm。

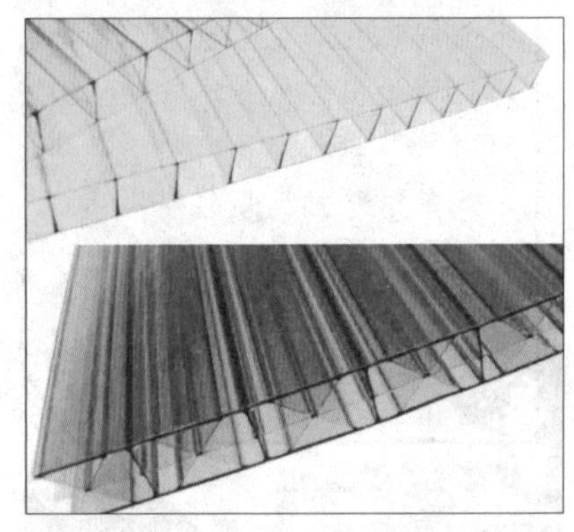

（a）

（b）

图5-37　阳光板安装

阳光板在现代装饰装修中用于室内透光吊顶、室外阳台、露台搭建花房、阳光屋，它透光、保温、体轻、易弯曲造型，经过精心设计后呈现了多变的姿态。阳光板一般采用不锈钢、实木或塑钢作框架，构成遮阳篷或雨篷[见图5-37（b）]，也可以完全制成扩展的室内空间。轻巧的阳光板在居室中还可以制作成衣柜的梭拉门等更多的构造。

三、有机玻璃板

有机玻璃全称为聚甲基丙烯酸甲酯（PMMA），或者称为亚克力，是透光率最高的一种塑料（见图5-38），可透过92%以上的太阳光，紫外线达73.5%，力学强度较高，有一定的耐热耐寒性，耐腐蚀，绝缘性能良好，尺寸稳定，易于成型。缺点是质地较脆，易溶于有机溶剂，表面硬度不够，容易擦毛。可作要求有目前该材料广泛地用作室内外装饰装修中门窗玻璃的代用品，尤其是用在容易受冲击、破碎的场所。此外，有机玻璃板还可以用

图5-38　有机玻璃板

图5-39　有机玻璃板相框

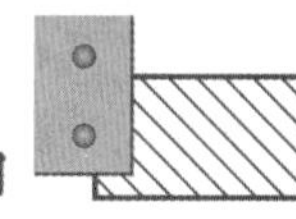

一定强度的透明结构件，在里面加入一些添加剂可以对其性能有所提高，例如：耐热、耐摩擦等。

在室内墙板、展示台柜和灯具等构造上（见图5-39、图5-40）。成品有机玻璃板规格为（长×宽）2440mm×1220mm，厚度为2～20mm，超过20mm可以到相关厂家订制。

图5-40 有机玻璃板展示货架

四、泡沫塑料板

泡沫塑料板又称为聚苯乙烯（PS），它具有一定的力学强度和化学稳定性，透光性好，着色性佳，并且容易成型（见图5-41），缺点是耐热性太低，只有80℃，不能耐沸水，性脆且不耐冲击，制品易老化出现裂纹，易燃烧，燃烧时会冒出大量黑烟，有特殊气味。

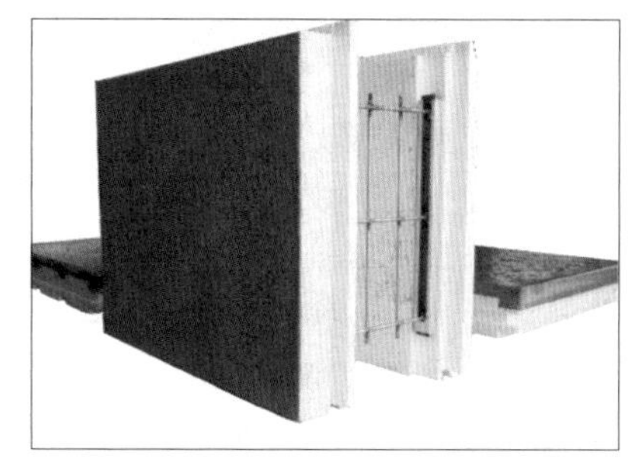

图5-41 泡沫塑料板

聚苯乙烯的透光性仅次于有机玻璃，大量用于低档灯具、灯格板及各种透明、半透明装饰件。硬质聚苯乙烯泡沫塑料大量用于轻质板材芯层和泡沫包装材料，或者穿插在龙骨架隔墙中，起到吸音、保温的作用。

五、石膏板

石膏板是以石膏为主要原料，加入纤维、黏结剂、稳定剂，经过混炼压制、干燥而成（见图5-42），具有防火、隔音、隔热、轻质、高强、收缩率小等特点，而且稳定性好、不老化、防虫蛀、施工简便，可以用钉、锯、刨、粘等方法施工，广泛应用于室内装饰装修吊顶和隔墙的贴面板（见表5-2）。

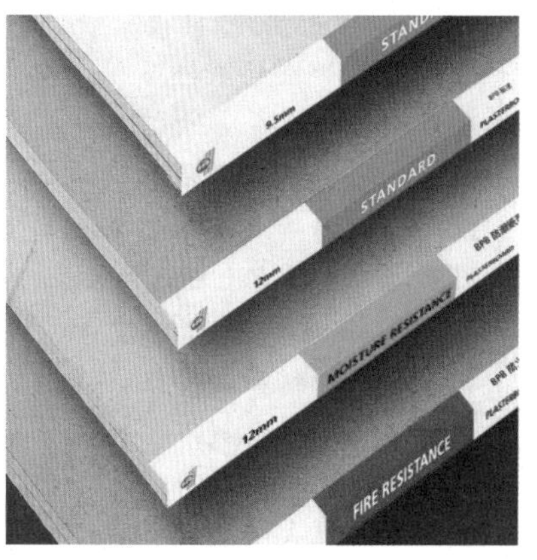

图5-42 纸面石膏板

表 5-2 特种功能的纸面石膏板应用

名　称	特性应用
耐水耐火纸面石膏板	具有耐水功能又具有耐火性能的纸面石膏板
高密度耐冲击型纸面石膏板	适用于抗冲击性能要求较高的使用场所，隔声性能和防火性能比一般的纸面石膏板要好
隔声纸面石膏板	专门针对隔声要求而改进配方的一种纸面石膏板
纸面石膏板复合铅板	专门使用在具有防辐射要求的射线室、手术室等
防蒸汽纸面石膏板	纸面石膏板的背面贴了一层铝箔
井道石膏板	用于电梯井道系统的纸面石膏板
穿孔纸面石膏板	用在有吸声要求的场所
玻璃纤维布面防火石膏板	用作钢结构防火外包和管道的防火外包
石膏板复合保温板	将纸面石膏板和酚醛树脂用特定的胶水复合在一起，保温性能好，用于外墙内的保温

熟记要点

鉴别纸面石膏板的方法

1. 观察纸面：优质纸面石膏板用的是进口原木浆纸，纸轻且薄，强度高，表面光滑，无污渍，纤维长，韧性好，而劣质石膏板用的是再生纸浆生产出来的纸张，较重较厚，强度较差，表面粗糙，有时可看见油污斑点，易脆裂。

2. 观察板芯：优质纸面石膏板选用高纯度的石膏矿作为芯体材料的原材料，板芯白，而劣质的纸面石膏板对原材料的纯度缺乏控制，板芯发黄（含有黏土），颜色暗淡。

3. 观察纸面粘接：优质的纸面石膏板的纸张全部粘接在石膏芯体上，石膏芯体没有裸露，而劣质纸面石膏板的纸张则可以撕下大部分甚至全部纸面，石膏芯完全裸露出来。

4. 掂量单位面积重量：相同厚度的纸面石膏板，在达到标准强度的前提下，优质板材比劣质的一般要轻。劣质的纸面石膏板大都是设备陈旧、工艺落后的工厂中生产出来的，杂质很多。

石膏板在制造时可以掺入轻质骨料、制成空心或引入泡沫，以减轻自重并降低导热性；也可以掺入纤维材料以提高抗拉强度和减少脆性；又可以掺入含硅矿物粉或有机防水剂以提高其耐水性；有时表面可以贴纸或铝箔增加美观和防湿性。石膏板的品种繁多，用于室内装饰的主要为纸面石膏板和装饰石膏板。

(1)纸面石膏板 纸面石膏板是以半水石膏和护面纸为主要原料，掺入适量的纤维、黏结剂、促凝剂、缓凝剂，经料浆配制、成型、切割、烘干而制成的轻质薄板。石膏板的形状以棱边角为特点，使用护面纸包裹石膏板的边角，形态有直角边、45° 倒角边、半圆边、圆边、梯形边。普通纸面石膏板又分防火和防水两种，市场上所售卖的型材兼得两种功能。普通纸面石膏板的规格为（长×宽）2440mm×1220mm，厚度有5mm、9.5mm、12mm等。

(2)装饰石膏板 装饰石膏板是以建筑石膏为主要原料，掺入适量纤维增强材料和外加剂材料制成的一种轻质、具有一定强度和装饰效果的板材。这种板材质地洁白，美观大方。装饰石膏板的品种繁多，有各种平板、花纹浮雕板、穿孔及半穿孔吸声板等。方块型材规格多为（长×宽）400mm×400mm、500mm×500mm、600mm×600mm、800mm×800mm，厚度为7~11mm，少数特种板材也有20mm或30mm厚的产品。

六、 矿棉板

矿棉板全称为矿棉装饰吸声板[见图5-43（a）]，是以矿物纤维为主要原料，加入适量胶粘剂，经过加压、烘干、饰面等工艺加工而成，最大的特点是具有很好的吸声效果，是一种变废为宝、有利环境的绿色建材。

矿棉板表面有滚花和浮雕等效果，图案有满天星[见图5-43（b）]、十字花、中心花、核桃纹等。矿棉板能隔音、隔热、防火，高档产品还不含石棉，对人体无害，并有防下陷功能。

（1）装饰性 矿棉吸声板表面处理形式丰富，板材有较强的装饰效果。表面经过处理的滚花型矿棉板，俗称“毛毛虫”，表面布满深浅、形状、孔径各不相同的孔洞。另外一种“满天星”，则表面孔径深浅不同。经过铣削成形的立体形矿棉板，表面制作成大小方块、不同宽窄条纹等形式。还有一种浮雕型矿棉板，经过压模成形，表面图案精美，有中心花、十字花、核桃纹等造型，是一种很好的装饰用吊顶型材（见图5-44）。

（2）吸声性 矿棉板是一种多孔材料，由纤维组成无数个微

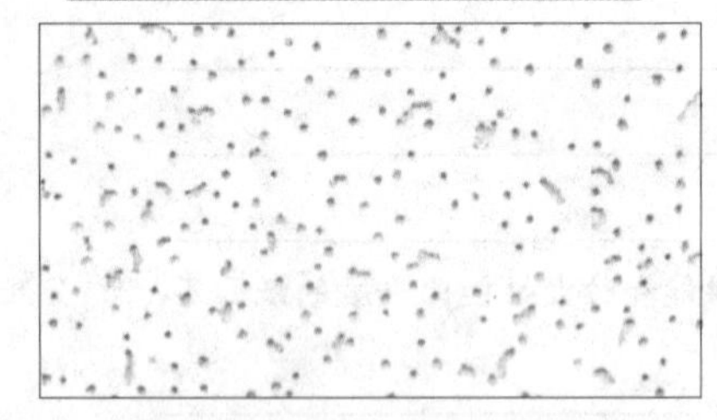
（a）

（b）

图5-43 矿棉板

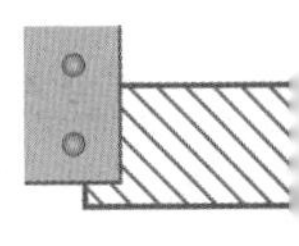

图5-44　矿棉板吊顶

孔，减小声波反射、消除回声、隔绝楼板传递的噪声。声波撞击材料表面，部分被反射回去，部分被板材吸收，还有一部分穿过板材进入后空腔，大大降低反射声，有效控制和调整室内回响时间，降低噪声。在用于室内装修时，平均吸音率可达0.5以上，适用于办公室、学校、商场等场所。

(3)防火性　防止火灾是现代公共建筑、高层建筑设计的首要问题，矿棉板是以不燃的矿棉为主要原料制成，在发生火灾时不会产生燃烧，从而有效地防止火势蔓延，是最为理想的防火吊顶材料。

矿棉板的规格多为300mm×300mm、500mm×500mm、600mm×600mm、800mm×800mm，厚度为8mm、10mm、12mm不等。矿棉板用于室内吊顶装饰，一般安装在轻钢龙骨或铝合金龙骨下反扣安装，具有良好的吸声隔音效果。

七、木丝水泥板

木丝水泥板是一种以天然木材和天然水泥，利用高压拍浆技术一体成型的板材（见图5-45）。它是以水泥、草木纤维与胶粘剂混合，高压制成的多用途产品，又称为纤维水泥板。它结合水泥与草木纤维的优点，具有密度轻、强度大、防火性能和隔音效果好，板面平整度好等特性（见图5-46），外观颜色与水泥墙面一致（见图5-47）。

板材内含矿化木丝，外加水泥包裹，防火效果一流，同时可以用作浴室卫生间等潮湿的环境。木丝水泥板不含石棉，表面平整度非常好，展现出来的就是清水混凝土的效果。施工方便，钉子的吊挂能力好，手锯就可以直接加工，可以钻孔、切割、刨、甚至雕刻。除了材料本身，施工过程中可以不用制做基层板，直

熟记要点

硅钙板

硅钙板又称石膏复合板，它是一种多孔材料，具有良好的隔音、隔热性能，在室内空气潮湿的情况下能吸引空气中水分子、空气干燥时，又能释放水分子，可以适当调节室内干、湿度、增加舒适感。石膏制品又是特级防火材料，在火焰中能产生吸热反应，同时，释放出水分子阻止火势蔓延，而且不会分解产生任何有毒的、侵蚀性的、令人窒息的气体，也不会产生任何助燃物或烟气。

硅钙板与石膏板比较，在外观上保留了石膏板的美观，重量方面大大低于石膏板，强度方面远高于石膏板，彻底改变了石膏板因受潮而变形的致命弱点，延长了材料的使用寿命。此外，在消声吸声及保温隔热等功能方面，也比石膏板有所提高。

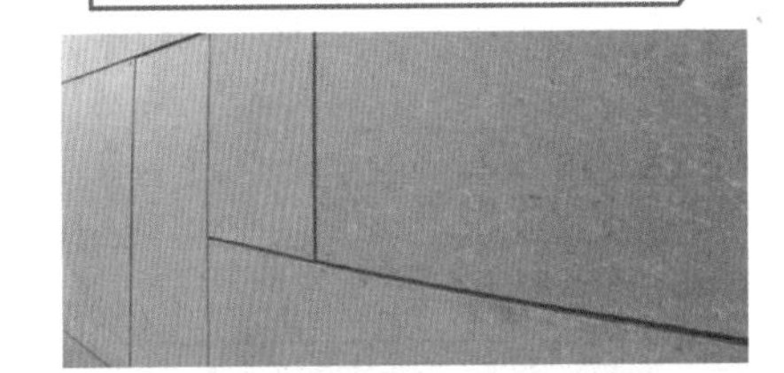

图5-45　木丝水泥板

图5-46　木丝水泥板

熟记要点

清水混凝土装饰

木丝水泥板的装饰效果来源于清水混凝土，是日本建筑师安藤忠雄的创意思想。安藤忠雄被誉为“清水混凝土诗人”。早在《源氏物语》的时代，清水混凝土就被日本人所钟爱，这也影响到了安藤的创作。安藤以裸露的清水混凝土直墙为压倒性的建筑语言要素，也许东方人会嫌它造成了不容分说的生硬气氛，但它那种如老僧入定般的纯粹素净，西方人又极感陌生。正是这种阳刚之气与阴柔之美的综合体，它将西方建筑的豁达与东方的婉约如此巧妙地糅合在一起，产生出神奇的建筑设计效果。在安藤的作品中，把原本厚重、表面粗糙的清水混凝土，转化成一种细腻精致的纹理，以一种绵密、近乎均质的质感来呈现，对于他精确筑造的混凝土结构，只能用“纤柔若丝”来形容。这种精准的特质，正符合日本人的审美特性。安藤把混凝土表现得如此细腻，会令人感受到混凝土“母性”的一面。

图5-47 木丝水泥板吊顶

接可以固定在龙骨上或者墙面上（墙面平整度要好），甚至内墙吊顶无须作表面处理。小块造型可以使用胶水粘结，大块水泥板先用1mm的钻头钻孔，然后用射钉枪固定，喷1～2遍的水性亚光漆，待干即可。

木丝水泥板的规格为（长×宽）2440mm×1220mm，厚度为6～30mm，特殊规格可以预制加工。木丝水泥板可以用于钢结构外包装饰、墙面装饰、地面铺设等领域，目前在许多办公空间的大堂立柱、电梯间墙面，商场、专卖店地面，别墅、咖啡厅、茶社墙面等部位已经开始使用。

第八节 吊顶扣板

吊顶扣板是一种成品装饰板材，一般分为塑料扣板和金属扣板两种。

1. 塑料扣板

塑料扣板又称为PVC板，是以聚氯乙烯树脂为基料，加入增塑剂、稳定剂、染色剂后经过挤压而成（见图5-48）。板材重量轻、安装简便、防水、防蛀虫，表面的花色图案变化也非常多，并且耐污染、好清洗，有隔音、隔热的良好性能，特别是新工艺中加入阻燃材料，使其能够离火即灭，使用更为安全。不足之处是与金属材质的吊顶板相比，使用寿命相对较短。

塑料扣板外观呈长条状居多，条型扣板宽度为200～450mm不等，长度一般有3000mm和6000mm两种，厚度为1.2～4mm。

选购PVC吊顶型材时，除了要向经销商索要质检报告和产品

(a)

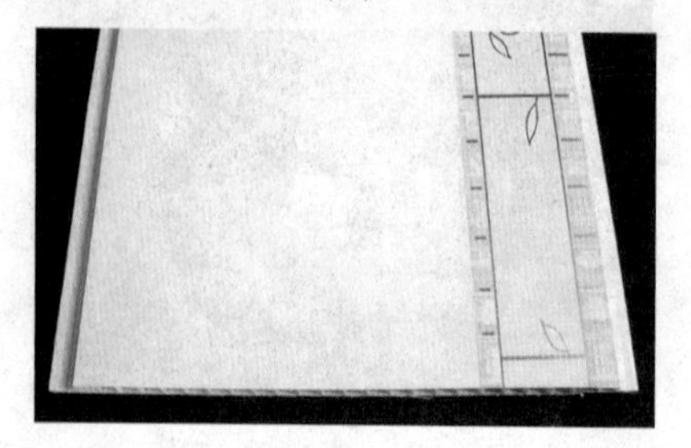

(b)

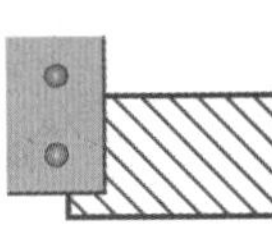

检测合格证之外，可以目测外观质量，板面应该平整光滑，无裂纹，无磕碰，能拆装自如，表面有光泽而无划痕，用手敲击板面声音清脆。塑料扣板吊顶由40mm×40mm的木龙骨组成骨架，在骨架下面装钉塑料扣板，这种吊顶更适合于装饰卫生间顶棚。PVC吊顶型材若发生损坏，更新十分方便，只要将一端的压条取下，将板逐块从压条中抽出，用新板更换破损板，再重新安装好压条即可，在更换时应该注意尽量减少色差。

2. 金属扣板

金属扣板一般以铝制板材和不锈钢板材居多，表面通过吸塑、喷涂、抛光等工艺，光洁艳丽，色彩丰富，并逐渐取代塑料扣板。由于金属扣板耐久性强，不易变形、开裂，也可以用于公共空间吊顶装修。金属扣板与传统的吊顶材料相比，在质感和装饰感方面更优。

金属扣板分为吸音板和装饰板两种，吸音板孔型有圆孔、方孔、长圆孔、长方孔、三角孔、大小组合孔等，底板大都是白色或铝色；装饰板特别注重装饰性，线条简洁流畅，有古铜、黄金、红、蓝、奶白等颜色可以选择。

金属扣板外观形态以长条状和方块状为主，均由0.6mm或0.8mm金属板材压模成型，方块型材规格多为（长×宽）300mm×300mm、350mm×350mm、400mm×400mm、500mm×500mm、600mm×600mm。

吊顶扣板一般用于厨房和卫生间的顶棚装饰，通过专配图钉直接钉接在吊顶龙骨上，板材之间相互扣接，遮掩住顶檐，外观光洁，色彩华丽。由于金属板的绝热性能较差，为了获得一定的吸声、绝热功能，在选择金属板进行吊顶装饰时，可以利用内加玻璃棉、岩棉等保温吸声材料的办法达到绝热吸声的效果。

（c）

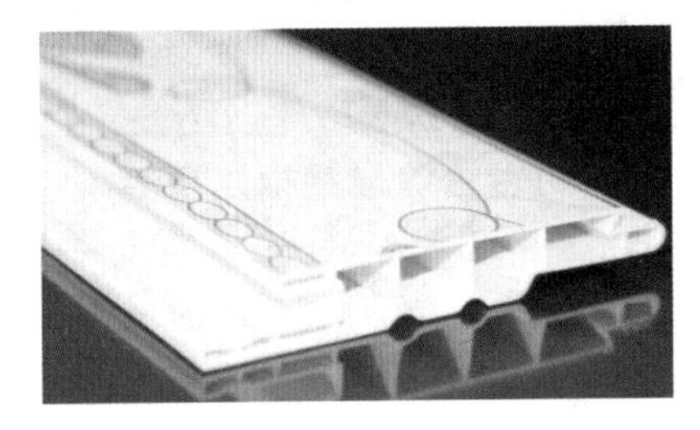

（d）

图5-48 塑料扣板

熟记要点

塑钢扣板

塑钢扣板是由第一代吊顶材料PVC改进而来的，也称为UPVC，塑钢扣板优点是价格较低廉，保温隔音性能好，色彩丰富，制作安装简便。但塑钢板的强度低，易扭曲，不环保（UPVC不可回收再利用）耐候性差，燃烧时会释放有毒气体。

塑钢扣板并不是越硬越好，因为有些虽然很硬，但是却很脆，可以用手掰一掰样品，比较软的材料一般是再生塑料。一般来说，同等材质的材料，双层的比单层的在刚性或防变形方面会好些。

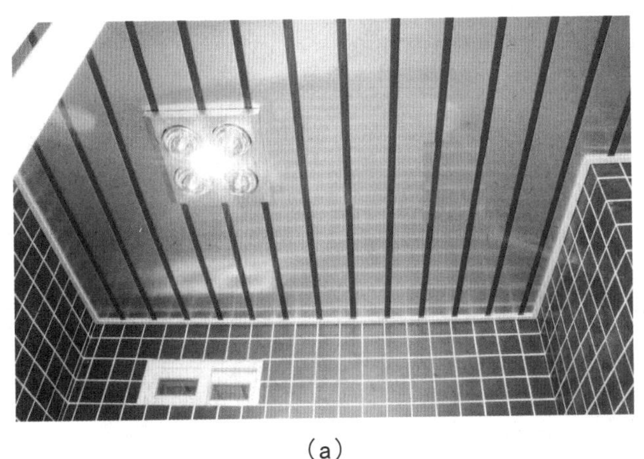

（a）

（b）

图5-49 铝合金扣板

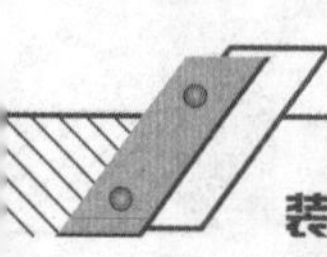

第九节 彩色涂层钢板

一、彩色涂层钢板

彩色涂层钢板（见图5-50）是以热轧钢板、镀锌钢板为基层，涂饰0.5mm的软质或半硬质有机涂料覆膜制成，大体上可分为基材、镀层、化学转化膜和有机涂层四大部分，按彩色涂层钢板的涂料形态分类，则有液体涂料、粉末涂料、塑料薄膜三大类。常用的有机涂层为聚氯乙烯、聚丙烯酸酯、环氧树脂、醇酸树脂等，这些涂料具有绝热、耐腐蚀性强、强度高等特点，颜色有蓝、灰、紫、红、绿、橙及茶色等。彩色涂层钢板主要有冷轧基板彩色涂层钢板、热镀锌彩色涂层钢板、热镀铝锌彩色涂层钢板、电镀锌彩色涂层钢板。为了提高板材的抗压性，一般将钢板压制成波纹凸凹或梯形凸凹状。

彩色涂层钢板一般用于阳台、露台顶棚或隔墙的制作。规格长 2000mm、800mm，宽 1000mm、450mm、400mm，厚 0.35mm、0.5mm、0.6mm、0.7mm、0.8mm、1.0mm、1.5mm、2.0mm等。

在不同的地区和不同的使用部位，采用相同的彩色涂层板，其使用寿命会有很大的不同。例如：在工业区或沿海地区，由于受到空气中二氧化硫气体或盐分的作用，腐蚀速度加快，使用寿命受到影响；在雨季，涂层长期受雨水浸湿、或者在日夜温差太大易结露的部位，都会较快地受到腐蚀，使用寿命均会降低。

图5-50 彩色涂层钢板

熟记要点

剪切彩色涂层钢板注意事项

彩色涂层钢板根据用途要进行剪切、弯曲、成型等各种加工。由于钢板表面有锌层和有机涂层，加工时有许多与普通冷轧钢板不同的地方，须特别注意，以防止加工时涂膜受损。影响剪切的因素包括：材料的力学性能；刀具的形状及间隙；工具面的摩擦及润滑；加工速度和温度等。在剪切彩色涂层钢板时应特别注意以下事项。

1. 应尽量使切断面的毛边短小，以防彩色涂层钢板在剪切堆垛时相互划伤。

2. 及时清除剪断时产生的切屑和金属粉，否则会损伤钢板表面，成为擦伤或腐蚀生锈的根源。

3. 彩色涂层钢带剪切时，与彩色接触的辊子应为胶辊或其他材料，与彩色钢板接触的台面应铺上橡皮垫并保持清洁，防止彩板涂膜损伤。

二、不锈钢装饰板

不锈钢装饰板又称为不锈钢薄板，表面根据需求不同而采取不同的抛光、浸渍处理。用于装饰装修的不锈钢装饰板一般分为镜面板、雾面板（见图5-51、图5-52）、丝面板、雕刻板、凸凹板、弧形板、球形板等。它具有一定的强度，装饰效果极佳，尤其是镜面板光亮如镜，反射率、变形率与高级镜面玻璃相差无几，且耐火、耐潮、不变形、不破碎，安装方便。

不锈钢装饰板的规格为（长×宽）2440mm×1220mm，厚度为0.3~8.0mm不等。一般用于耐磨损性高的部位，例如：厨房面台、电梯门（见图5-53）、楼梯扶手栏杆等，外表面在施工时贴有PVC保护膜，保护不锈钢板材不被划伤，待施工完成后再揭去。不锈钢装饰板对腐蚀具有很高的抗力，但并非完全不腐蚀。在购买时应该注意观察不锈钢装饰板外部的贴塑护面是否被划伤，贴塑是否完整（见图5-54）。

图5-51 不锈钢装饰板家具

图5-52 穿孔不锈钢装饰板货架

图5-53 不锈钢装饰板电梯

图5-54 不锈钢装饰板

★思考题★

1. 木芯板与胶合板的区别是什么?
2. 怎样选择薄木饰面板的样式?
3. 纤维板有那些扩展品种?
4. 铝塑板的构造有哪些?
5. 石膏板主要有哪些成分?
6. 木丝水泥板适用于什么样的装饰风格?
7. 怎样选择不同类型的吊顶扣板?
8. 彩色涂层钢板的特性是什么?

第六章 装饰玻璃

图6-1 室内玻璃应用

图6-2 建筑玻璃应用

玻璃是一种熔融时形成连续网络结构，冷却过程中黏度逐渐增大并硬化但不结晶的硅酸盐类非金属材料。玻璃的主要成分是二氧化硅，广泛应用于室内外建筑装饰中，具有隔风、透光等功能（见图6-1、图6-2）。

玻璃最初由火山喷出的酸性岩凝固而得，约公元前3700年前，古埃及人已制造出玻璃装饰品和简单玻璃器皿，当时只有有色玻璃。约公元前1000年，中国制造出无色玻璃。公元12世纪，出现了商品玻璃，并开始成为工业材料。18世纪，为适应研制望远镜的需要，制造出光学玻璃。1873年，比利时首先制造出平板玻璃。1906年，美国制出平板玻璃引上机。此后，随着玻璃生产的工业化和规模化，各种用途和各种性能的玻璃相继问世。

现代玻璃是以石英、纯碱、长石、石灰石等物质为主要材料，在1550～1600℃高温下熔融成型，经急冷制成的固体材料。若在玻璃的原料中加入辅助材料，或采取特殊的工艺处理，则可以生产出具有各种特殊性能的玻璃。普通玻璃的实际密度为2.45～2.55g/cm^3，密实度高，孔隙率接近为零。在装饰装修迅速发展的今天，玻璃由过去主要用于采光的单一功能向着装饰、隔热、保温等多功能方向发展，已经成为一种重要的装饰材料。

熟记要点

水晶与玻璃的区别

水晶是氧化铅含量达到24%时的铅玻璃，不能理解为100%的氧化铅含量。氧化铅是一种金属原料，无毒，当含量再高时，就失去玻璃晶莹剔透的品质，水晶与玻璃可以通过以下方法来区别：

1. 听声音：用手弹击器皿时所听到的声音会不同，水晶制品的声音清脆，有如金属般撞击后会有余音缭绕的感觉，而玻璃制品的声音则闷重、无回音。

2. 掂重量：同样大小的两件物品，水晶制品要比玻璃的重。

3. 看折光度：在同一光线下水晶制品折光率要高于玻璃，能透射出七彩虹光，而玻璃制品则不能。

4. 比硬度：水晶比玻璃的硬度要大，因此用水晶去划玻璃的表面时会留下一道痕迹，而用玻璃划水晶时则无此痕迹出现。

第一节 平板玻璃

平板玻璃又称为白片玻璃或净片玻璃，是未经过加工的，表面平整而光滑的，具有高度透明性能的板状玻璃的总称，是装饰工程中用量最大的玻璃品种，是可以作为进一步加工，成为各种技术玻璃的基础材料。

平板玻璃是以石英（见图6-3）、纯碱（见图6-4）、石灰石（见图6-5）等主要原料与其他辅料经过高温熔融成型并冷却而成的透明固体。目前，生产平板玻璃主要工艺有引拉法生产技术和浮法生产技术（见表6-1）。

1. 引拉法玻璃

引拉法玻璃生产的板块长宽比不得大于2.5，其中2mm、3mm厚玻璃尺寸不得小于400mm×300mm，4mm、5mm、6mm厚玻璃不得小于600mm×400mm。

2. 浮法玻璃

表 6-1　　　　浮法玻璃外观质量表

缺陷种类	说　明	一等品	二等品	三等品
气泡	大小 1mm 以下在 0.5m^2 面积内允许的个数	3	5	不许集中
	1～2mm 者在 0.5m^2 面积内允许的个数	1	2	4
	2mm 以上者在 0.5m^2 面积内允许的个数	不许有	不许有	不超过 4mm 允许 1 个
光畸变点	在一定方向观察，产生光学畸变的弊病，除 100mm 边部外，每平方米内允许的个数	1	2	3
沾锡	玻璃板上点状或条（纹）状沾锡	不许有	不许有	不影响使用不限
麻点	通过光线可见的细点子	不许有	100mm 边部允许零散存在	允许零散存在
夹杂物	大小不超过 1mm，每平方米内允许的个数	1	3	6
	1mm 以上者，每平方米面积内允许的个数	不许有	不超过 2mm 允许 1 个	不超过 2mm 允许 2 个
线道	粗 0.3mm 以下，对着光线可见的线条	不许有	100mm 边部允许 1 条	2 条 100mm，边部不影响使用不限
波纹	玻璃表面上成的波纹状弊病。	30° 角透过玻璃看 4～5m 内的物体不产生变形		
波筋	透过玻璃看 4～5m 内的物体，不产生形变的最大角度	中部 15° 100mm 边部 30°	中部 30° 100mm 边部 45°	中部 45° 100mm 边部 60°
磨伤	通过光线可见的辊子擦伤痕迹	不许有	90° 观察不见	90° 观察不见
划伤	通过光线可见的发状细伤	不许集中	不许集中	不影响使用不限
	宽不超过 0.5mm 的粗伤，每平方米内允许的总长度	不许有	120mm，每条长度不得超过 100mm	200mm，每条长度不得超过 150mm

图6-3　石英

图6-4　纯碱

图6-5　石灰石

表 6-2　　平板玻璃规格使用说明

厚　度	使　用　说　明
2～3mm	用于小面积画框、相框等陈设品装裱
4～5mm	用于有框玻璃门窗、小面积装饰造型
6mm	用于家具柜体具有承重要求的玻璃隔板，无框玻璃门窗
8mm	用于室内小面积玻璃墙面隔断，无框玻璃门窗、楼梯拦板
10～12mm	用于室内外大面积玻璃墙面隔断，落地无框玻璃门窗
15mm 以上	用于室内外防爆、防火、抗压等特殊构造

图6-6　平板玻璃

浮法玻璃的技术应用最广，质量稳定，产量大，生产的玻璃一般不应小于1000mm×1200mm，最大可以达到3000mm×4000mm，厚度有0.5～25mm多种，应用方式均有不同（见表6-2），其可见光线反射率在7%左右，透光率在82%～90%之间。

普通平板玻璃在装饰领域主要用于装饰品陈列、家具构造、门窗等部位，起到透光、挡风和保温作用。平板玻璃要求无色，并具有较好的透明度（见图6-6），表面应光滑平整，无缺陷。厚度在8mm以上的平板玻璃一般被加工成钢化玻璃，其强度可以满足各种要求。另外，对于不安装边框的玻璃装饰构造，如无框玻璃门窗，需要采用专用的打磨机床,对玻璃边缘打磨。

图6-7　钢化玻璃

第二节　钢化玻璃

钢化玻璃（见图6-7）又称为安全玻璃，它是采用普通平板玻璃通过加热到一定温度后再迅速冷却的方法进行特殊处理的玻璃。钢化玻璃特性是强度高，其抗弯曲强度、耐冲击强度比普通平板玻璃高4～5倍，热稳定性好，表面光洁、透明，能耐酸、耐碱，可切割。在遇到超强冲击破坏时，碎片呈分散细小颗粒状，

图6-8　办公间钢化玻璃隔断

图6-9　卫生间钢化玻璃隔断

无尖锐棱角。

钢化玻璃的生产工艺有两种：一种是将普通平板玻璃经淬火法或风冷淬火法加工处理而成；另一种是将普通平板玻璃通过离子交换方法，将玻璃表面成分改变，使玻璃表面形成压应力层，以增加抗压强度。

钢化玻璃在回炉钢化的同时可以制成曲面玻璃、吸热玻璃等。钢化玻璃一般厚度为5～12mm。其规格尺寸为400mm×900mm、500mm×1200mm，价格一般是同等规格普通平板玻璃的两倍。

钢化玻璃用途很多，主要用于玻璃幕墙，无框玻璃门窗，弧形玻璃家具等方面（见图6-8、图6-9、图6-10），目前厚度8mm以上的一般都是钢化玻璃，10～12mm的钢化玻璃使用最多。

图6-10 曲面钢化玻璃展柜

第三节 磨砂玻璃

磨砂玻璃又称为毛玻璃，是在平板玻璃的基础上加工而成的，一般使用机械喷砂或手工碾磨，也可以使用氰酸溶蚀等方法，将玻璃表面处理成均匀毛面，表面朦胧、雅致，具有透光不透形的特点，能使室内光线柔和不刺眼（见图6-11、图6-12）。

图6-11 磨砂玻璃

磨砂玻璃在生产中以喷砂技术最常见，所形成的最终产品又称为喷砂玻璃，是采用压缩空气为动力，形成高速喷射束将玻璃砂喷涂到普通玻璃表面，其中单面喷砂质量要求均匀，价格比双面喷砂玻璃高（见图6-13、图6-14）。

磨砂玻璃是以普通玻璃为基础进行加工的，有多种规格，可以根据使用环境作现场加工，主要用于玻璃屏风、梭拉门、柜门

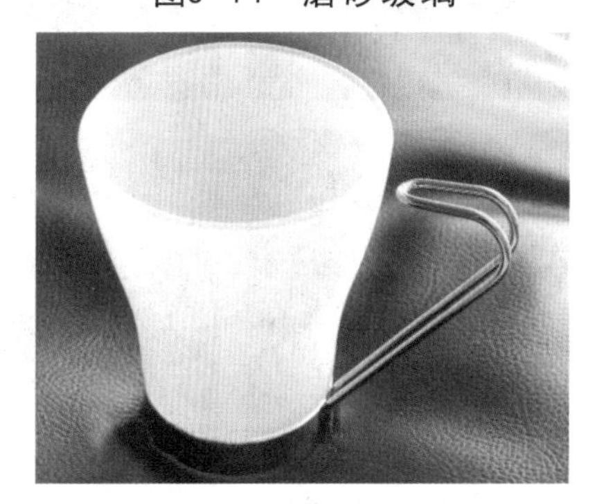
图6-12 磨砂玻璃杯

图6-13 卧室磨砂玻璃隔断

图6-14 磨砂玻璃灯箱

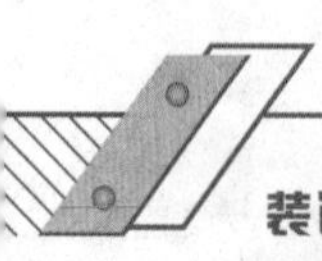

图6-15 磨砂玻璃柜门

（见图6-15），卫生间门窗、办公室隔断等，也可以用于黑板及装饰灯罩。

第四节 压花玻璃

压花玻璃（见图6-16）又称为花纹玻璃或滚花玻璃，是采用压延方法制造的一种平板玻璃，将熔融的玻璃浆在冷却中通过带图案花纹的辊轴辊压制成，制造工艺分为单辊法和双辊法。经过喷涂处理的压花玻璃可呈浅黄色、浅蓝色、橄榄色等。压花玻璃分为普通压花玻璃、真空镀膜压花玻璃和彩色膜压花玻璃。

图6-16 压花玻璃局部喷砂

压花玻璃的性能基本与普通透明平板玻璃相同，仅在光学上具有透光不透形的特点（见图6-17），其表面压有各种图案花纹，所以具有良好的装饰性，给人素雅清新、富丽堂皇的感觉，并具有隐私的屏护作用和一定的透视装饰效果。压花玻璃规格尺寸从300mm×900mm到1600mm×900mm不等，厚度一般只有

图6-17 压花玻璃样式

3mm和5mm两种。

压花玻璃的形式很多，目前不少厂商还在推出新的花纹图案，甚至在压花的效果上进行喷砂、烤漆、钢化处理，效果特异，价格也根据不同图案高低不齐。

压花玻璃以5mm厚度为主要规格，用于玻璃柜门、卫生间门窗、办公室隔断等部位，在用于室内外分隔的部位时，应该加上边框保护，压花面一般向内，可以减少花纹缝隙中的污染，便于清洁。

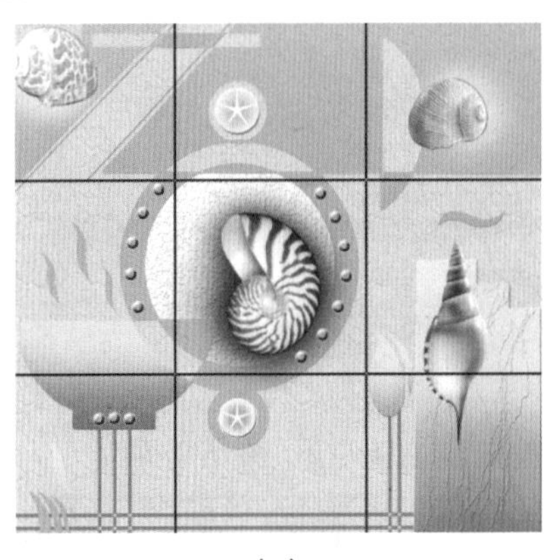

(a)

第五节 雕花玻璃

雕花玻璃[见图6-18(a)(b)]又称为雕刻玻璃，是在普通平板玻璃上，用机械或化学方法雕刻出图案或花纹的玻璃。雕花图案透光不透形，有立体感，层次分明[见图6-18(c)]，效果高雅。雕花玻璃一般根据图样订制加工，常用厚度为3mm、5mm、6mm，尺寸从150mm×150mm到2500mm×1800mm不等。

(b)

雕花玻璃分为人工雕刻和电脑雕刻两种，其中人工雕刻是利用娴熟刀法的深浅与转折配合，表现出玻璃的质感，使所绘图案予人呼之欲出的感受；电脑雕刻又分为机械雕刻和激光雕刻，其中激光雕刻的花纹细腻，层次丰富（见图6-19）。

(c)

图6-18 雕花玻璃

图6-19 雕花玻璃样式

雕花玻璃一般用于宾馆、酒店大堂的门窗和背景墙装饰，可以配合喷砂效果来处理，图形、图案丰富。而在住宅装修中，雕花玻璃就很有品位了，所绘图案一般都具有个性“创意”，能够反映主人的情趣所在和对美好事物的追求。

熟记要点

夹丝玻璃

夹丝玻璃又称为防碎玻璃，它是将普通平板玻璃加热到红热软化状态时，再将预热处理过的铁丝或铁丝网压入玻璃中间而制成。

夹丝玻璃的特性是防火性能优越，可遮挡火焰，高温燃烧时不炸裂，破碎时不会造成碎片伤人。另外，夹丝玻璃还有防盗性能，玻璃割破还有铁丝网阻挡。夹丝玻璃主要用于屋顶天窗、阳台窗。

第六节 夹层玻璃

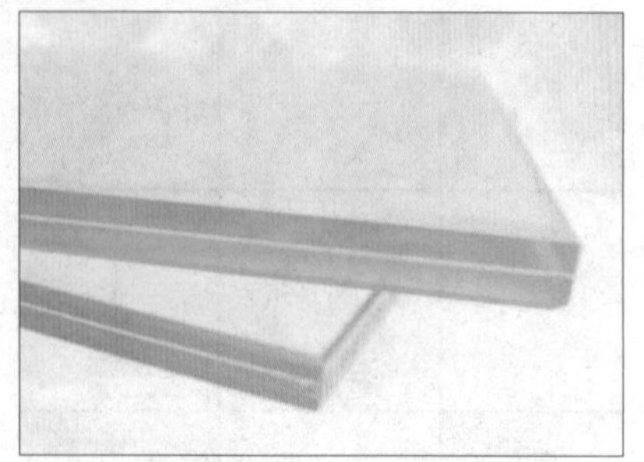

图6-20 夹层玻璃

夹层玻璃（见图6-20）也是一种安全玻璃，它是在两片或多片平板玻璃之间，嵌夹透明塑料薄片，再经过热压黏合而成的平面或弯曲的复合玻璃制品。夹层玻璃的主要特性是安全性好，一般采用钢化玻璃，破碎时玻璃碎片不零落飞散，只产生辐射状裂纹，不至于伤人。抗冲击强度优于普通平板玻璃，防范性好，并有耐光、耐热、耐湿、耐寒、隔声等特殊功能。

图6-21 冰裂纹夹层玻璃

夹层玻璃属于复合材料，可以使用钢化玻璃、彩釉玻璃来加工，甚至在中间夹上碎裂的玻璃（见图6-21），形成不同的装饰形态。复合材料类的夹层玻璃具有可设计性，即可以根据性能要求，自主设计或构造某种最新的使用形式，如隔声夹层玻璃、防紫外线夹层玻璃、遮阳夹层玻璃、电热夹层玻璃、金属丝夹层玻璃、吸波型夹层玻璃、防弹夹层玻璃等品种。

夹层玻璃的厚度根据品种不同，一般为8～25mm，规格为800mm×1000mm、850mm×1800mm。夹层玻璃多用于与室外接壤的门窗、幕墙，起到隔声、保温的作用，也可以用在有防爆、防弹要求的汽车、火车、飞机等运输工具上，近几年广泛应用于高层建筑、银行等特殊场合。

第七节 中空玻璃

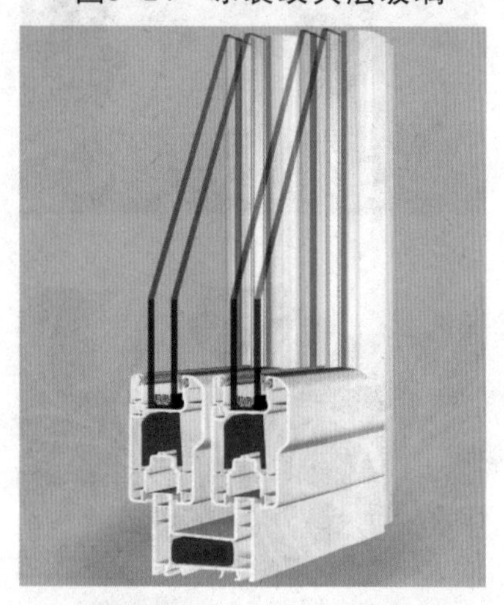

图6-22 中空玻璃窗

中空玻璃是由两片或多片平板玻璃构成（见图6-22），用边框隔开，四周用胶接、焊接或熔接的方式密封，中间充入干燥空气或其他惰性气体（见图6-23）。

中空玻璃还可以制成不同颜色的产品，或在室内外镀上具有不同性能的薄膜，整体拼装在工厂完成。玻璃采用平板原片，有透明玻璃、彩色玻璃、防阳光玻璃、镜片反射玻璃、夹丝玻璃、

（a）

（b）

图6-23 中空玻璃

图6-24 中空玻璃暖房

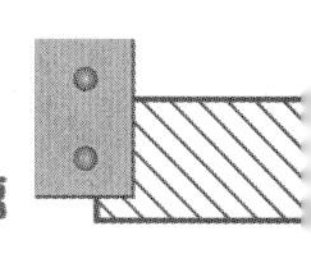

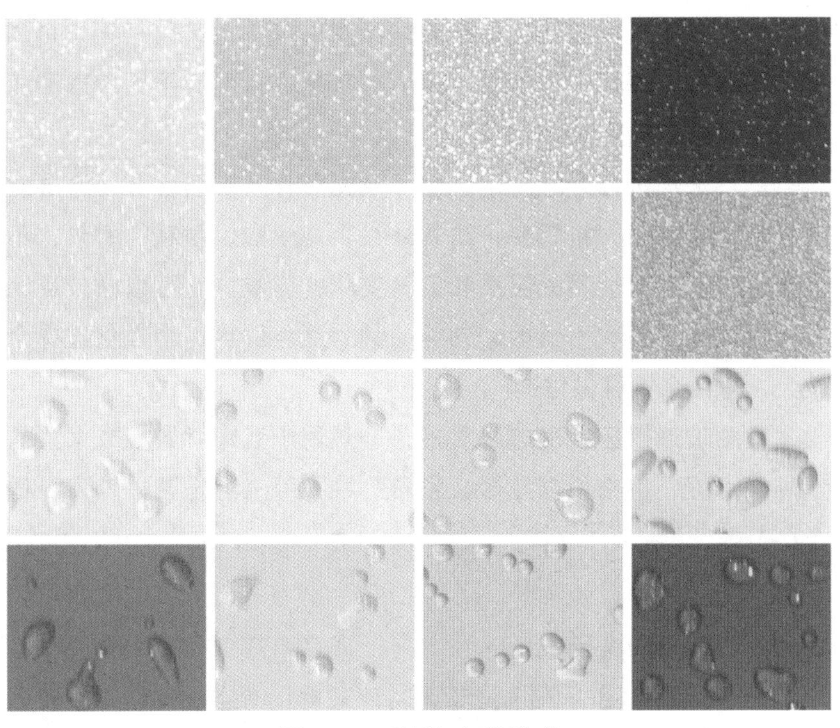

图6-25 彩釉玻璃样式

钢化玻璃等。

玻璃片中间留有空腔，因此具有良好的保温、隔热、隔声等性能（见图6-24）。如果在空腔中充以各种漫射光线的材料或介质，则可获得更好的声控、光控、隔热等效果。

中空玻璃在装饰施工中需要预先订制生产，主要用于公共空间，以及需要采暖、空调、防噪、防露的住宅，其光学性能、导热系数、隔声系数均应该符合国家标准。

第八节 彩釉玻璃

彩釉玻璃（见图6-25）是将无机釉料（油墨），印刷到玻璃表面，然后经烘干，钢化或热化加工处理，将釉料永久烧结于玻璃表面而得到一种耐磨、耐酸碱的装饰性玻璃产品。这种产品具有很高的功能性和装饰性（见图6-26~图6-28），它有许多不同

熟记要点

聚晶玻璃漆

聚晶玻璃漆是一种将幻彩、镭射粉牢固地粘附在玻璃制品背面，从而使玻璃的正面呈现出五彩斑烂，光彩夺目的高聚物。这种产品可广泛用于高级洁具、高档厨具及幻彩玻璃等多种玻璃制品上。

聚晶玻璃漆由底涂、面漆二种胶体组成。底涂主要用于玻璃的粘接，喷涂时加入适量的幻彩、镭射粉使其能有效粘附在玻璃表面。面漆主要用于底涂之上，把幻彩镭射粉保护起来，并通过自身的颜色衬托出闪闪生辉的效果，起到衬色作用。

图6-26 夹层彩釉玻璃

(a)

(b)

图6-28 彩釉玻璃装饰

图6-27 彩釉玻璃地面装饰

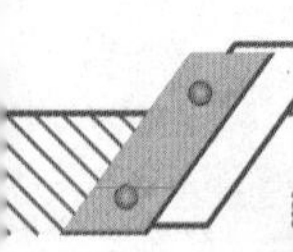

图6-29 中空玻璃砖

图6-30 中空玻璃砖隔断

熟记要点

玻璃的使用方法

1. 在运输过程中，一定要注意固定和加软护垫。一般采用竖立的方法运输，车辆的行驶也应该注意保持稳定和中慢速。

2. 如果玻璃安装的另一面是封闭的，要注意在安装前清洁好表面。最好使用专用的玻璃清洁剂，并且要待干透后证实没有污痕后方可安装，安装时最好使用干净的建筑手套。

3. 玻璃的安装，要使用硅酮密封胶进行固定，在窗户的安装中，还需要与橡胶密封条等配合使用。

4. 在施工完毕后，要注意加贴防撞警告标志，一般可以用不干贴、彩色电工胶布等予以提示。

的颜色和花纹，如条状、网状和电状图案等，也可以根据客户的不同需要另行设计花纹。它采用的玻璃基板一般为平板玻璃和压花玻璃，厚度一般为5mm。

彩釉玻璃釉面永不脱落，色泽及光彩保持常新，背面涂层能抗腐蚀，抗真菌，抗霉变，抗紫外线，能耐酸、耐碱、耐热，不老化，防水，更能不受温度和天气变化的影响。它可以做成透明彩釉、聚晶彩釉和不透明彩釉等品种。颜色鲜艳，个性化选择余地大，有百余种可供挑选。

彩釉玻璃以压花形态的居多，一般用于装饰背景墙或家具构造局部点缀，价格根据花形、色彩品种不等，但是整体较高，适合小范围使用。

第九节 玻璃砖

玻璃砖（见图6-29）又称为特厚玻璃，有空心砖和实心砖两种，其中空心砖使用最多，通常是由两块凹形玻璃相对熔接或胶接而成的一个整体砖块，有单孔和双孔两种，内侧面有各种不同的花纹，赋予它特殊的柔光性（见图6-30）。

玻璃砖的款式有透明玻璃砖、雾面玻璃砖、纹路玻璃砖几种，玻璃砖的种类不同，光线的折射程度也会有所不同。玻璃的纯度是会影响到整块砖的色泽，纯度越高的玻璃砖，相对的价格也就越高。没有经过染色的透明玻璃砖，如果纯度不够，其玻璃

图6-31 玻璃砖样式

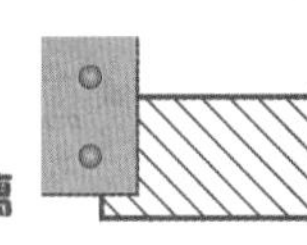

砖色会呈绿色，缺乏自然透明感。玻璃砖的规格一般有边长145mm、195mm、250mm、300mm等。

空心玻璃砖以烧熔的方式将两片玻璃胶合在一起，再用白色胶搅和水泥将边隙密合，可依玻璃砖的尺寸、大小、花样、颜色来作不同的设计表现。依照尺寸的变化可以在室内外空间设计出直线墙、曲线墙以及不连续墙的玻璃墙。

手工艺术玻璃砖（见图6-31）是与整体环境融为一体的艺术品，除了拥有极佳的透光性外，其手工制作的独特性及色彩的变化性也是为环境空间装饰点缀加分的妙笔。在墙面、门板装饰、灯墙、嵌灯的很多设计中都可以变化出新，其材质有别于一般以金属或其他材质所制成的装饰品。但是由于单价较高，应用时可以与其他饰材混用作为点缀，营造良好的采光变化效果。

空心玻璃砖不仅可以用于砌筑透光性较强的墙壁、隔断、淋浴间等，还可以应用于外墙或室内间隔，为使用空间提供良好的采光效果，并有延续空间的感觉。无论是单块镶嵌使用，还是整片墙面使用，皆可有画龙点睛之效。

熟记要点

鉴别玻璃砖的方法

空心玻璃砖的外观质量不允许有裂纹，玻璃坯体中不允许有不透明的未熔物，不允许两个玻璃体之间的熔接及胶接不良。目测砖体不应有波纹、气泡及玻璃坯体中的不均物质所产生的层状条纹。玻璃砖的大面外表面里凹应小于1mm，外凸应小于2mm，重量应符合质量标准，无表面翘曲及缺口、毛刺等质量缺陷，角度要方正。

★思考题★

1. 怎样合理选用平板玻璃?
2. 钢化玻璃的特性是什么?
3. 夹层玻璃用在哪些装饰部位?
4. 彩釉玻璃与聚晶玻璃有什么区别?
5. 怎样鉴别玻璃砖的质量?

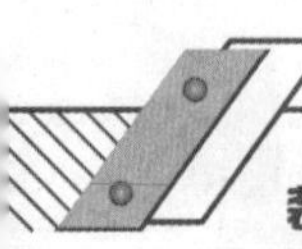

第七章 壁纸织物

图7-1 壁纸

熟记要点

选择壁纸的色彩及样式

在壁纸专卖店参观时，可先向商家索取一块壁纸贴在家中墙壁上试一试，试验的样品面积越大越好，这样容易看出贴好后的效果。

壁纸的颜色一般分为暖色和冷色，暖色以橘红、橘黄为主，冷色以蓝、绿、灰为主。壁纸的色调如果能与家具、窗帘、地毯、灯光相配衬，室内环境则会显得和谐统一。对于卧房、客厅、餐厅各自不同的功能区，最好选择不同的壁纸，以达到与家具和谐的效果。例如：深暗及明快的颜色适宜用在餐厅和客厅；冷清及亮度较低的颜色适宜用在卧室及书房；面积小或光线暗的房间，宜选择图案较小的壁纸。

竖条纹状图案增加居室高度，长条状的花纹壁纸具有恒久性、古典性、现代性与传统性等各种风格，是最成功的选择之一。长条状的设计可以将颜色用最有效的方式散布在整个墙面上，而且简单高雅，非常容易与其他图案相互搭配。大花朵图案降低室内拘束感，适合格局较为平淡无奇的房间。而细小、规律的图案可以增添室内秩序感，为个性环境提供一个既不夸张又不太平淡的氛围。

壁纸织物在装饰材料中属于成品材料，又称为软材料，过去一直是中高档装饰装修的形象代表，用于涉外宾馆、酒店和娱乐场所，20世纪90年代以后才逐渐推广到整个装饰领域。壁纸织物的图案丰富多彩、施工方便快捷，因而在现代生活中得到广泛应用（见图7-1）。

这一类的装饰材料在不断变更、改良，很多材料以商品名的形式出现在市场上，很难区分，在这里主要总结为壁纸、地毯、布艺窗帘三类。

第一节 壁纸

早在14世纪，欧洲就已经出现了壁纸；到了15世纪，出现了昂贵的皮制墙壁帷幔；到了18世纪，最早由英国开始制造的纸质壁纸出现在了市场上，其后壁纸开始在全球流行起来。尤其到了近代，随着技术的发展，壁纸的花色品种、材质、性能都有了极大的提高，新型壁纸不仅花色繁多，清洁起来也非常简单，用湿布可以直接擦拭。因此，在欧美、日韩，超过60%的室内空间使用了壁纸。

目前国际上比较流行的产品类型主要有纸面壁纸、塑料壁纸、纺织壁纸、天然壁纸、静电植绒壁纸、金属膜壁纸、玻璃纤维壁纸、液体壁纸、特种壁纸等。

1. 纸面壁纸

纸面壁纸（见图7-2）是最早的壁纸，直接在纸张表面上印

图7-2 纸面壁纸

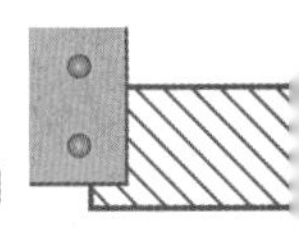

制图案或压花，基底透气性好，能使墙体基层中的水分向外散发，不致引起变色、鼓泡等现象。这种壁纸价格便宜，缺点是性能差、不耐水、不便于清洗、容易破裂，目前逐渐被淘汰，属于低档壁纸。

2. 塑料壁纸

塑料壁纸是目前生产最多、销售最快的一种壁纸，它是以优质木浆纸为基层，以聚氯乙烯塑料（PVC树脂）为面层，经过印刷、压花、发泡等工序加工而成，其中作为塑料壁纸的底纸，要求能耐热、不卷曲，有一定强度，一般为80～100g／m²的纸张。

塑料壁纸品种繁多，色泽丰富，图案变化多端，有仿木纹、石纹、锦缎纹的，也有仿瓷砖、黏土砖的，在视觉上可以达到以假乱真的效果。

（1）普通壁纸 它是以80g／m²的纸作基材，涂有100g／m²左右的PVC树脂，经印花、压花而成。普通壁纸包括单色压花、印花压花、有光压花和平光压花等几种，每种类型又有几十乃至上百种花色，这种壁纸适用面广，价格低廉，是目前最常用的壁纸（见图7-3）。

图7-3 普通壁纸

（2）发泡壁纸 它是以100g／m²的纸作基材，涂有300～400g／m²掺有发泡剂的PVC糊状树脂，经印花后再加热发泡而成（见图7-4）。这类壁纸有高发泡印花、低发泡印花和发泡印花压花等品种。高发泡壁纸表面有弹性凹凸花纹，是一种装饰和吸声多功能壁纸；低发泡壁纸表面有带色彩的凹凸花纹图，有仿木纹、拼花、仿瓷砖等效果，图案逼真，立体感强，装饰效果好，适用于墙裙和楼内走廊等部位装饰。

图7-4 发泡壁纸

（3）特种壁纸 包括耐水壁纸、阻燃壁纸、彩砂壁纸等多个品种，可以用于有防水要求的卫生间、浴室，有防火要求的木板墙面装饰及需有立体质感的大厅装饰等。

塑料壁纸的规格有以下几种：窄幅小卷的宽530～600mm，长10～12m，每卷可以铺贴5～6m²；中幅中卷的宽760～900mm，长25～50m，每卷可以铺贴20～45m²；宽幅大卷的宽920～1200mm，长50m，每卷可以铺贴40～50m²。塑料壁纸有一定的抗拉强度，耐湿，有伸缩性、韧性、耐磨性、耐酸碱性，吸声隔热，美观大方，施工方便。

图7-5 纺织壁纸效果

3. 纺织壁纸

纺织壁纸（见图7-5、图7-6）是壁纸中较高级的品种，主要是用丝、羊毛、棉、麻等纤维织成，质感佳、透气性好，用它装

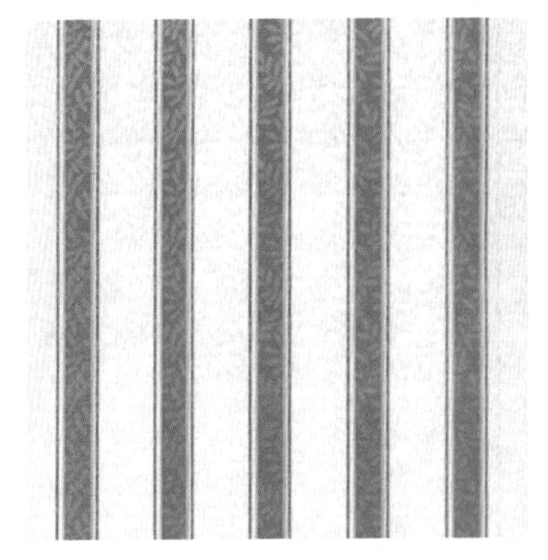

图7-6 纺织壁纸

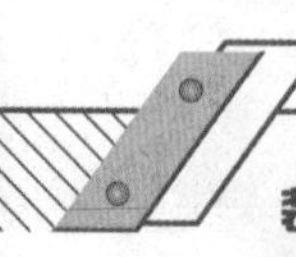

图7-7 棉纺壁纸

图7-8 天然壁纸

熟记要点

鉴别壁纸的方法

在购买时，要确定所购的每一卷壁纸都是同一批货，壁纸的卷、箱包装上应注明生产厂名、商标、产品名称、规格尺寸、等级、生产日期、批号、可拭性或可洗性符号等。

壁纸运输时应防止重压、碰撞及日晒雨淋，应轻装轻放，严禁从高处扔下。壁纸应贮存在清洁、荫凉、干燥的库房内，堆放应整齐，不得靠近热源，保持包装完整，裱糊前才可以拆开包装。

在使用前务必将每一卷壁纸都摊开检查，看看是否有残缺之处。尽管是同一编号的壁纸，但由于生产日期不同，颜色上便有可能出现细微差异，而每卷壁纸上的批号即代表同一种颜色，所以在购买时还要注意每卷壁纸的编号及批号是否相同。

饰居室，给人以高雅、柔和、舒适的感觉。

（1）锦缎壁纸 又称为锦缎墙布，是更为高级的一种壁纸产品，缎面织有古雅精致的花纹，色泽绚丽多彩，质地柔软，裱糊的技术性和工艺性要求很高，但是价格比较高，属室内高级装饰品。

（2）棉纺壁纸 它是将纯棉平布处理后，经印花、涂层制作而成，具有强度高、静电小、蠕变性小、无光、无味、吸声、花型繁多、色泽美观等特点（见图7-7），适用于抹灰墙面、混凝土墙面、石膏板墙面、木质板墙面、石棉水泥墙面等基层粘贴。

（3）化纤装饰壁纸 它是以涤纶、腈纶、丙纶等化纤布为基材，经处理后印花而成，其特点是无味、透气、防潮、耐磨、不分层、强度高、质感柔和、不褪色，适于各种基层的粘贴。

4. 天然壁纸

天然壁纸是一种用草、麻、木材、树叶等天然植物制成的壁纸，例如：麻草壁纸。它是以纸作为底层，编织的麻草为面层，经过复合加工而成，也有采用珍贵树种的木材切成薄片（见图7-8）制成的。天然壁纸具有阻燃、吸声、散潮的特点，装饰风格自然、古朴、粗犷，给人以置身于自然原野的美感。

5. 静电植绒壁纸

静电植绒壁纸（见图7-9）是用静电植绒法将合成纤维的短绒植于纸基上而成。壁纸有丝绒的质感和手感，不反光，有一定的吸声效果，无气味，不褪色，缺点是不耐湿，不耐脏，不便于擦洗，一般用于点缀性的局部装饰。

6. 金属膜壁纸

金属膜壁纸（见图7-10）是在纸基上涂布一层电化铝箔而制得，具有不锈钢、黄金、白银、黄铜等金属的质感与光泽，无

图7-9 静电植绒壁纸

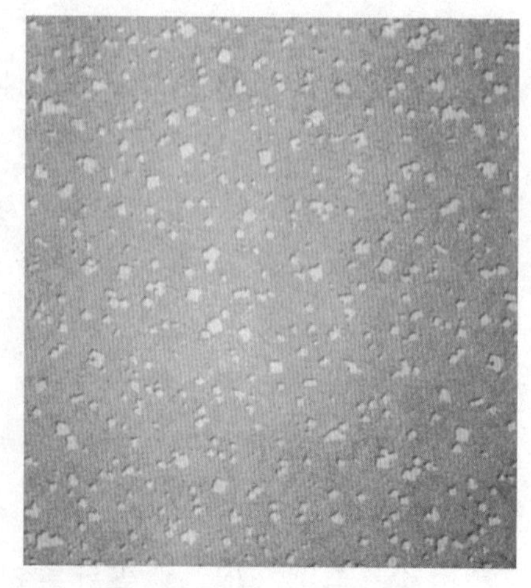

图7-10 金属膜壁纸

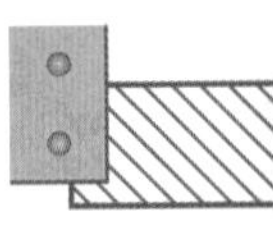

毒，无气味，无静电，耐湿、耐晒，可擦洗，不褪色，是一种高档裱糊材料。用这种壁纸装修的室内环境能给人以金碧交辉、富丽堂皇的感受。

7. 玻璃纤维壁纸

在玻璃纤维布上涂以合成树脂糊，经过加热塑化、印刷、复卷等工序加工而成，它要与涂料搭配，即在壁纸的表面刷高档丝光面漆，颜色可以随涂料色彩任意搭配（见图7-11）。

图7-11 玻璃纤维壁纸

8. 液体壁纸

液体壁纸是一种新型的艺术装饰涂料，为液态桶装，通过专有模具（见图7-12），可以在墙面上做出风格各异的图案（见图7-13、图7-14）。该产品主要取材于天然贝壳类生物壳体表层，黏合剂也选用无毒、无害的有机胶体，是真正的天然、环保产

图7-12 液体壁纸滚轴

图7-13 液体壁纸

图7-14 液体壁纸

熟记要点

壁纸用量的估算

购买壁纸前可以估算一下用量，以便买足同批号的壁纸，减少不必要的麻烦，同时也避免浪费。壁纸的用量用下面的公式计算：

壁纸用量（卷）= 房间周长 × 房间高度 ×（100+K）%

公式中，K为壁纸的损耗率，一般为3～10。K值的大小与下列因素有关：

1. 大图案比小图案的利用率低，K值略大；需要对花的图案比不需要对花的图案利用率低，K值略大；竖排列的图案比横向排列的图案利用率低，K值略大。

2. 裱糊面复杂的墙壁要比裱糊平整的壁纸用量多，K值高。

3. 拼接缝壁纸利用率高，K值最小，重叠裁切拼缝壁纸利用率最低，K值最大。

图7-15　荧光壁纸

图7-16　腰带壁纸

图(7-17)　纯毛地毯

品。液体壁纸不仅克服了乳胶漆色彩单一、无层次感及壁纸易变色、翘边、起泡、有接缝、寿命短的缺点，而且具备乳胶漆易施工、寿命长的优点和普通壁纸图案的精美，是集乳胶漆与壁纸的优点于一身的高科技产品。

近几年来，液体壁纸产品开始在国内盛行，装饰效果非常好，成为墙面装饰的最新产品。

9. 特种壁纸

特种壁纸是指用于特殊场合或部位的产品，例如：荧光壁纸（见图7-15），在印墨中加有荧光剂，在夜间会发光，常用于娱乐空间或儿童居室；腰带壁纸（见图7-16），主要用于墙壁顶端，或沿着护壁板上部以及门框的周边，腰带壁纸的边缘装饰为壁纸的整体装饰起到了画龙点睛的作用。此外，还有防污灭菌壁纸、健康壁纸等。

第二节　地毯

地毯生产历史悠久，数千年前在埃及、伊朗、中国等地就有手工编织的地毯，至今发展为东方地毯、欧洲地毯、非洲地毯等多种类别。约在二百多年前，欧洲最先发展了机织地毯，有素色、提花、表面起绒、表面呈毛圈等品种。到20世纪40年代出现了簇绒地毯，近年来又发展出针刺地毯、粘合地毯等品种。

目前在我国，地毯是一种高级地面装饰材料，它不仅有隔热、保温、吸声、挡风及富有良好的弹性等特点，而且铺设后可以使室内增显高贵、华丽、美观、悦目的气氛。由于地毯具有实用、富于装饰性的特点，在现代装饰装修中被广泛使用。地毯按用材可分为：纯毛地毯、化纤地毯、混纺地毯、橡胶地毯、剑麻地毯。

1. 纯毛地毯

地毯的原料以羊毛应用最早，纯羊毛地毯主要原料为粗绵羊毛，它毛质细密，具有天然的弹性，受压后能很快恢复原状，它采用天然纤维，不带静电，不易吸尘土，还具有天然的阻燃性。纯羊毛地毯根据织造方式不同，一般分为手织、机织、无纺等品种（见图7-17）。

纯毛地毯图案精美，色泽典雅，不易老化、褪色，具有吸声、保暖、脚感舒适等特点，它是高档的地面装饰材料，备受人们的青睐，但是它的抗潮湿性较差，而且容易发霉虫蛀，如果发生这类现象，就会影响地毯外观，缩短使用寿命。

使用纯毛地毯的房间要保持通风干燥，而且要经常进行清洁。家居室内空间一般可选用轻薄的小块羊毛地毯局部铺设，使家更显华丽舒适。根据家具色彩，在床边、沙发旁置一块色泽素雅的羊毛地毯，或者选用本色的羊毛，搭配线条简单的图案，可以呈现一种华贵典雅的气息。

图7-18 化纤地毯

2. 化纤地毯

化纤地毯（见图7-18）的出现是为了弥补纯毛地毯价格高、易磨损的缺陷，其种类较多，主要有尼龙、锦纶、腈纶、丙纶和涤纶地毯等（见图7-19）。

化纤地毯中的锦纶地毯耐磨性好，易清洗、不腐蚀、不虫蛀、不霉变，但易变形，易产生静电，遇火会局部熔解；腈纶地毯柔软、保暖、弹性好，在低伸长范围内的弹性恢复力接近于羊毛，比羊毛质轻，不霉变、不腐蚀、不虫蛀，缺点是耐磨性差；丙纶地毯质轻、弹性好、强度高，原料丰富，生产成本低；涤纶地毯耐磨性仅次于锦纶，耐热、耐晒，不霉变、不虫蛀，但染色困难(见图7-20)。

化纤地毯一般由面层、防松层和背衬三部分组成。面层以中、长簇绒制作。防松层以氯乙烯共聚乳液为基料，添加增塑剂、增稠剂和填充料，以增强绒面纤维的固着力；背衬是用粘结剂与麻布胶合而成。化纤地毯相对纯毛地毯而言，比较粗糙，质地硬，一般用在办公室、走道、展厅、餐厅等公共空间，价格很低，主要用在书房办公桌下，减少转椅滑轮与地面的摩擦。

3. 混纺地毯

熟记要点

鉴别纯毛地毯的方法

1. 看原料：优质纯毛地毯的原料一般是精细羊毛纺织而成，其毛长且均匀，手感柔软，富有弹性，无硬根；劣质地毯的原料往往混有发霉变质的劣质毛以及腈纶、丙纶纤维等，其毛短且根粗细不均，用手抚摸时无弹性，有硬根。

2. 看外观：优质纯毛地毯图案清晰美观，绒面富有光泽，色彩均匀，花纹层次分明，下面毛绒柔软，倒顺一致；而劣质地毯则色泽黯淡，图案模糊，毛绒稀疏，容易起球粘灰，不耐脏。

3. 看脚感：优质纯毛地毯脚感舒适，不粘不滑，回弹性很好，踩后很快便能恢复原状；劣质地毯的弹力往往很小，踩后复原极慢，脚感粗糙，且常常伴有硬物感觉。

4. 看工艺：优质纯毛地毯的工艺精湛，毯面平直，纹路有规则；劣质地毯则做工粗糙，漏线和露底处较多，其重量也因密度小而明显低于优质品。

图7-19 化纤地毯

图7-20 化纤

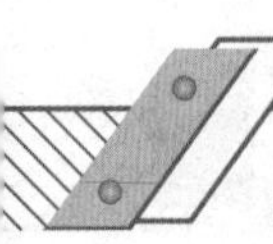

混纺地毯（见图7-21）融合了纯毛地毯和化纤地毯两者的优点，在羊毛纤维中加入化学纤维而成。例如：加入15%的锦纶，地毯的耐磨性能比纯毛地毯高出三倍，同时也克服了化纤地毯静电吸尘的缺点，具有保温、耐磨、抗虫蛀等优点。弹性、脚感比化纤地毯好，价格适中，为不少消费者青睐。

对于普通装饰装修而言，混纺地毯的性价比最高，色彩及样式繁多，既耐磨又柔软，可以作大面积铺设，但是日常维护就比较麻烦。

4. 橡胶地毯

橡胶地毯（见图7-22）是以天然橡胶为原料，经蒸汽加热、模压而成的卷状地毯，它具有防霉、防滑、防虫蛀、绝缘、耐腐蚀及清扫方便等优点。常用的规格有500mm×500mm、1000mm×1000mm方块地毯，其色彩与图案可以根据要求订做，其价格与化纤地毯相近。

橡胶地毯的防滑性很好，一般用于室外，如宾馆、商店的楼梯台阶处，也适用于卫生间、浴室、游泳池、车辆及轮船走道等特殊环境。各种绝缘等级的特制橡胶地毯还广泛用于配电室、计算机房等空间。

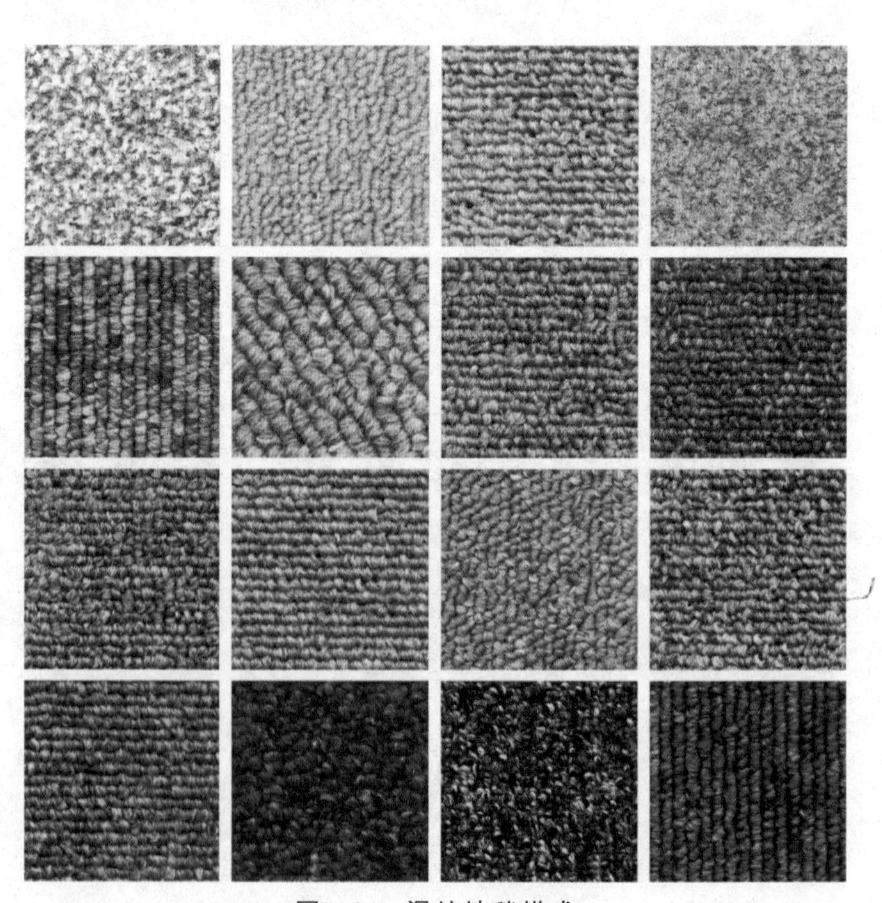

图7-21 混纺地毯样式

熟记要点

鉴别化纤地毯的方法

1. 观察地毯的绒头密度，可用手去触摸地毯，产品的绒头质量高，毯面的密度就丰满，这样的地毯弹性好、耐踩踏、耐磨损、舒适耐用。

2. 检测色牢度，色彩多样的地毯，质地柔软，美观大方。选择地毯时，可用手或试布在毯面上反复摩擦数次，如果手上粘有颜色，则说明该产品的着色牢度不佳，容易出现变色和掉色，影响美观效果。

3. 检测地毯背衬剥离强度，地毯的背面用胶乳粘有一层网格底布，在挑选该类地毯时，可用手将底布轻轻撕一撕，如果底布与毯体容易分离，这样的地毯不耐用。

4. 看外观质量，查看地毯的毯面是否平整、毯边是否平直、有无瑕疵、油污斑点和色差，尤其选购簇绒地毯时要查看毯背是否有脱衬、渗胶等现象，避免地毯在铺设使用中出现起鼓、不平等现象，从而失去舒适、美观的效果。

熟记要点

混纺地毯的保养方法

1. 日常吸尘：定期使用吸尘器作吸尘清洁，可以及时去除地毯表面的灰尘，使地毯保持光洁如新，同时保证室内空气的清洁卫生。

2. 染渍清洁：墨水污染，可以在溅有墨水的地方，洒上少许细盐，再用拭布或刷子蘸洗衣粉轻轻刷洗即可清除。酱油、植物油或果汁等污染，用拭布或刷子蘸洗洁灵溶液擦拭，即可清除污渍。

3. 暴晒消毒：间隔2~3年，最好将混纺地毯放置阳光下暴晒，以除菌消毒。

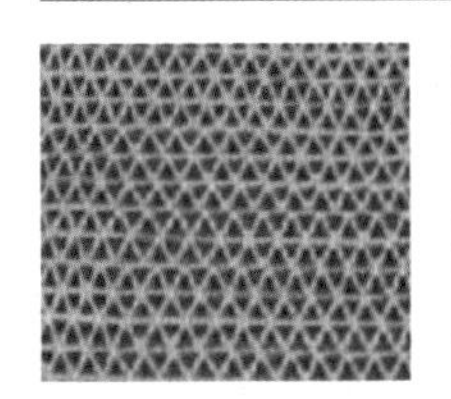

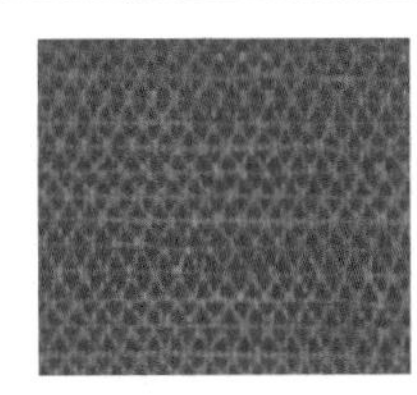
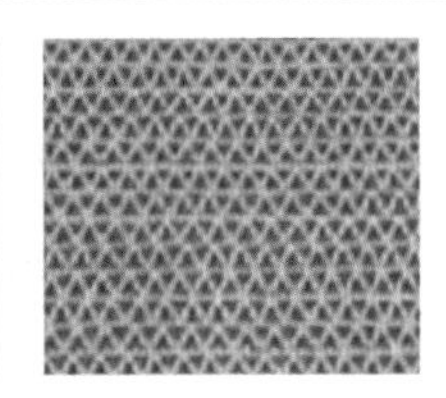

图7-22 橡胶地毯

5. 剑麻地毯

剑麻地毯属于植物纤维地毯，以剑麻纤维为原料，经纺纱编织、涂胶及硫化等工序制成，产品分素色和染色两种，有斜纹、鱼骨纹、帆布平纹、多米诺纹等多种花色（见图7-22）。

剑麻地毯一般幅宽4m以下，卷长50m以下，可按需要裁割，也有的加工为成品形态，单块设计。这种地毯具有耐磨、耐酸碱、无静电等优点，缺点是弹性较其他类型地毯差。剑麻地毯的铺设风格独特，一般用于南方地区，防潮防湿性能好，也可以用于古典装饰风格的室内空间，具有一定的怀旧感。

熟记要点

地毯的六个等级

1. 轻度家用级：铺设在不常使用的房间或部位。

2. 中度家用级或轻度专业使用级：用于主卧室或餐室等。

3. 一般家用级或中度专业使用级：用于起居室、交通频繁部位，如楼梯、走廊等。

4. 重度家用级或一般专业使用级：用于家中重度磨损的场所。

5. 重度专业使用级：家庭一般不用。

6. 豪华级：地毯的品质好，纤维长，豪华气派。

第三节 窗帘布艺

布艺是指具有艺术效果的布料纺织品，一般用于室内环境的窗帘布料有：棉、羊毛、皮革、尼龙、聚酯纤维、麻、涤、丝、粘胶以及各种混纺纤维（见表7-23）。

窗帘的普通功能是遮光和保护隐私，但是在室内空间中也充当了其他的重要角色，它能以造型、色彩和垂挂方式来烘托整个房间的气氛，强调整个空间的装饰风格等。窗帘有多种多样的类型，常见的有百叶式、卷筒式、折叠式、波纹式和垂挂式等。

1. 百叶式窗帘

图7-23 剑麻地毯

表 7-1 各种材料地毯的性能表

材料特性	羊毛	蚕丝	黄麻	腈纶	锦纶	丙纶	涤纶
耐磨性	好	好	好	较好	好	较好	好
弹性	好	一般	一般	较差	一般	差	好
绒头强度	不易起球	不易起球	不易起球	易产生毛线 易起球	毛头易缠结	易产生毛线 易起球	不易起球
耐污性	好	一般	好	较差	差	差	好
去污性	好	一般	好	易去污	一般	一般	较差
带电性	不易带电	不易带电	不易带电	易带电	易带电	一般	易带电
燃烧性	不易燃烧	不易燃烧	不易燃烧	易燃熔化	易燃熔化	易燃熔化	易燃熔化
防蛀性	差	一般	好	好	好	好	好

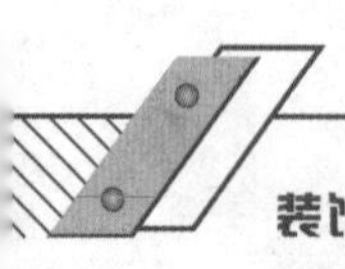

图7-24 百叶式窗帘

图7-25 卷筒式窗帘

百叶式窗帘有水平式和垂直式两种，水平百叶式窗帘由横向板条组成，只要稍微改变一下板条的旋转角度，就能改变采光与通风（见图7-24）。板条有木质、钢质、纸质、铝合金质和塑料的，板条宽为50mm、25mm、15mm的薄条，它的特点是灵活和轻便。垂直百叶式窗帘可以用铝合金、麻丝织物等制成，条带宽有80mm、90mm、100mm以及120mm。

2. 卷筒式窗帘

卷筒式窗帘（见图7-25）的特点是不占空间、简洁素雅、开关自如。这种窗帘有多种形式，有适合住宅及办公用的小型弹簧式卷筒窗帘，一拉就下到某部位停住，再一拉就弹回卷筒内。此外，还有通过链条或电动机升降的产品。

卷筒式窗帘使用的帘布可以是半透明的，也可以是乳白色及有花饰图案的编织物。卧室与婴儿用房常采用不透明的暗幕型编织物。

3. 折叠式窗帘

折叠式窗帘的机械构造与卷筒式窗帘差不多，一拉即下降，所不同的是第二次拉的时候，窗帘并不像卷筒式窗帘那样完全缩进卷筒内，而是从下面一段段打褶升上来（见图7-26）。

4. 垂挂式窗帘

垂挂式窗帘（见图7-27）的组成最复杂，由窗帘轨道、装饰挂帘杆、窗帘箱或帘楣幔、窗帘、吊件、窗帘缨（扎帘带）和配饰五金件等组成。对于这种形式的窗帘除了不同类型选用不同织

表7-2 常见纺织面料特性

名　称	优　点	缺　点
棉	遮光、透气、柔软、防静电、容易清洗、不易起毛球	易皱、缩水、易变形
羊毛	保暖、毛质柔软、弹性好、隔热性强	易起毛球、缩水、毡化反应
皮革	有一定的呼吸性能、耐用程度高、耐高温	价格昂贵，贮藏、护理方面要求较高
尼龙	表面平滑、较轻、耐用、易洗易干，弹性及伸缩性良好	易产生静电
聚酯纤维	弹性好、有丝般柔软、不易软、毛质柔软	透气差、易起静电及毛球
麻	天然织物、舒适、轻便、透气	易皱、不挺括、弹性差、穿着时皮肤有刺痒感
涤	化纤面料、易打理、挺括、不用熨烫	透气性差、易产生静电、不易染色
丝	光滑柔软、质感良好、色彩艳丽	不易打理、易皱、缩水
粘胶	光泽比棉布明亮，外观比棉布细洁匀静，手感柔软光滑	身骨柔较垂重，缺乏弹性，揉捏易起皱纹，但是折皱处易恢复

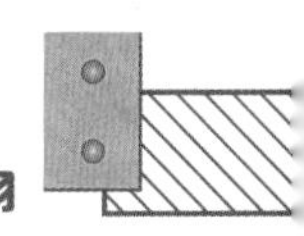

图7-26 折叠式窗帘

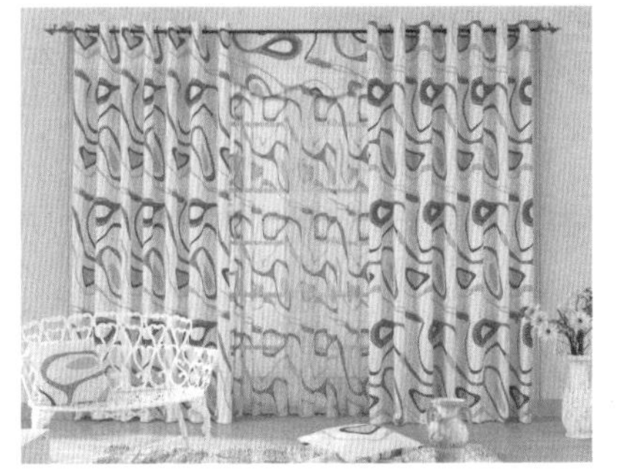

图7-27 垂挂式窗帘

物和式样以外，以前比较注重窗帘盒的设计，但是现在已渐渐被无窗帘盒的套管式窗帘杆所替代，另外，用垂挂式窗帘的窗帘缨束围成的帷幕形式也成为一种流行的装饰形式。

百叶式窗帘一般用于办公室、展厅；卷筒式和折叠式窗帘可用在公共餐厅、家居空间；垂挂式窗帘主要用于家居客厅、卧室等私密、温馨的空间里。

★思考题★

1. 液体壁纸的优势是什么?
2. 纯毛地毯的特性是什么?
3. 怎样合理选择窗帘?

熟记要点

选择窗帘的注意事项

1. 考虑室内空间的整体效果

薄型织物制作的窗帘，不仅能透过一定程度的自然光线，同时还可以使人在白天的室内有一种隐秘感和安全感。厚型窗帘对于形成独特的室内环境及减少外界干扰更具有显著的效果。在选购厚型窗帘时，宜选择诸如灯芯绒、呢线、金丝绒和毛麻织物之类的材料。对于装饰要求比较高的室内空间，窗帘要考虑用双层双轨的形式，靠窗的一层用薄的丝织品或尼龙镂花窗帘，目的在于既透光又遮挡视线，外层则用厚重的遮光帘或镶边丝绒，目的在于遮光或表现风格。

2. 考虑窗帘的花色图案

织物的花色要与室内空间相协调，根据所在地区的环境和季节而定。夏季宜选用冷色调织物，冬季宜选用暖色调织物，春秋两季则应选择中性色调织物。从整体协调的角度上来说，应考虑与墙体、家具、地板等的色泽是否协调。

3. 考虑窗帘的式样和尺寸

一般小空间的窗帘应以比较简洁的式样为好，以免使空间因为窗帘的繁杂而显得更为窄小。而对于大空间，则宜采用比较大方、气派、精致的式样。窗帘的宽度尺寸，一般以两侧比窗户各宽出100mm左右为宜，底部应视窗帘式样而定，短式窗帘也应长于窗台底线200mm左右为宜；落地窗帘应距地面100~200mm。

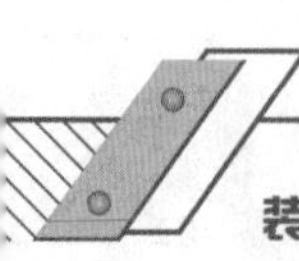

第八章 金属构件

熟记要点

金属材料的分类

1. 黑色金属：又称钢铁材料，包括含铁90%以上的工业纯铁，含碳2%～4%的铸铁，含碳小于2%的碳钢，以及各种用途的结构钢、不锈钢、耐热钢、高温合金、精密合金等。广义的黑色金属还包括铬、锰及其合金。

2. 有色金属：是指除铁、铬、锰以外的所有金属及其合金，通常分为轻金属、重金属、贵金属、半金属、稀有金属和稀土金属等。有色合金的强度和硬度一般比纯金属高，并且电阻大、电阻温度系数小。

3. 特种金属：包括不同用途的结构金属材料和功能金属材料。其中有通过快速冷凝工艺获得的非晶态金属材料，以及准晶、微晶、纳米晶金属材料等；还有隐身、抗氢、超导、形状记忆、耐磨、减振阻尼等特殊功能合金，以及金属基复合材料等。

图8-1 轻钢龙骨构件

图8-2 轻钢龙骨吊顶

金属材料是金属元素或以金属元素为主构成的具有金属特性的材料统称，包括纯金属、合金、金属间化合物和特种金属材料等。人类文明的发展和社会的进步同金属材料关系十分密切。继石器时代之后出现的铜器时代、铁器时代，均以金属材料的应用为其时代的显著标志。现代，种类繁多的金属材料已成为人类社会发展的重要物质基础。

第一节 合金型材

1. 轻钢

轻钢是用冷轧钢板（带）、镀锌钢板（带）或彩色涂层钢板（带）由特制轧机以多道工序轧制而成，它具有强度高、耐火性好、安装简易、实用性强等优点。轻钢主要用于龙骨，横截断面一般为U形、C形、T形，以此为骨架安装各种面板，配以不同材质、不同花色的罩面板，如石膏板、钙塑板、吸声板、矿棉板等，一般用于主体隔墙和大型吊顶的龙骨支架，既能改善室内的使用条件，又能体现不同的装饰艺术和风格。

轻钢龙骨（见图8-1）的承载能力较强，且自身重量很轻。以吊顶龙骨为骨架，与9.5mm厚纸面石膏板组成的吊顶每平方米重量约为8kg。轻钢龙骨能适用各类场所的吊顶和隔断的装饰（见图8-2），可以按设计需要灵活布置选用饰面材料，装配化施工改善了劳动条件，降低了劳动强度，加快了施工进度，并且具有良好的防锈、防火性能，经试验均达到设计标准。

轻钢龙骨按材质分，有镀锌钢板龙骨和薄壁冷轧退火卷带龙骨；按龙骨断面分，有U形龙骨、C形龙骨、T形龙骨及L形龙骨，其中大多为U形龙骨和C形龙骨；按用途分，有吊顶龙骨（代号D）和隔断龙骨（代号Q）。吊顶龙骨有主龙骨（又叫大龙骨、承重龙骨）和次龙骨（又叫覆面龙骨，包括中龙骨、小龙骨）。隔断龙骨则有竖向龙骨、横向龙骨和通贯龙骨等。

（1）U型龙骨 吊顶、隔断龙骨的断面形状以U形居多。U形轻钢龙骨通常由主龙骨、中龙骨、横撑龙骨、吊挂件、接插件和挂插件等组成。通常将U形轻钢龙骨分为38、50、60三种不同的系列。38系列适用于吊点距离0.8～1.0m不上人吊顶；50系列适用于吊点距离0.8～1.2m不上人吊顶，但是主龙骨可承受80kg的检修荷载；60系列适用于吊点距离0.8～1.2m不上人形或上人形吊顶，主龙骨可承受100kg检修荷载。隔断龙骨主要分为50、70、100三种系列，龙骨的承重能力与龙骨的壁厚大小及吊杆粗细有关。

（2）T形龙骨 只作为吊顶专用（见图8-3），T型吊顶龙骨有轻钢型的和铝合金型的两种，过去绝大多数是用铝合金材料制作的，近几年又出现烤漆龙骨和不锈钢面龙骨等。吊顶龙骨与天花板组成600mm×600mm、500mm×500mm、450mm×450mm等的方格，不需要大幅面的吊顶板材，因此各种吊顶材料都可适用，规格也比较灵活。T形龙骨材料经过电氧化或烤漆处理，龙骨里方格外露的部位光亮、不锈、色调柔和，使整个吊顶更加美观大方，安装方便，防火、抗振性能良好。

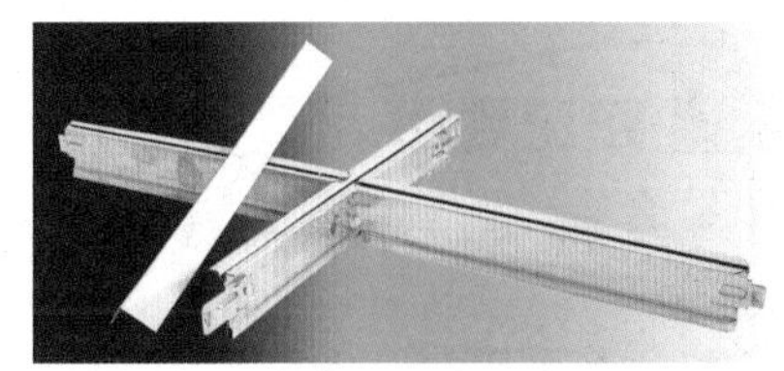

图8-3 T形龙骨

T型龙骨其承载主龙骨及其吊顶布置与U型龙骨吊顶相同，T形龙骨的上人或不上人龙骨中距都应小于1200mm，吊点为800～1200mm一个，中小龙骨中距为600mm。中龙骨垂直固定于大龙骨下，小龙骨垂直搭接在中龙骨的翼缘上。吊杆可依次采用直径6mm、8mm、10mm钢筋。

图8-4 圆管钢

2. 型钢

室内装饰中一些重量较大的棚架、支架、框架等构件需要用型钢材料作为骨架。常用的有圆管钢（见图8-4）、H型钢（见图8-5）与槽型钢（见图8-6）等。型钢骨架易于裁剪及焊接，可以随工程要求任意加工、设计及组合，并且可以制造特殊规格，配合特殊工程的实际需要。型钢经过经济化的设计，其断面力矩、断面系数、耐压力和所承荷重高于同单位重量之热压延型钢。

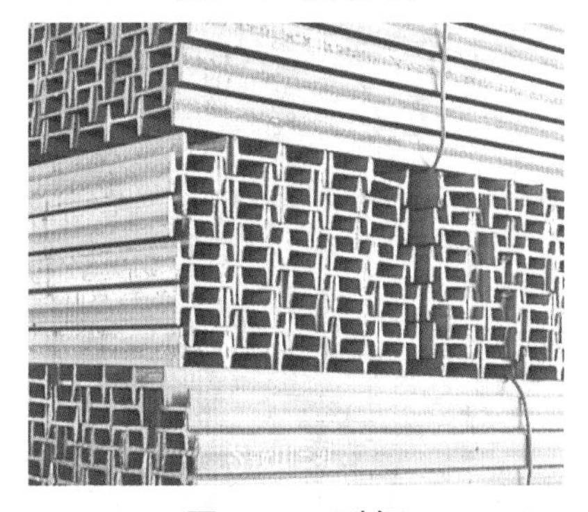

图8-5 H型钢

常用H型钢的产品为热轧普通形钢，一般作为钢骨架的梁，受垂直方向力的作用。H型钢的受力特点是：承受垂直方向力和纵向压力的能力较强，承受扭转力矩的能力较差。

图8-6 槽型钢

冷弯型钢是一种高效经济型材，由热冷轧钢板或钢带在常温下冷加工而成，包括C型钢、Z型钢、角钢（见图8-7）等产品。角钢的受力特点是：承受纵向压力、拉力的能力较强，承受垂直方向力和扭转力矩的能力较差。角钢有等边角钢和不等边角钢两个系列，常用角钢的产品为热轧等边角钢和热轧不等边角钢。

结构型钢被广泛用于檩条、屋架、桁架、钢架、墙架、吊顶龙骨、大型家具或装饰结构的框架等。

3. 铝合金

纯铝是银白色的轻金属，密度小、熔点低，其导电性和导热性都很好，仅次于银、铜、金而居第四位。铝具有面心立方晶

图8-7 角钢

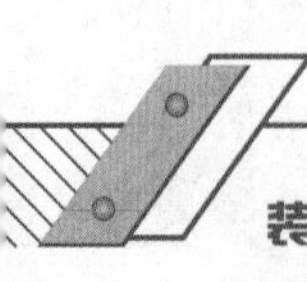

熟记要点

钛合金

钛合金与铝合金除了掺入的金属不同外，最大的分别之处就是还掺入碳纤维材料，无论强度还是表面质感都优于铝合金材质，而且加工性能更好，外形比铝镁合金更复杂多变。其关键性的突破是强韧性更佳，而且变得更薄。就强韧性看，钛合金是铝镁合金的三至四倍，强韧性越高，能承受的压力越大，也越能够支持大跨度的承重骨架。

钛合金骨架主要用于外露的吊顶龙骨和室内外成品梭拉门边框，外表可经过喷漆、烤漆等装饰处理，华丽富有光泽，具有良好的钢硬强度和质量轻巧的特点。

图8-8　铝合金阳台窗

图8-9　铝合金梭拉门

格，强度低，塑性高，能通过冷或热的压力加工制成线、板、带、棒、管等型材。经冷加工后，铝的强度可提高到150~250MPa。铝的化学性质活泼，在空气中能与氧结合而形成致密、坚固的氧化铝薄膜，能保护下面的金属不再受腐蚀，故铝在空气和水中有较好的耐蚀能力，可以抵抗硝酸和醋酸的腐蚀。

由于纯铝的强度低而限制了它的应用范围，常采用合金化的方式，即在铝中加入一定量的合金元素如镁、锰、铜、锌、硅等来提高其强度和耐蚀性，同时保持了质量轻的特点。

铝合金一般用于吊顶、隔墙的龙骨架和门窗框架结构（见图8-8、图8-9、图8-10）。铝合金龙骨架用作吊顶或隔断龙骨，它与各种装饰板材配合使用，具有自身质量轻、强度大、华丽明净、抗振性能好、加工方便、安装简单等特点。铝合金门窗与普通木门窗、钢门窗相比，主要有质量轻、性能好、色泽美观、耐腐蚀、使用维修方便、便于进行工业化生产等特点。

图8-10　铝合金边框衣柜门

4. 铜合金

纯铜从外观看是紫红色，故又称为紫铜，铜的密度较高，熔点为1083℃，导电性、导热性、耐腐蚀性好。铜具有面心立方晶格的晶体结构，强度较低，可塑性较高。用在装饰装修领域的是铜合金，一般可分为黄铜（见图8-11）、青铜和白铜。

铜合金经过冷加工所形成的骨架材料多用于室内装饰造型的边框及装饰板的分隔，也可以用来加工成具有承载力荷的装饰灯具骨架或外露吊顶骨架。

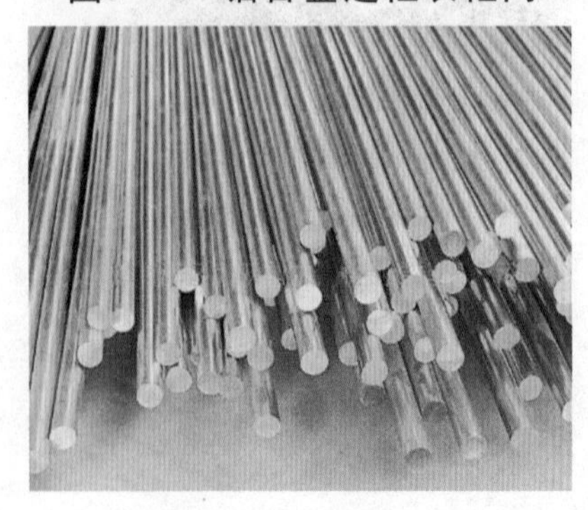

图8-11　铜合金

第二节　五金配件

现代五金是指金、银、铜、铁、锡五项金属材料。五金材料通常分为大五金和小五金两大类：大五金指钢板、钢筋、扁铁、万能角钢、槽铁、工字铁及各类型制钢铁材料；小五金则为建筑五金、白铁皮、铁钉、铁丝、钢铁丝网、钢丝剪、家庭五金、各

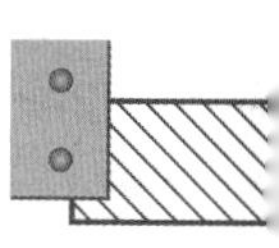

种工具等。

在装饰工程中，五金材料主要用于连接、开关、活动、装饰等细节部位，因此五金配件是装修的闪亮点，其光洁的金属质感与浑厚的木质家具相搭配，具有一定的装饰效果。

1. 钉子

（1）圆钢钉 分为圆钉和钢钉。圆钉（见图8-12）是以铁为主要原料，根据不同规格和形态加入其他金属的合金材料，而钢钉则加入碳元素，使硬度加强。圆钢钉的规格、形态多样，目前用在木质装饰施工中的圆钢钉都是平头锥尖型，以长度来划分多达几十种，例如：20mm、25mm、30mm等，每增加5~10mm为一种规格。圆钢钉主要用于木、竹制品零部件的接合，称为钉接合。钉接合由于接合强度较小，所以常在被接合的表面上涂上胶液，以增强接合强度。钉接合的强度跟钉子的直径和长度及接合件的握钉力有关，直径和长度及接合件的握钉力越大，则钉接合强度就越大（见表8-1）。

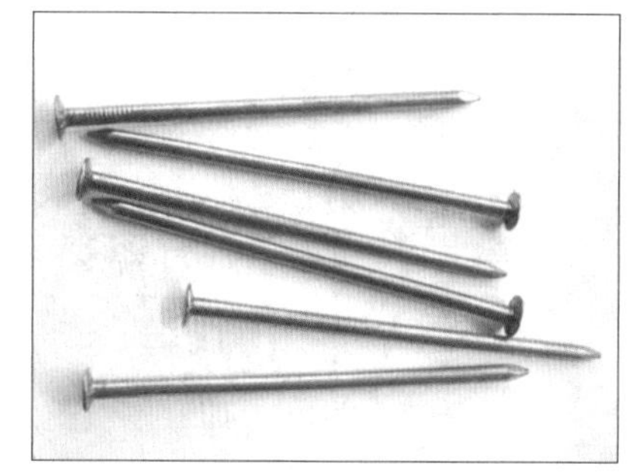

图8-12 圆钉

表 8-1 圆钢钉规格应用表 单位：mm

规格	应用	规格	应用
10~15	薄木饰面板、胶合板	60~80	木龙骨、原木
20~35	胶合板、木芯板、纤维板	80~120	原木
40~60	木芯板、地板、木龙骨	150~220	承重木制构造

图8-13 气排钉

（2）气排钉 又称为气枪钉，根据使用部位分有多种形态，如平钉（见图8-13）、T形钉、马口钉等，长度从10~40mm不等。钉子之间使用胶水连接，每颗钉子纤细，截面呈方形，末端平整，头端锥尖。气排钉要配合专用射钉枪使用，通过气压射钉枪（见图8-14）发射气排钉，隔空射程达20多米。气排钉用于钉制板式家具部件、实木封边条、实木框架、小型包装箱等。经射钉枪钉入木材中而不漏痕迹，不影响木材继续刨削加工及表面美观，且速度快，质量好，故应用日益广泛。

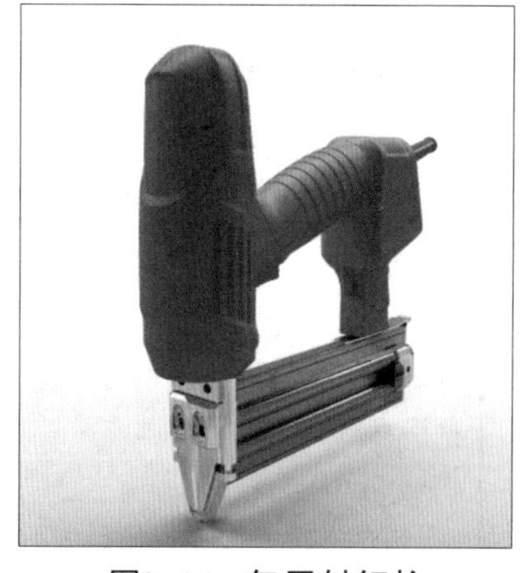

图8-14 气压射钉枪

（3）螺钉 是在圆钢钉的基础上改进而成的，将圆钢钉加工成螺纹状，钉头开十字凹槽（见图8-15），使用时需要配合螺丝刀（起子）。螺钉的形式主要有平头螺钉、圆头螺钉、盘头螺钉、沉头螺钉、焊接螺钉等。螺钉的规格主要有10mm、20mm、25mm、35mm、45mm、60mm等。螺钉可以使木质构造之间衔接更紧密，不易松动脱落，也可以用于金属与木材、塑料与木材、金属与塑料等不同材料之间的连接。螺钉主要用于拼板、家

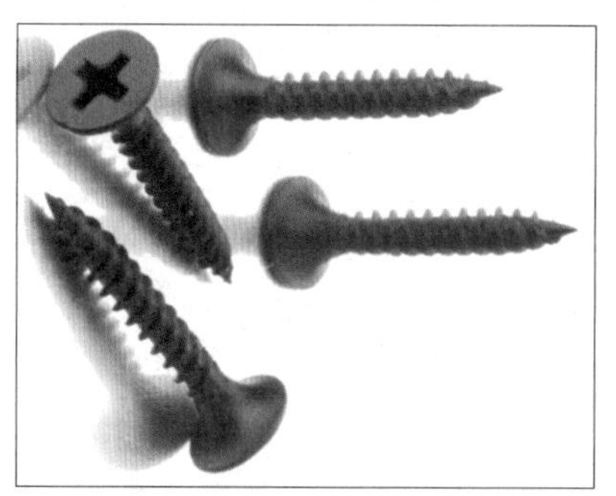

图8-15 螺钉

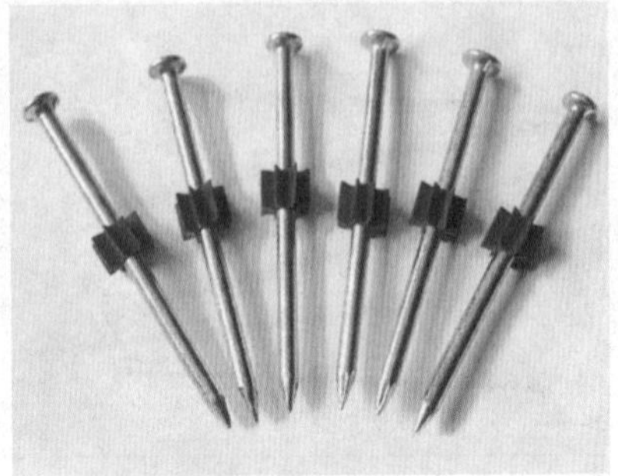

图8-16　射钉

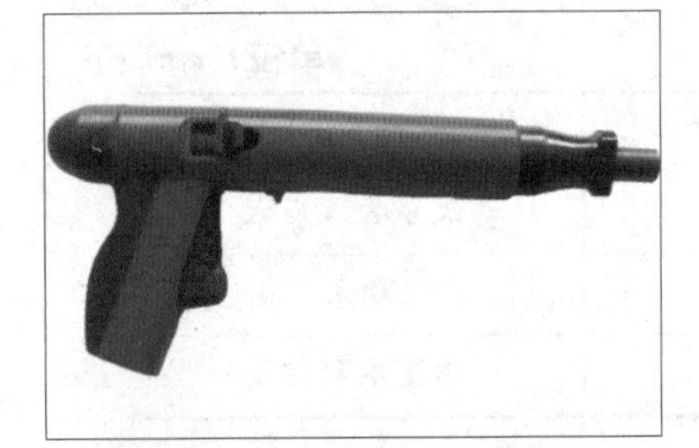

图8-17　火药射钉枪

图8-18　膨胀螺栓

具零部件装配及铰链、插销、拉手、锁的安装，应该根据使用要求而选用适合的样式与规格，其中以沉头螺钉应用最为广泛。

（4）射钉 又称为水泥钢钉（见图8-16），相对于圆钉而言质地更坚硬，可以钉至钢板、混凝土和实心砖上。为了方便施工，这种类型的钉子中后部带有塑料尾翼，采用火药射钉枪（击钉器）发射，射程远，威力大。射钉的规格主要有30mm、40mm、50mm、60mm等。射钉用于固定承重力量较大的装饰结构，例如：吊柜、吊顶、壁橱等家具，既可以使用锤子钉接，又可以使用火药射钉枪（见图8-17）发射。

（5）膨胀螺栓 又称为膨胀螺丝（见图8-18），是一种大型固定连接件，它由带孔螺帽、螺杆、垫片、空心壁管四大金属部件组成，一般采用铜、铁、铝合金金属制造，体量较大，规格主要为30～180mm不等。膨胀螺栓可以将厚重的构造、物件固定在顶板、墙壁和地面上，广泛用于装饰装修。在施工时，先采用管径相同的电钻机在基层上钻孔，然后将膨胀螺栓插入到孔洞中，使用扳手将螺帽拧紧，螺帽向前的压力会推动壁管，在钻孔内向四周扩张，从而牢牢地固定在基层上，可以挂接重物。

2. 拉手

拉手在主要用于家具、门窗的开关部位，是必不可少的功能配件（见图8-19）。拉手的材料有锌合金、铜、铝、不锈钢、塑胶、原木、陶瓷等，为了与家具配套，拉手的形状、色彩更是千姿百态。高档拉手要经过电镀、喷漆或烤漆工艺，具有耐磨和防腐蚀作用，选择时除了要与室内装饰风格相吻合外，还要能承受较大的拉力，一般拉手要能承受6kg以上的拉力。

3. 门锁

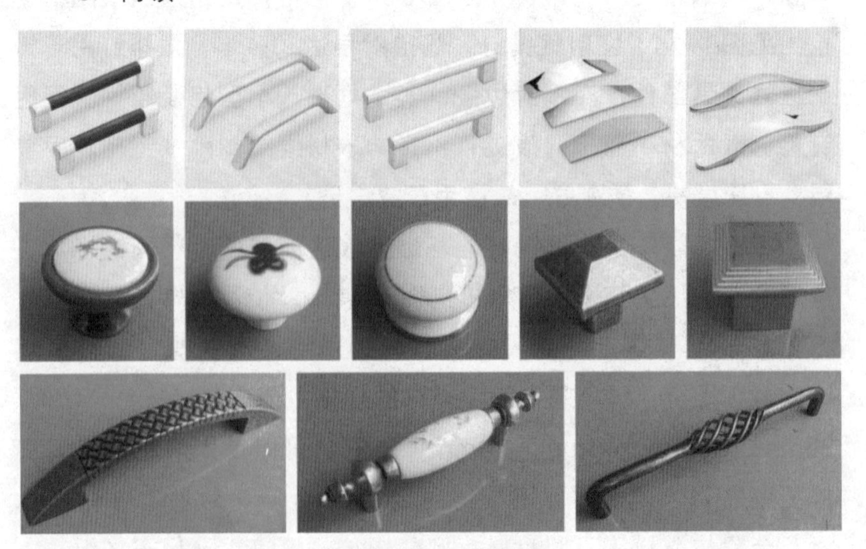

图8-19　拉手样式

熟记要点

选择拉手的原则

1. 拉手不必十分奇巧，但一定要符合开启、关闭的使用功能，这应结合拉手的使用频率以及它与锁具的关系来挑选。

2. 要讲究对比，以衬托出锁与装饰部位的美感。拉手除了有开启和关闭的作用外，还有点缀及装饰的作用，拉手的色泽及造型要与门的样式及色彩相互协调。

3. 要确定拉手的材质、牢固程度、安装形式，以及是否有较大的强度，是否经得起长期使用。

4. 看拉手的面层色泽及保护膜，有无破损及划痕。

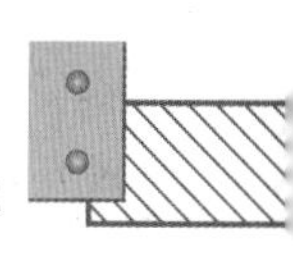

表 8-2　　门锁分类表

分　类	内　　容
形　式	复锁和插锁
用　途	防盗锁、天地锁、分体锁、大门锁、房门锁、浴室锁、通道锁、移门锁、更衣室门锁、对开门锁等
材　质	铁质门锁、铜质门锁、锌合金门锁、不锈钢门锁、铝质门锁、陶瓷门锁等
功　能	球形锁、执手锁、插芯锁、移门锁等

市场上所销售的门锁品种繁多，传统锁具一般分为复锁和插锁两种。复锁的锁体装在门扇的内侧表面，如传统的大门锁。插锁又称为插芯门锁，装在门板内，例如：房间门的执手锁。此外门锁还有多种分类（见表8-2）。

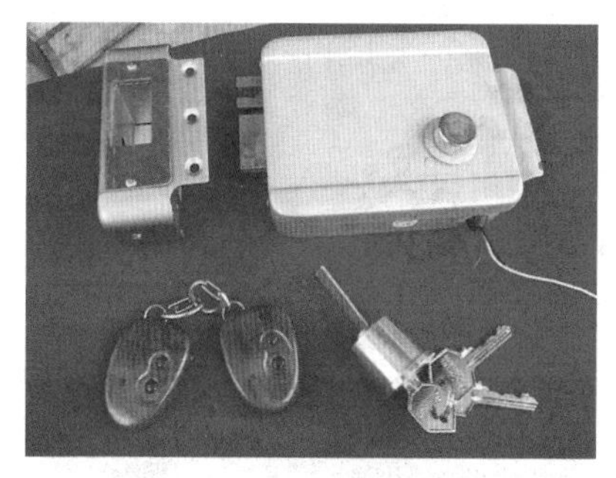

图8-20　大门锁

（1）大门锁（金属门的防盗锁）　大门锁（见图8-20）最主要的功能是防盗。锁芯一般为磁性原子结构或电脑芯片的锁芯，面板的材质是锌合金或者不锈钢，舌头有防手撬、防插功能，具有多层反锁功能，反锁后从门外面是不能够开启的。

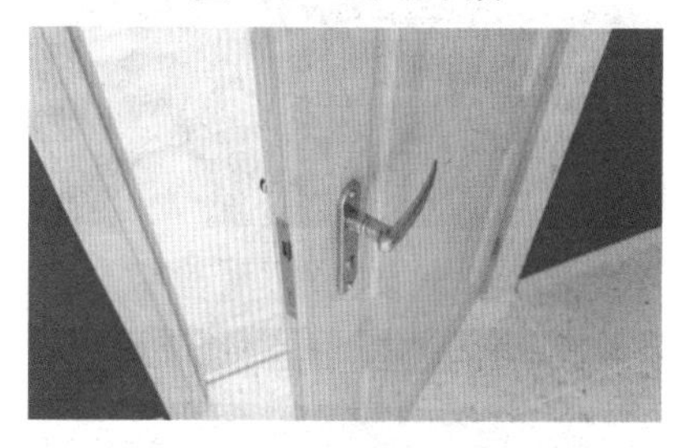

图8-21　房门锁

（2）大门锁（木门）　一般都具有反锁功能，反锁后外面用钥匙无法开启，面板材质为锌合金（锌合金造型多，外面经电镀后颜色鲜艳，光滑），组合舌的舌头有斜舌与方舌，高档门锁具有层次转动反锁方舌的功能。

（3）房门锁　房门锁的防盗功能并不太强，主要要求装饰、耐用、开启方便、关门声小，具有反锁功能，把手具有人体力学设计，手感较好，容易开关门（见图8-21）。

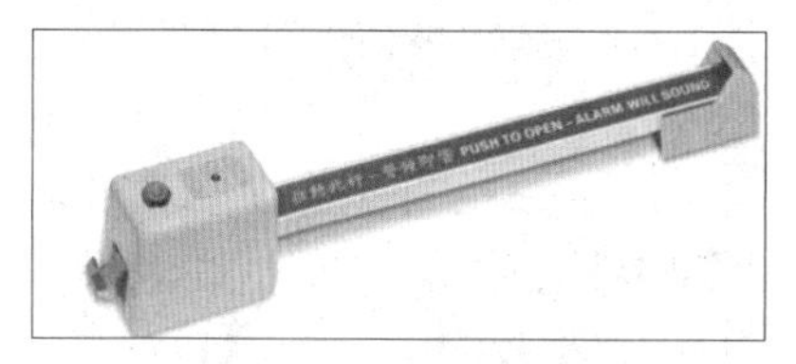

图8-22　通道锁

（4）浴室锁与厨房锁　这种锁的特点是在内部锁住，在外面可用螺丝刀等工具随意拨开。由于洗手间与厨房比较潮湿，门锁的材质一般为陶瓷材料，把手为不锈钢材料。

（5）通道锁　结构简单，开门与关门的声音小，力度轻，把手与面板之间牢固，面板大方、得体（见图8-22）。

4. 合页铰链

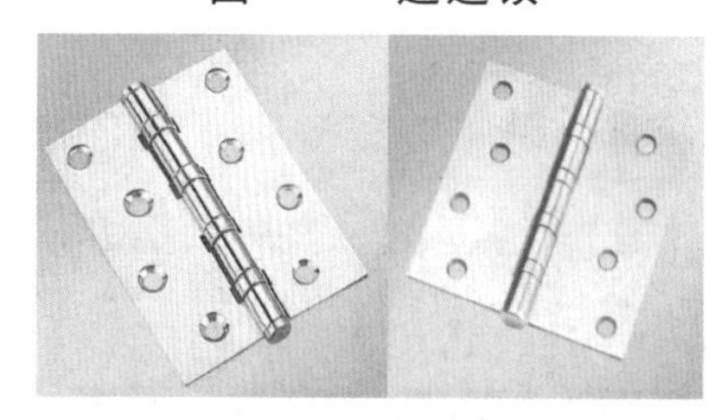

图8-23　合页

（1）合页　又称为轻薄型铰链，房门合页材料一般为全铜和不锈钢两种（见图8-23）。单片合页的标准为100mm×30mm和100mm×40mm，中轴直径在11～13mm之间，合页壁厚为2.5～3mm。为了在使用时开启轻松无噪声，高档合页中轴内含有滚珠轴承，安装合页时也应选用附送的配套螺钉。

图8-24　合页

（2）铰链　在家具构造的制作中使用最多的是家具体柜门的烟斗铰链（见图8-24），它具有开合柜门和扣紧柜门的双重功能。目前用于家具门板上的铰链为二段力结构，其特点是关门时

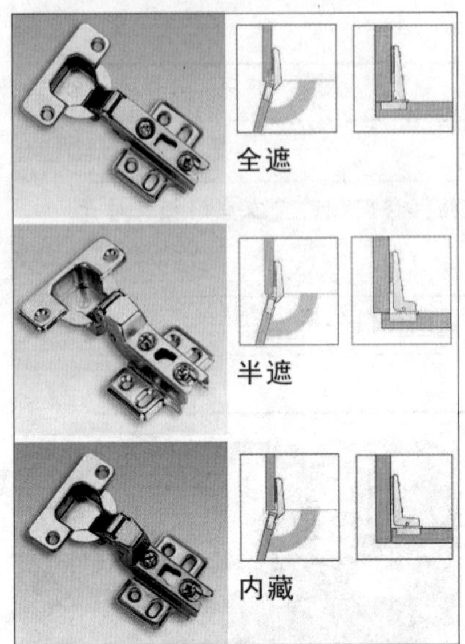

图8-25　家具铰链

图8-26　梭拉门滑轮组

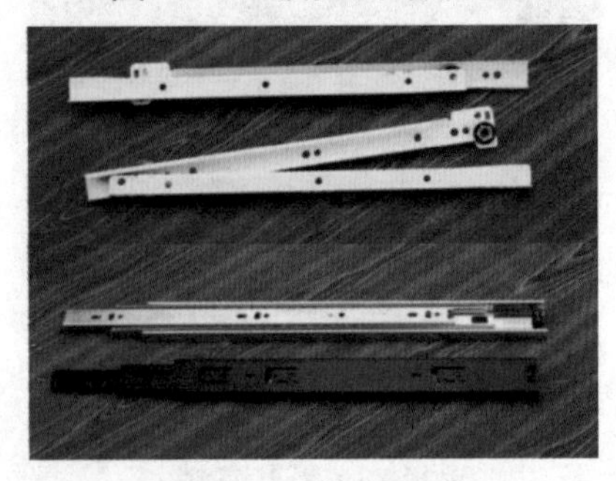
图8-27　抽屉滑轨

门板在45°以前可以任一角度停顿，45°后自行关闭，当然也有一些厂家生产出30°或60°后就自行关闭的。柜门铰链分为脱卸式和非脱卸式两种，又以柜门关上后遮盖位置的不同分为全遮、半遮、内藏三种，一般以半遮为主（见图8-25）。

5. 滑轨

滑轨使用优质铝合金、不锈钢或工程塑料制作，按功能一般分为梭拉门吊轮滑轨和抽屉滑轨。

（1）梭拉门吊轮滑轨　由滑轨道和滑轮组（见图8-26）安装于梭拉门上方边侧。滑轨厚重，滑轮粗大，可以承载各种材质门扇的重量。滑轨长度有1200mm、1600mm、1800mm、2400mm、2800mm、3600mm等，可以满足不同门扇的需要。

（2）抽屉滑轨　由动轨和定轨组成，分别安装于抽屉与柜体内侧两处（见图8-27）。新型滚珠抽屉导轨分为二节轨、三节轨两种，选择时要求外表油漆和电镀质地光亮，承重轮的间隙和强度决定了抽屉开合的灵活和噪声，应挑选耐磨及转动均匀的承重轮。常用规格（长度）一般为300mm、350mm、400mm、450mm、500mm、550mm。

6. 开关插座面板

目前在装饰领域使用的开关插座面板是主要采用聚碳酸酯等合成树脂材料制成的，聚碳酸酯又称防弹胶，这种材料硬度高，强度高，表面相对不会泛黄，耐高温（见图8-28-图8-29、图8-30）。此外还有电玉粉，氨基塑料等材料，都具备耐高温，阻燃性好，表面不泛黄，硬度高等特点。开关插座面板从外观形态上可分为75型、86型、118型、120型、146型等（见表8-3）。

中高档开关插座面板的防火性能、防潮性能、防撞击性能等都较好，表面光滑，面板要求无气泡、无划痕、无污迹。开关拨动的手感轻巧而不紧涩，插座的插孔须装有保护门，内部的铜片是开关最关键的部分，具有相当的重量。

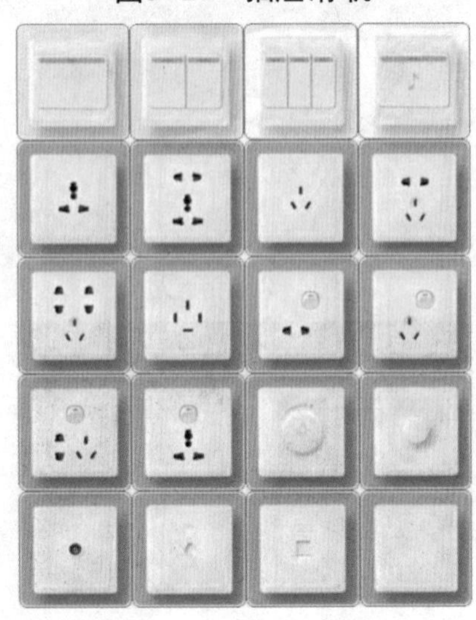
图8-28　浅色开关面板

图8-29　深色开关面板

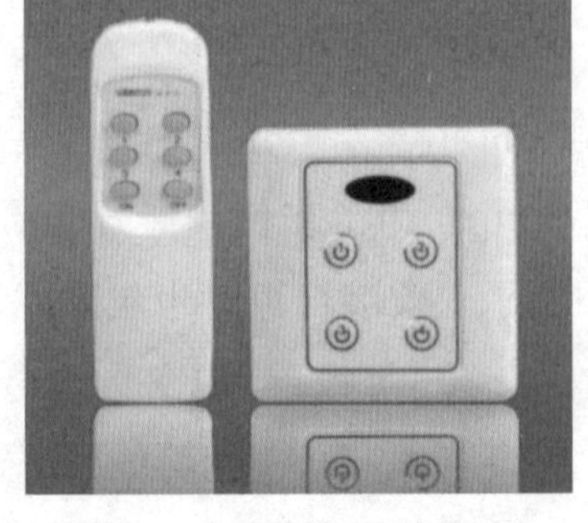
图8-30　遥控开关面板

表 8-3　　开关插座面板分类表　　单位：mm

型 号	尺 寸	特 点
75 型	75×75	该产品在我国20世纪80年代以前采用比较广泛，现今已基本被淘汰
86 型	86×86	安装孔中心距为60.3mm，我国及世界上大多数国家采用该规格形式
118 型	70×118	有延伸产品，如长三位、长四位、方四位、该形式与120可视为同一形式产品。主要是日本、韩国等国家采用该形式产品。我国也有部分区域流行采用该形式产品
120 型	70×120	有延伸产品，如长三位、长四位、方四位等、其中一位尺寸为 120mm，安装孔距为83.5mm，该产品在日本、韩国等国家采用较多，在我国也有部分区域采用该形式产品
146 型	86×146	安装孔中心距为 120.6mm，我国及其他国际上大多数国家采用该形式，该形式实际为86 型系列的延伸产品，或划为86 型开关插座

现代装饰装修所选用的一般是暗盒开关插座面板，线路都埋藏在墙体内侧，开关的款式、档次应该与室内的整体风格相吻合。白色的开关是主流，大部分装修的整体色调是浅色，也有特殊装饰风格选用黑色、棕色等深色开关。

第三节　水电管线

水电线路在装饰装修领域通常被称为隐蔽工程，水管电线被埋藏在墙体内部或安装在专用箱盒内，线路质量要求很高，直接影响到使用安全。

1. 电线

电线的种类很多，按使用功能主要分为电力线（强电）和信号传输线（弱电）。

（1）电力线 是用来传输电力的导体管线，能保证照明、电器、设备等系统正常运行，装饰装修所用的电力线通常采用铜作为导电材料，外部包上聚氯乙烯（PVC）绝缘套，在形式上一般分为单股线和护套线两种。单股线即是单根电线，内部是铜芯，外部包PVC绝缘套，需要施工员来组建回路，并穿接专用阻燃PVC线管，方可入墙埋设，为了方便区分，单股线的PVC绝缘套有多种色彩，例如：红、绿、黄、蓝、紫、黑、白和绿黄双色等；护套线为单独的一个回路，包括一根火线和一根零线，外部有PVC绝缘套统一保护，PVC绝缘套一般为白色或黑色，内部电线为红色和彩色，安装时可以直接埋设到墙内，使用方便。电力线铜芯有单根和多根之分，单根铜芯的线材比较硬，多根缠绕的比较软，方便转角。无论是护套线还是单股线，都以卷为计量，每卷线材的长度标准应该为100m。电力线的粗细规格一般按铜芯

熟记要点

鉴别电力线的方法

1. 看外观：优质电线外皮都采用原生塑料制造，表面光滑，不起泡，剥开后的外皮有弹性，不易断；劣质电线的外皮都是利用回收塑料生产的，表面粗糙，对光照有明显的气泡，用手很容易拉断，易开裂老化、短路、漏电。

2. 看线径：优质电线剥开后铜芯有明亮的光泽，柔软适中，不易折断，国标线线径为1.5mm^2、2.5mm^2和4mm^2；劣质电线往往利用回收铜作原料，或者把线径缩小，回收铜因含有其他金属杂质，导电性能降低，增加了电能损耗，光泽度差，发硬易折断。

3. 看长度和价格比：正宗的国家标准电线每卷长100m（±5%以内误差）；非国标线一般只有90m，甚至更少，价格自然低些。

4. 看包装。成卷的电线包装牌上，有无中国电工产品认证委员会的“长城”标志和生产许可证号；有无质量体系认证书；看合格证是否规范；看有无厂名、厂址、检验章、生产日期；看电线上是否印有商标、规格、电压等。

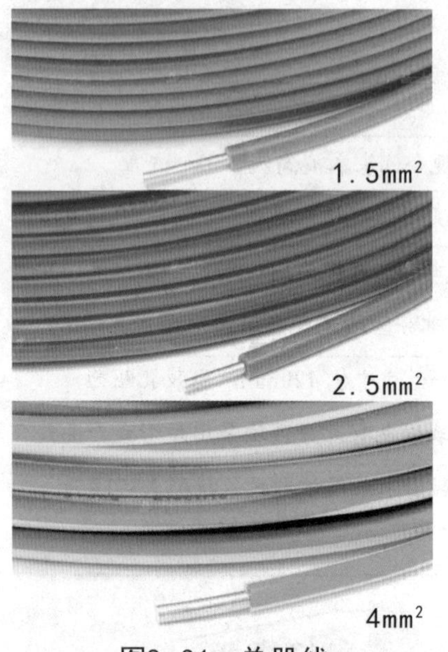

图8-31　单股线

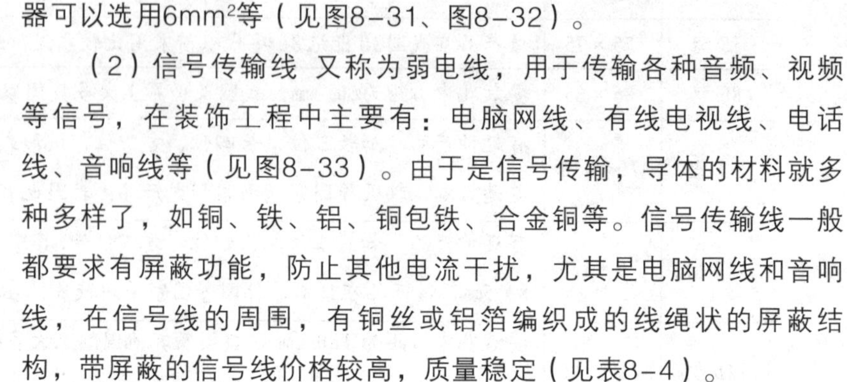
图8-32　护套线

的截面面积来划分，照明用线选用1.5mm²，插座用线选用2.5mm²，空调等大功率电器设备的用线选用4mm²，超大功率电器可以选用6mm²等（见图8-31、图8-32）。

（2）信号传输线 又称为弱电线，用于传输各种音频、视频等信号，在装饰工程中主要有：电脑网线、有线电视线、电话线、音响线等（见图8-33）。由于是信号传输，导体的材料就多种多样了，如铜、铁、铝、铜包铁、合金铜等。信号传输线一般都要求有屏蔽功能，防止其他电流干扰，尤其是电脑网线和音响线，在信号线的周围，有铜丝或铝箔编织成的线绳状的屏蔽结构，带屏蔽的信号线价格较高，质量稳定（见表8-4）。

2. 铝塑复合管

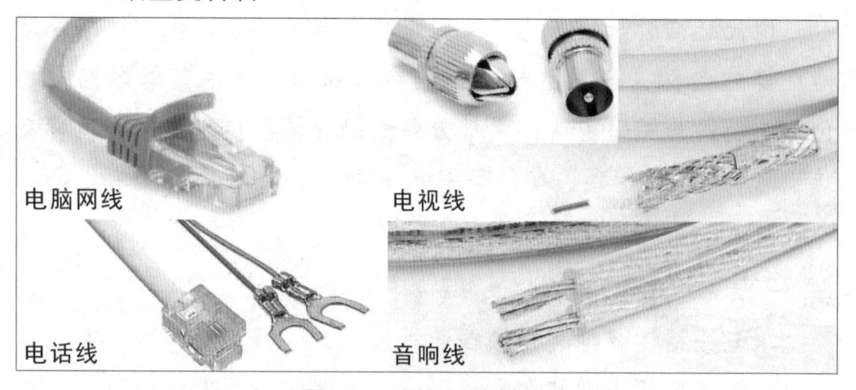

图8-33　信号传输线

表 8-4　信号传输线种类及特点

名　称	特　　点
电脑网线	一般分为 3 类线、5 类线和 6 类线，目前应用最多的是5 类线，超5 类共 4 对绞线，用来提供 10～100M 传输
有线电视线	一般分为 48 网、64 网、75 网、96 网、128 网、160 网。网外是铝丝的数目，它决定了传送信号的清晰度和分辨度。线材分2p和 4p，2p 是一层锡和一层铝丝，4p 是两层锡和两层铝丝
电话线	一般分为 2 芯和 4 芯，普通电话和上网用 2 芯线，可视电话必须用4 芯的
音响线	音响线又称发烧线，是由高纯度铜或银作为导体制成。音响线用于功放和主音箱及环绕音箱的连接。音响线的规格通常用支来表示，如100 支就是由100 根铜芯组成的音响线。主音箱应选用 200 支以上的音响线。环绕音箱用100 支左右的音响线

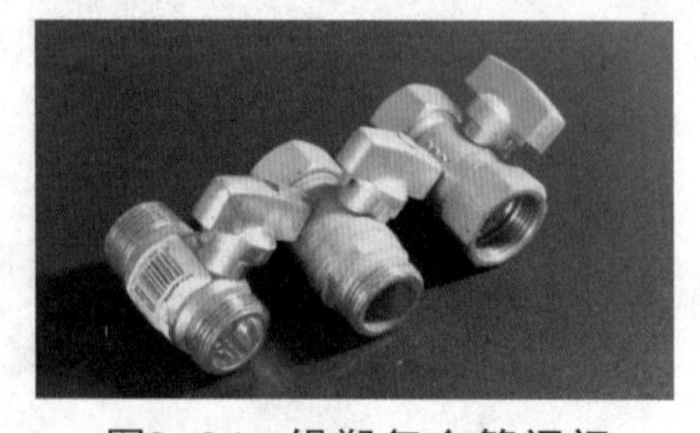
图8-34　铝塑复合管阀门

铝塑复合管是一种新型管材，又称为PE-AL-PE管，采用物理复合和化学复合的方法，将聚乙烯处于高温熔融状态，铝管处于加热状态，在铝和聚乙烯之间再加入一层胶粘剂，形成聚乙烯、胶粘剂、铝管、胶粘剂、聚乙烯五层结构。五层材料通过高温、高压融合成一体，充分体现了金属材料与塑料的各自优点，并弥补了彼此的不足（见图8-34、图8-35）。

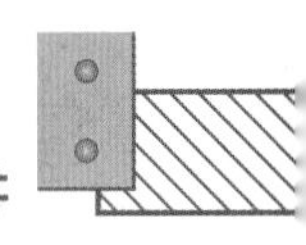

表 8-5 铝塑复合管规格种类表

尺寸规格	内部直径/mm	尺寸规格	内部直径/mm
1520	15	2025	20
2532	25	3240	32
4050	40	5063	50

铝塑复合管防老化性能好，冷脆温度低，膨胀系数小，防紫外线，在无高热和强紫外线辐射条件下，平均使用寿命在50年以上。管道尺寸稳定，清洁无毒、平滑、流量大，而且具有一定的弹性，能有效减弱供水中的水锤现象，以及流体压力产生的冲击和噪声。铝塑复合管尺寸规格有1520、2025、2532、3240、4050、5063等（见表8-5），前两位数代表管内径，后两位数代表管外径，单位mm。长度有50m、100m、200m等。

图8-35 铝塑复合管

铝塑复合管适用范围广，可以作为室内外冷热水管、采暖管、温泉管、太阳能管等，在工程施工中方便快捷，有效缩短工期，色彩鲜艳，美观大方，是理想的镀锌管替代品。

3. 金属软管

金属软管又称为金属防护网强化管（见图8-36），内管中层布有腈纶丝网加强筋，表层布有金属丝编制网。金属软管重量轻、挠性好、弯曲自如，最高工作压力可达4.0MPa，负压可达0.1MPa。使用温度为-30℃～120℃，不会因气候或使用温度变化而出现管体硬化或软化现象，具有良好的耐油、耐化学腐蚀性能。金属软管的生产以成品管为主，两端均有接头，长度从0.3～20m不等，可以订制生产。

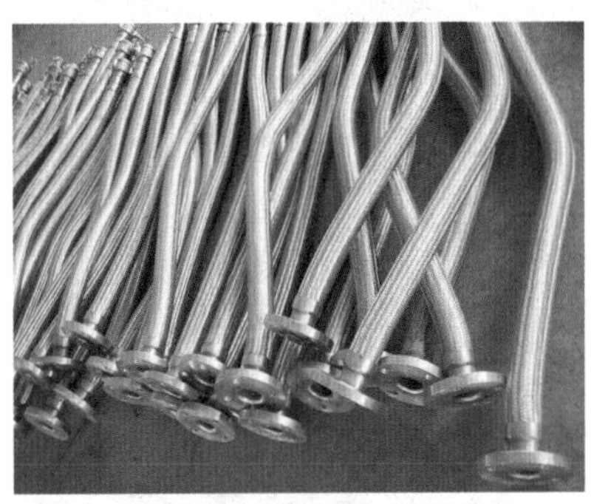

图8-36 金属软管

金属软管在室内装饰装修中主要用作供水管和供气管，尤其是强化燃气软管，取代传统的橡胶软管，普通橡胶软管使用寿命为18个月，而金属软管可达10年。目前我国一些城市已经明令禁止销售普通塑料软管（见图8-37），强制推行使用安全系数较高的金属软管，不易破裂脱落，更不会因虫鼠咬噬而漏水漏气。

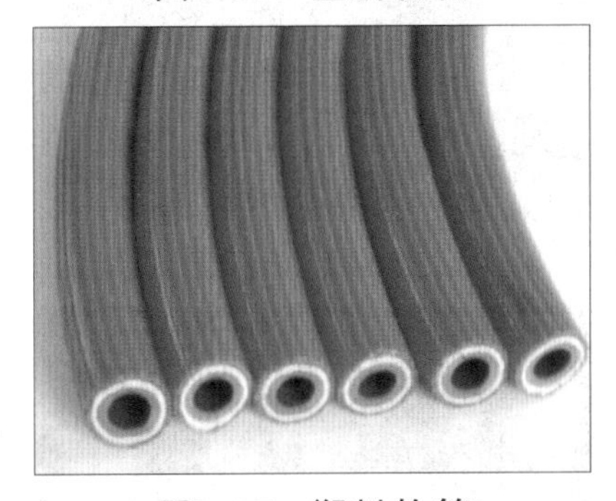

图8-37 塑料软管

4. PP-R管

PP-R管又称为三型聚丙烯管（见图8-38），采用无规共聚聚丙烯材料，经挤出成型，注塑而成的新型管件，在装饰工程中取代传统的镀锌管。

PP-R管具有重量轻、耐腐蚀、不结垢、保温节能、使用寿命长的特点。PP-R管的软化点为131.5℃，最高工作温度可达95℃。PP-R的原料分子只有碳、氢元素，没有毒害元素存在，卫生、可

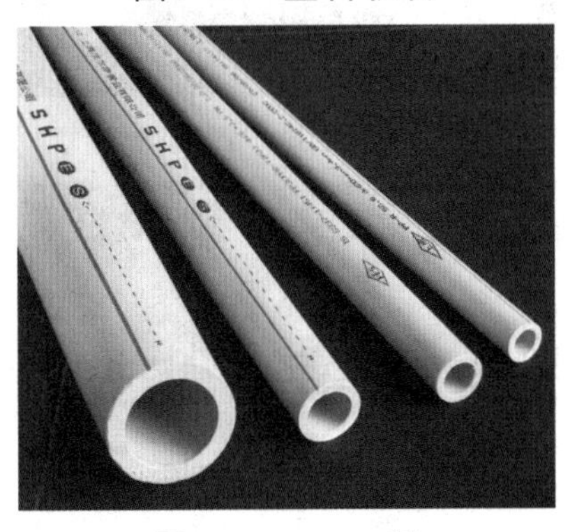

图8-38 PP-R管

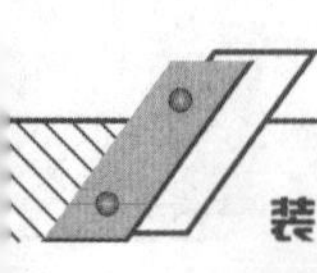

图8-39 铜塑复合PP-R管

靠。此外，PP-R管物料还可以回收利用，PP-R废料经清洁、破碎后回收利用于管材、管件生产。PP-R管每根长4m，管径从20～125mm不等，并配套各种接头。近年来，随着市场的需求，在PP-R管的基础上又开发出铜塑复合PP-R管（见图8-39）、铝塑复合PP-R管、不锈钢复合PP-R管等，进一步加强了PP-R管的强度，提高了管材的耐用性。

PP-R管不仅用于冷热水管道，还可用于纯净饮用水系统。PP-R管在安装时采用热熔工艺，可以做到无缝焊接，也可以埋入墙内，它的优点是价格比较便宜，施工方便。在施工中，铜管的切割、弯曲、加工焊接也极为简单，连接形式多种多样，有钎焊、卡套、压接、插接、法兰、沟槽等（见图8-40、图8-41），完全能满足各种不同场合、情况的需要。

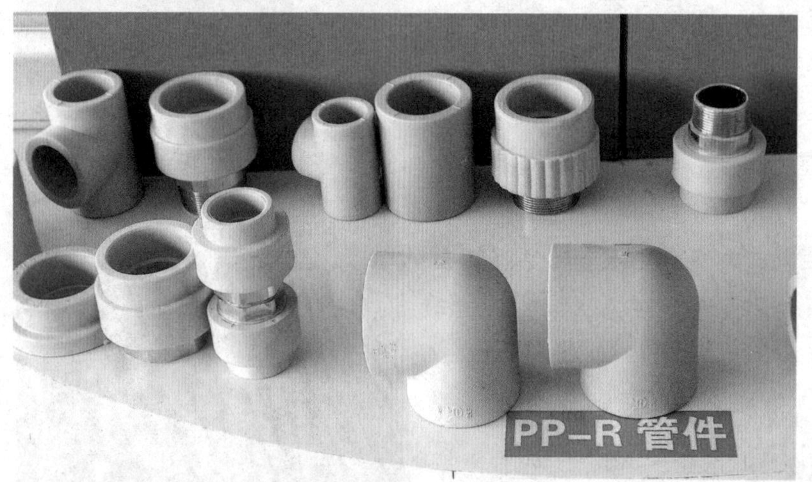

图8-40 PP-R管接头配件

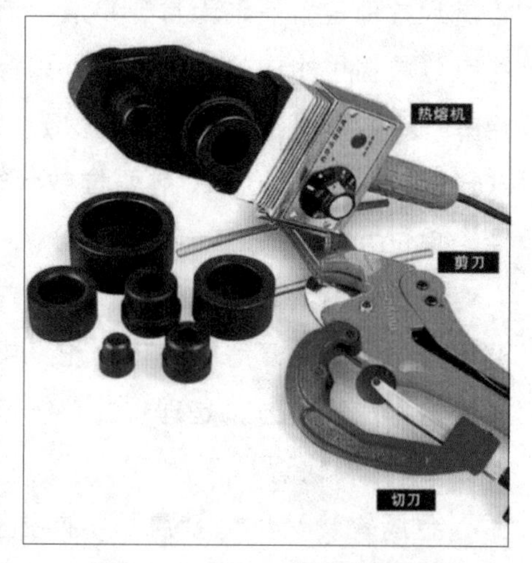

图8-41 PP-R管焊接工具

5. PVC管

PVC主要成分为聚氯乙烯，另外加入其他成分来增强其耐热性，韧性，延展性等，它是当今世界上深受喜爱、颇为流行并且也被广泛应用的一种合成材料。

PVC可分为软PVC和硬PVC，其中硬PVC材料用作排水管，它是由硬聚氯乙烯树脂加入各种添加剂制成的热塑性塑料管（见图8-42、图8-43、图8-44），适用水温≤45℃，工作压力≤0.6MPa的排水管道，具有重量轻，内壁光滑，流体阻力小，耐腐蚀性好，价格低等优点，取代了传统的铸铁管，也可以用于电线穿管护套。

PVC排管有圆形、方形、矩形、半圆形等多种，以圆形为例，直径从10～250mm不等。此外，PVC管中含化学添加剂酞酸酯（增塑剂），对人体有毒害，一般用于排水管，不能用作给水管。

图8-42 PVC管

图8-43 PVC管

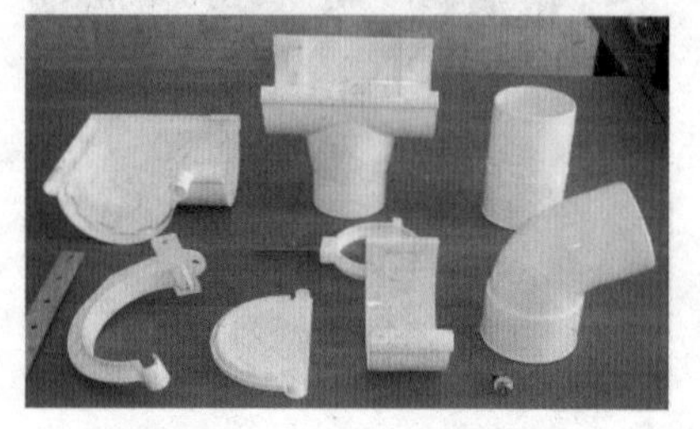

图8-44 PVC管接头配件

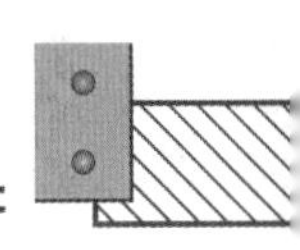

★思考题★

1. 生产轻钢龙骨的原料是什么?
2. 型钢有什么特性?
3. 铝合金与钛合金有什么区别?
4. 气排钉和射钉有什么区别?
5. 开关插座面板有哪些型号? 怎样合理选用?
6. 铝塑复合管有什么特性?
7. 金属软管有哪些用途?
8. PP-R管PVC管有什么区别?

熟记要点

选择PVC管的注意事项

选择PVC管时要注意管材上明示的执行标准是否为相应的国家标准，尽量选择国家标准产品。优质管材外观应光滑、平整、无起泡，色泽均匀一致，无杂质，壁厚均匀。管材有足够的刚性，用手挤压管材，不易产生变形，直径50mm的管材，壁厚至少需有2.0mm以上。

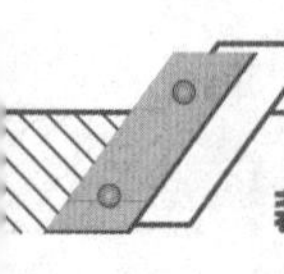

第九章 油漆涂料

(a)

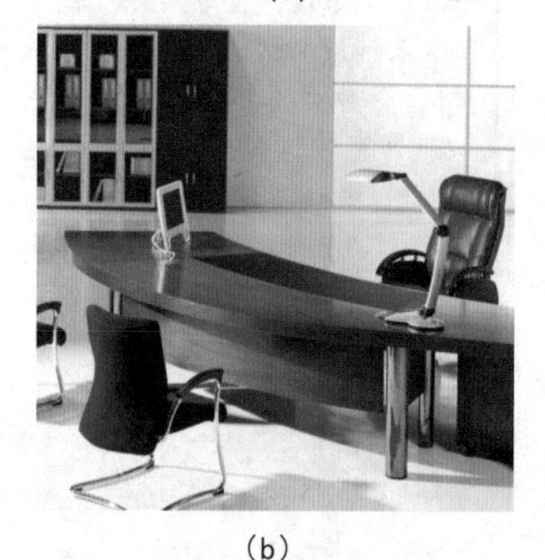

(b)

(c)

图9-1 家具涂饰油漆

油漆涂料，在我国传统行业内都称为油漆，这种材料可以用不同的施工工艺涂覆在物件表面，形成粘附牢固、具有一定强度和连续性的固态薄膜，这样形成的膜通称为涂膜，又称为漆膜或涂层（见图9-1）。

随着科学技术的发展，各种高分子合成树脂研制成功并广泛应用于制漆业，油漆的保护功能、装饰功能也得到了更科学的运用和发展。今天，“油漆”这一传统名称已经不能科学、全面地概括涂装材料的全部含义，作为所有涂装材料科学新名称的“涂料”也就应运而生，走进千家万户。但是由于习惯原因，现在很多人仍然将油性的涂料叫作油漆，例如：清漆、调和漆等；把水性涂料称之为涂料，例如：乳胶漆、真石漆等。不论是传统的以天然物质为原料的油漆产品，还是现代发展中的以合成化工产品为原料的涂料产品，都属于有机高分子材料，所形成的涂膜属于高分子化合物类型。油漆涂料是装饰装修的必备材料，是装修的外饰面工程，直接决定装饰装修的最终效果。油漆涂料的主要功能有以下几种。

1. 保护功能

油漆涂料具有防腐、防水、防油、耐化学品、耐光、耐温等特点。物件暴露在大气之中，受到氧气、水分的侵蚀，会造成金属锈蚀、木材腐朽、水泥风化等破坏现象。在物件表面涂以涂料，形成一层保护膜，能够阻止或延迟这些破坏现象的发生和发展，使各种材料的使用寿命延长，所以，保护作用是油漆涂料产品的一个主要作用。

(a)

(b)

图9-2 墙面彩色乳胶漆

2. 装饰功能

油漆涂料具有颜色、光泽、图案和平整性等特点，不同材质的物件涂上涂料，可以得到五光十色、绚丽多彩的外观，起到美化人类生活环境的作用（见图9-2），对人类的物质生活和精神生活做出不容忽视的贡献。

3. 其他功能

油漆涂料具有标记、防污、绝缘等特点。就现代涂料而言，这种作用与前两种功能相比，越来越能显示其重要性。现代涂料品种能提供多种不同的特殊功能，例如：电绝缘、导电、屏蔽电磁波、防静电产生等作用；防霉、杀菌、杀虫、防海洋生物粘附等生物化学方面的作用；耐高温、保温、示温和温度标记、防止延燃、烧蚀、隔热等热能方面的作用；反射光、发光、吸收和反射红外线、吸收太阳能、屏蔽射线、标志颜色等光学性能方面的作用；防滑、自润滑、防碎裂飞溅等力学性能方面的作用；还有防噪声、减振、卫生消毒、防结露、防结冰等各种不同作用等。

图9-3 清油涂饰地板

图9-4 清油

第一节 清油清漆

1. 清油

清油又称熟油、调漆油，它是以精制的亚麻油等软质干性油加部分半干性植物油，经熬炼并加入适量催干剂制成的浅黄至棕黄色黏稠液体。清油一般用于调制厚漆和防锈漆，也可以单独使用，主要用于木制家具底漆，是装修中对门窗、护墙裙、暖气罩、配套家具等进行装饰的基本漆类之一，可以有效地保护木质装饰构造不受污染（见图9-3、图9-4）。

2. 清漆

清漆俗称凡立水，是一种不含颜料的透明涂料，是以树脂为主要成膜物质，分为油基清漆和树脂清漆两类。油基清漆含有干性油，树脂清漆不含干性油。常用的清漆种类繁多，一般多用于木器家具、金属构造的表面，尤其是门窗扶手等细部构造的涂饰（见图9-5），具有较好的干燥性。

图9-5 清漆涂饰楼梯

第二节 混油

混油又称为铅油，是采用颜料与干性油混合研磨而成的产品，外观黏稠，需要加清油溶剂搅拌方可使用（见图9-6）。这种漆遮覆力强，可以覆盖木质材料纹理，与面漆的黏结性好，经常用作涂刷面漆前的打底，也可以单独用作面层涂刷，但是漆膜

图9-6 混油

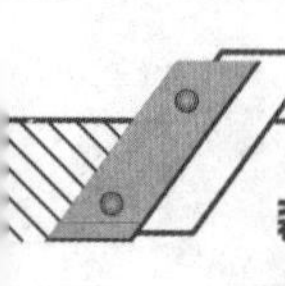

柔软，坚硬性较差，适用于对外观要求不高的木质材料打底漆和水管接头的填充材料。混油使用简单，色彩种类单一，传统的使用方法是直接涂刷在木质、金属构造表面，现在以混油装饰为主的装饰设计风格在众多的装饰风格中脱颖而出，它以丰富活泼的色彩，良好的视觉效果而深受大众喜爱（见图9-7、图9-8）。

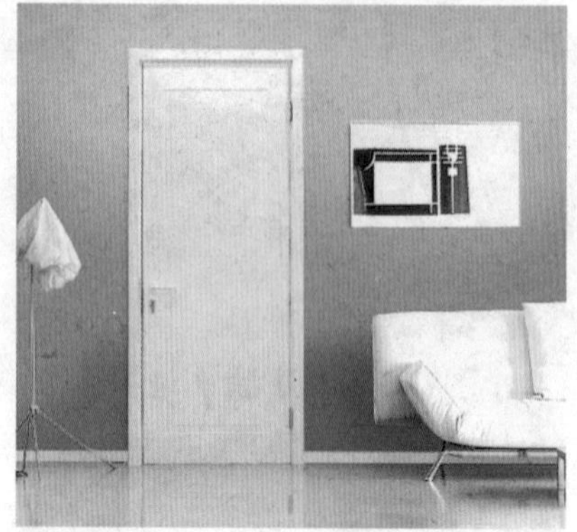

图9-7　混油涂饰房间门

图9-8　混油涂饰家具

混油工艺也有它的缺点：其一是漆膜容易泛黄，所以在施工中，最后在油漆中加入少许的黑漆或蓝漆压色，使油漆漆膜不容易在光照下泛黄；其二是在木材接口处容易开裂，所以在接口处一定要仔细，木线条一定要干燥，最后才能达到圆满的效果。

第三节　调和漆

调和漆是现代装饰使用最广泛的品种，它的名称源于早期油漆工人对油漆的自行调配（见图9-9）。现代调和漆是一种高级油漆，一般用作饰面漆，在生产过程中已经经过调和处理，相对于不能开桶即用的混油而言，它不需要现场调配，可直接用于装饰工程施工的涂刷。

图9-9　调和漆

传统的调和漆是用纯油作为漆料的，以后为了改进它的性能，加入了一部分天然树脂或松香酯作为成膜物质，考虑到这两类产品的区别，调和漆就分为油性调和漆和磁性调和漆两类。

油性调和漆是以干性油和颜料研磨后加入催干剂和溶解剂调配而成的，吸附力强，不易脱落、松化，经久耐用，但干燥、结膜较慢。磁性调和漆又称为磁漆，是用甘油、松香酯、干性油与颜料研磨后加入催干剂、溶解剂配制而成的，其干燥性能比油性调和漆要好，结膜较硬，光亮平滑，但容易失去光泽，产生龟裂。

图9-10　水性漆

近年来，市场上出现了水性漆，它是以水作为稀释剂的漆。水性漆一般可分为三类：一类是以丙烯酸为主要成分，主要特点是附着力好，不会加深木器的颜色，但耐磨及抗化学性较差，因其成本较低且技术含量不高，成为目前市场上的主要产品；二类是以丙烯酸与聚氨酯的合成物为主要成分，特点除了秉承丙烯酸漆的特点外，又增加了耐磨及抗化学性强的特点；三类是完全的聚氨酯水性漆，其耐磨性能高于普通油性漆的几倍，为水性漆中的高级产品。

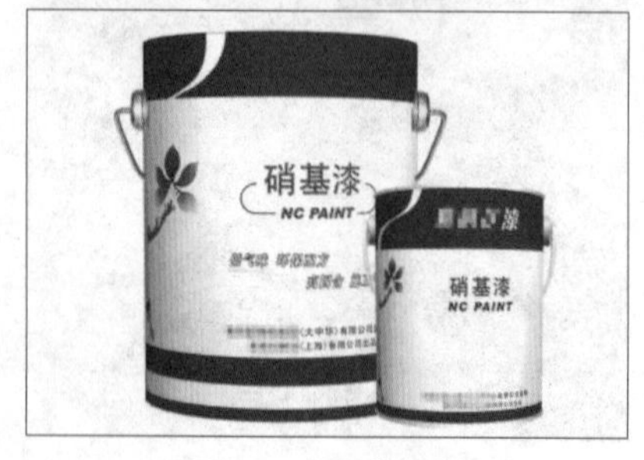

图9-11　硝基漆

水性漆（见图9-10）无毒环保，不含苯类等有害溶剂，施工简单方便，不易出现气泡、颗粒等油性漆常见毛病，且漆膜手感好。水性漆使用后不黄变，耐水性优良，不燃烧，并且可与乳胶漆等其他油漆同时施工，但是部分水性漆的硬度不高，容易出划痕。中高档调和漆在市场上成套装销售，一般包括面漆、调和剂及光泽剂等，适用于室内外金属、木材及墙体表面。

1. 硝基漆

硝基漆属于调和漆，是一种由硝化棉、醇酸树脂、增塑剂及有机溶剂调制而成的透明漆，属挥发性油漆，具有干燥快、光泽柔和等特点，是目前比较常见的木器及装修用涂料（见图9-11、图9-12）。硝基清漆分为亮光、半亚光和亚光三种，可根据需要选用。硝基漆也有其缺点：高湿天气易泛白、丰满度低，硬度低。硝基漆的主要辅助剂有以下几种。

（1）天那水 是由酯、醇、苯、酮类等有机溶剂混合而成的一种具有香蕉气味的无色透明液体，主要起调合硝基漆及起固化作用。

（2）化白水 也叫防白水，术名为乙二醇单丁醚，在潮湿天气施工时，漆膜会有发白现象，适当加入稀释剂量10%～15%的硝基磁化白水即可消除。

硝基漆的优点是装饰作用较好，施工简便，干燥迅速，对涂装环境的要求不高，具有较好的硬度和亮度，不易出现漆膜弊病，修补容易。缺点是固含量较低，需要较多的施工道数才能达到较好的效果；耐久性不太好，尤其是内用硝基漆，其保光保色性不好，使用时间稍长就容易出现诸如失光、开裂、变色等弊病；漆膜保护作用不好，不耐有机溶剂、不耐热、不耐腐蚀。硝基漆主要用于木器及家具的涂装、金属涂装、一般水泥涂装等方面。

2. 裂纹漆

裂纹漆是由硝化棉、颜料、体质颜料、有机溶剂，辅助剂等研磨调制而成的调和漆，也正是如此，裂纹漆具有硝基漆的一些基本特性，属挥发性自干油漆，无须加固化剂，干燥速度快。因此，裂纹漆必须在同一特性的一层或多层硝基漆表面才能完全融合并展现裂纹漆的裂纹特性。由于裂纹漆粉性含量高，溶剂的挥发性大，因而它的收缩性大，柔韧性小，喷涂后内部应力产生较高的拉扯强度，形成良好、均匀的裂纹图案，增强涂层表面的美观，提高装饰性（见图9-13）。

裂纹漆格调高贵、浪漫，极具艺术韵涵，裂纹纹理均匀，变化多端，错落有致，极具立体美感。效果自然逼真，极具独特的

图9-12 硝基漆涂饰家具

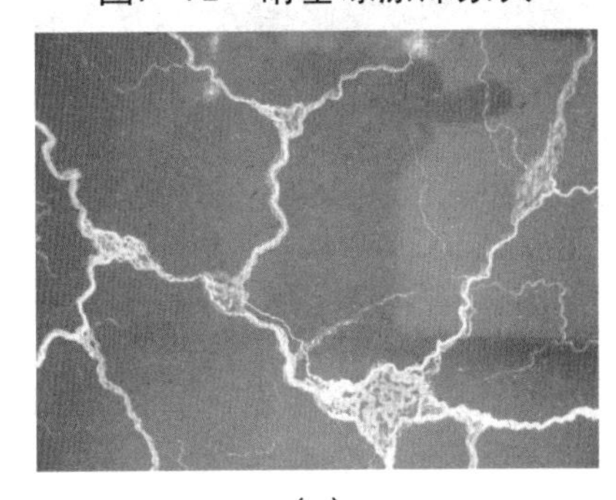

(a)

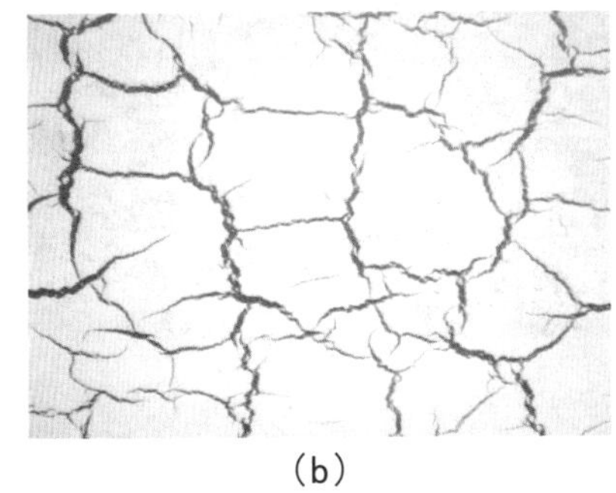

(b)

图9-13 裂纹漆

熟记要点

裂纹漆施工注意事项

由于裂纹漆图案是靠漆膜匀裂而呈现，因此，不能一次性喷得太厚，否则裂纹会很细甚至裂纹面不开裂，应该小心控制出油量及枪数，以选择最佳图案。裂纹漆对温度、湿度较为敏感，气温太低，裂纹细小甚至不开裂，气温太高，花纹较大。因此，环境湿度过大、温度过高、过低时均不宜施工，一般以温度25℃，相对湿度75%为佳。

艺术美感，为古典艺术与现代装修的结合品。

第四节　乳胶漆

图9-14　乳胶漆

乳胶漆又称为乳胶涂料、合成树脂乳液涂料，是目前比较流行的内、外墙建筑涂料（见图9-14）。传统用于涂刷内墙的石灰水、大白粉等材料，由于水性差、质地疏松、易起粉，已被乳胶漆逐步替代。

根据生产原料的不同，乳胶漆主要有聚醋酸乙烯乳胶漆、乙丙乳胶漆、纯丙烯酸乳胶漆、苯丙乳胶漆等品种；根据产品适用环境的不同，分为内墙乳胶漆和外墙乳胶漆两种；根据装饰的光泽效果又可分为无光、亚光、半光、丝光和有光等类型。

乳胶漆与普通油漆不同，它是以水为介质进行稀释和分解，无毒无害，不污染环境，乳胶漆的特点主要有以下几点：

（1）由于乳胶漆涂料以水为分散介质，不污染环境，安全、无毒，无火灾危险，属环保产品。

（2）施工方便，可以自己动手进行刷涂或辊涂施工，施工工具可以用水清洗干净。

（3）涂膜干燥快，施工工期短。在适宜的气候条件下，有时可在当天内完成涂料施工。

（a）

（b）

图9-15　彩色乳胶漆墙面

（4）装饰性好，有多种色彩、光泽可以选择，装饰效果清新、淡雅。近年较为流行的丝面乳胶漆，涂膜具有丝质亚光，手感光滑细腻如丝绸，能给居室营造出一种温馨的氛围（见图9-15）。

（5）维修方面，要想改变色彩只需在原涂层上稍作处理，即可涂刷新的乳胶漆。在欧美发达国家，自己动手涂刷乳胶漆改变住房颜色，已成为一种家庭乐趣。

乳胶漆价格低廉，经济实惠，是现代装修墙顶面装饰的理想材料。市场上销售的乳胶漆多为内墙乳胶漆，桶装规格一般为5L、15L、18L三种，每升乳胶漆可以涂刷墙顶面面积为12~16m^2。乳胶漆使用方便，可以根据室内设计风格来配置色彩，品牌乳胶漆销售商提供计算机调色服务。

熟记要点

鉴别乳胶漆的方法

环保的乳胶漆应该是水性无毒无味的，打开桶盖时如果有刺激性气味或工业香精味，则不是理想的选择。优质乳胶漆的表面会形成很厚且有弹性的氧化膜，不易裂，而次品只会形成一层很薄的膜，易碎，具有辛辣气味。用木棍将乳胶漆拌匀，再用木棍挑起来，优质乳胶漆往下流时会成扇面形。优质乳胶漆涂刷到墙面上，用湿布擦拭，颜色光亮如新，而次品轻抹后就褪色。

第五节　真石漆

真石漆又称石质漆，是一种水溶性复合涂料，主要是由高分子聚合物、天然彩石砂及相关辅助剂混合而成。真石漆是由底漆层、真石漆层和罩面漆层三层组成。其中底漆层须采用具有抗碱封闭作用的底漆，隔绝并防止水分由基层混凝土渗入涂层，同时

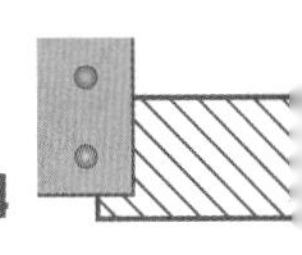

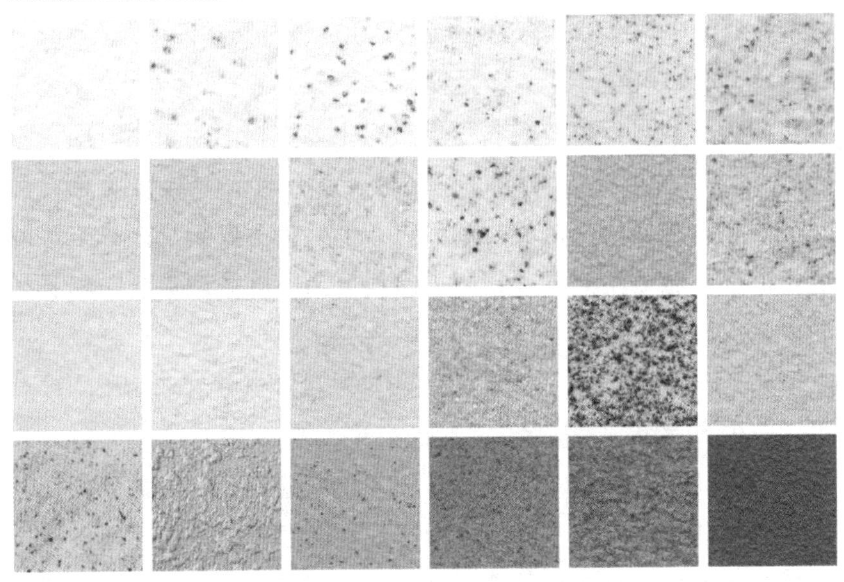

图9-16 真石漆样式

加强涂层与基面的附着力，避免涂层发生剥落。真石漆层是饰面形成各种图案并呈立体感的主体材料（见图9-16），也是起各种保护作用的涂层。罩面层是饰面保护层，它即能加强真石漆层的防水功能，又能提高涂层的耐候性、耐污染性，并能增强涂膜的硬度，使涂层表面增加光泽，便于清洗。

真石漆涂层坚硬、附着力强、黏结性好，耐用10年以上，防污性好，耐碱耐酸，且修补容易，与之配套施工的有抗碱性封闭底油和耐候防水保护面油。

真石漆最先用于建筑外墙装饰，近年来进入室内，它的装饰效果酷似大理石和花岗岩，主要用于客厅、卧室背景墙和具有特殊装饰风格的公共空间，除此之外，还可用于圆柱、罗马柱等装饰上，可以获得以假乱真的效果。在施工中采用喷涂工艺，装饰效果丰富自然，质感强，并与光滑平坦的乳胶漆墙面形成鲜明的对比（见图9-17）。

熟记要点

选购真石漆的注意事项

能够展现豪华庄重的装饰效果是真石漆得以广泛应用的重要原因，如果真石漆选择不恰当，将会大大影响装饰效果。要根据建筑物的特点，选择合适的真石漆。例如：表现建筑物的豪华庄重，可以选择花岗岩纹理真石漆；如果是高层建筑，则一定要选择附着力强的真石漆。

此外，由于每批产品难免会有误差，因此在选购真石漆时，尽可能一次订足货物，否则多个批次之间可能出现色差，影响装饰效果。真石漆的施工效果与施工工人的喷涂水平大有关系，因此在选择产品时要考虑涂料企业是否有能力提供优秀的涂装服务。

图9-17 真石漆涂饰墙面

第六节 特种涂料

1. 防锈漆

防锈漆一般分为油性防锈漆和树脂防锈漆两种。油性防锈漆是以精炼干性油、各种防锈颜料和体质颜料经混合研磨后，加入溶解剂、催干剂制成，其油脂的渗透性、润湿性较好，结膜后能充分干燥，附着力强，柔韧性好。树脂防锈漆是以各种树脂为主要成膜物质，表膜单薄，密封性强（见图9-18）。

图9-18 防锈漆

防锈漆主要用于金属装饰构造的表面，如含铜、铁的各种合金金属。涂刷时一定要将构造表面处理干净，注意金属结构的边

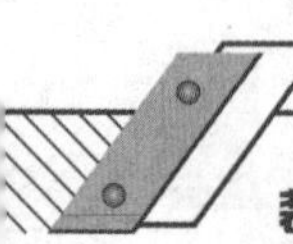

角和接缝，任何缝隙都有可能产生氧化，造成防锈漆脱落。

2. 防火涂料

防火涂料可以有效延长可燃材料（如木材）的引燃时间，阻止非可燃结构材料（如钢材）表面温度升高而引起强度急剧丧失，阻止或延缓火焰的蔓延和扩展，使人们争取到灭火和疏散的宝贵时间。根据防火原理把防火涂料分为非膨胀型涂料和膨胀型防火涂料两种。

（1）非膨胀型防火涂料是由不燃性或难燃性合成树脂、难燃剂和防火填料组成，其涂层不易燃烧（见图9-19）。

图9-19　防火涂料

（2）膨胀型防火涂料是在上述配方的基础上加入成碳剂、脱水成碳催化剂、发泡剂等成分制成，在高温和火焰的作用下，这些成分迅速膨胀形成比原涂料厚几十倍的泡沫状碳化层，从而阻止高温对基材的传导作用，使基材表面温度降低。

在装饰工程中，防火涂料一般涂刷在木质龙骨构造表面，也可以用于钢材、混凝土等材料上，提高使用的安全性。

3. 防水涂料

早期的防水涂料以熔融沥青及其他沥青加工类产物为主，现在仍在广泛使用。近年来以各种合成树脂为原料的防水涂料逐渐发展，按其状态可分为溶剂型、乳液型和反应固化型三类。

（1）溶剂型防水涂料是以各种高分子合成树脂溶于溶剂中制成的防水涂料，能快速干燥，可低温施工，常用的树脂种类有：氯丁橡胶沥青、丁基橡胶沥青、SBS改性沥青、再生橡胶改性沥青等。

（2）乳液型防水涂料是应用最多的品种，它以水为稀释剂，有效降低了施工污染、毒性和易燃性。主要品种有：改性沥青防水涂料（各种橡胶改性沥青）、氯偏共聚乳液、丙烯酸乳液防水涂料（见图9-20）、改性煤焦油防水涂料、涤纶防水涂料和膨润土沥青防水涂料等。

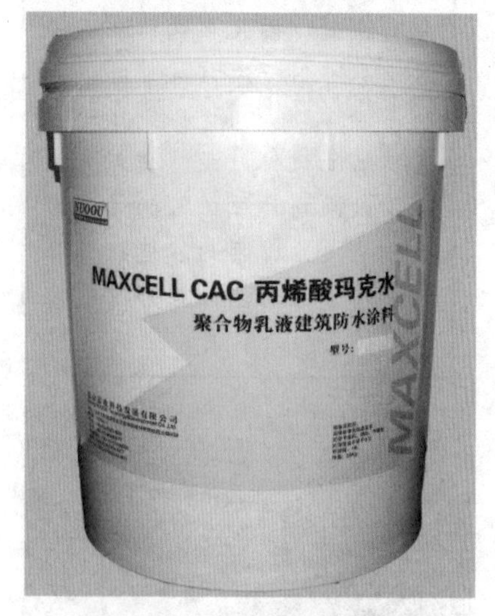

图9-20　乳液型防水涂料

（3）反应固化型防水涂料是以化学反应型合成树脂（如聚氨酯、环氧树脂等）配以专用固化剂制成的双组分涂料，是具有优异防水性和耐老化性能的高档防水涂料（见图9-21）。

图9-21　反应固化型防水涂料

防水涂料的施工要严谨，不放过任何边角和接缝，一般用于卫生间、厨房及地下工程的顶、墙、地面。

4. 发光涂料

发光涂料是指在夜间能指示标志的一类涂料，具有耐候、耐油、透明、抗老化等优点。发光涂料一般有两种：蓄发性发光涂

图9-22　发光涂料

料和自发性发光涂料（见图9-22）。

（1）蓄发性发光涂料是由成膜物质、填充剂和荧光颜料等组成，之所以能发光是因为含有荧光颜料的缘故。当荧光颜料（主要是硫化锌等无机颜料）的分子受光的照射后而被激发、释放能量，夜间或白昼都能发光，明显可见。

（2）自发性发光涂料除了蓄发性发光涂料的成分外，还加有极少量的放射性元素。当荧光颜料的蓄光消失后，因放射物质放出射线的刺激，涂料会继续发光。

发光涂料主要适用于办公室、展厅、酒店、商场的招牌及交通指示器、门窗把手、钥匙孔、电灯开关等需要发出各种色彩和明亮反光的场合。

5. 防霉涂料及灭虫涂料

防霉涂料以不易发霉材料（硅酸钾水玻璃涂料、氧乙烯偏氯乙烯共聚乳液）为主要成膜物质，加入两种或两种以上的防霉剂（多数为专用杀菌剂）制成，具有良好的装饰效果，对蚊、蝇、蟑螂等害虫有速杀和驱除功能（见图9-23）。防霉涂料适用南方炎热潮湿地区的住宅、医院、宾馆、仓库等易产生霉变的室内空间。

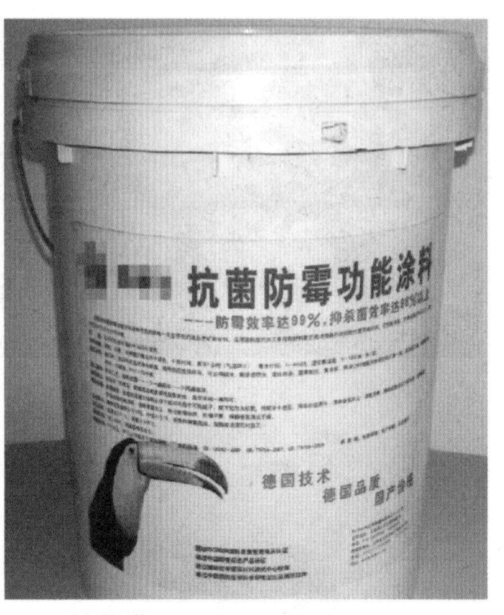

图9-23 防霉涂料

★思考题★

1. 清油与清漆有什么区别?
2. 调和漆的使用特点是什么?
3. 乳胶漆有什么特性?
4. 防水涂料有哪几种类型?

第十章 胶粘剂

胶粘剂用于粘结装饰材料之间的衔接部位，人类使用胶粘剂已有数千年的历史，从最原始的天然动、植物胶液，到今天的高分子合成粘结剂，不断变更发展，目前，已经成为装饰材料及构造中一种不可缺少的材料（见图10-1）。胶粘剂的粘结方式与传统的钉接、焊接、铆接相比，具有很多优点，如接头分布均匀，适合各种材料，操作灵活，使用简单，当然也存在一些问题，如粘结强度不均，对使用温度和寿命有限定等。

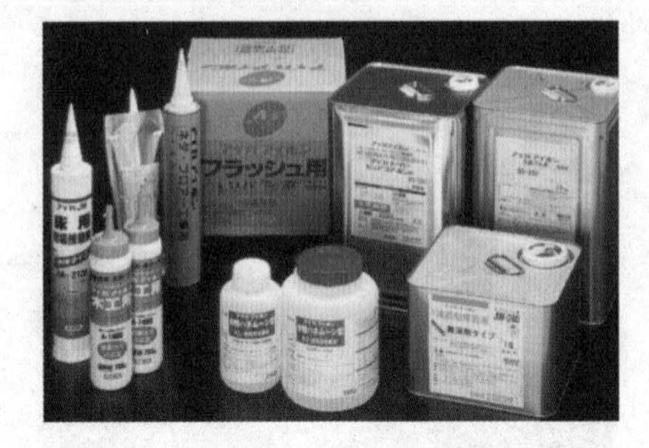

(a)

(b)

图10-1 胶粘剂

胶粘剂品种繁多，组成不一，但通常都是一种混合料，由基料、固化剂、促进剂、填料、增塑剂、增韧剂、稀释剂和其他辅料配合而成。

1. 基料

基料又称黏料或主剂，是胶粘剂的基本成分，要求有良好的黏附性和湿润性。作为基料的物质有无机化合物，如硅酸盐、磷酸盐等；天然高分子物质，如淀粉、蛋白质、天然橡胶等；合成高分子物质，如合成树脂、合成橡胶等。

2. 固化剂

图10-2 固化剂

固化剂（见图10-2）又称硬化剂，是胶粘剂中最主要的配合材料。它的作用是使低分子化合物或线型高分子化合物交联成体型网状结构，使液态基料转达变成不熔的坚固胶层的化学物质，从而使粘结具有一定的力学强度和稳定性。

3. 促进剂

促进剂是加速胶粘剂中树脂与固化剂反应过程，缩短固化时间，降低固化温度，以及调节胶粘剂中树脂固化加速的组分。

4. 填料

加入适量的填料，可以提高胶粘剂的粘接强度、耐热性和尺寸稳定性等性能，还可以降低产品的成本。如果要提高胶粘剂的耐冲击强度，可以添加石棉纤维、玻璃纤维、铝粉及云母等；为了提高硬度和抗压性，可以添加石英粉、瓷粉、铁粉等；为了提高耐磨性，可以添加石墨粉、滑石粉、二硫化钼等。

5. 增韧剂

增韧剂是能够提高胶粘剂的柔韧性、改善胶层抗冲击性的物质，它与树脂起固化反应成为固化体系的一部分。增韧剂大都是黏稠液体，如低相对分子质量聚酰胺、聚硫橡胶等。合成橡胶和热塑性树脂

熟记要点

选择胶粘剂的原则

1. 考虑粘结材料的种类性质大小和硬度。

2. 考虑粘结材料的形状结构和工艺条件。

3. 考虑粘结部位承受的负荷和形式（拉力、剪切力、剥离力等）。

4. 考虑材料的特殊要求，如导电、导热、耐高温和耐低温等。

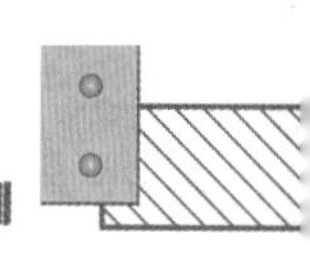

可以作为热固性合成树脂胶粘剂的增韧剂，增韧剂的加入对改善胶粘剂的脆性、避免开裂等效果好。

6. 增塑剂

增塑剂是一种高沸点液体或低熔点固体化合物，与基料有混容性，但是不参加固化反应，它能增加胶液的流动性，有利于浸润和扩散。

7. 稀释剂

稀释剂是用于降低胶粘剂的黏度，增加流动性，便于涂胶操作的物质。稀释剂可分为活性与非活性两类，活性稀释剂的分子中含有活性基团，既能降低胶液黏度，又能参与固化反应。

8. 其他辅料

为了改善胶粘剂的某一性能，有时还要加入一些特定的添加剂。例如：为了提高耐大气老化性，常在基料中加入防老剂；为了提高胶粘剂和被黏物表面的粘结力，通常加入少量偶联剂；为了提高原来不黏或难黏的材料之间的胶粘强度，加入增黏胶层不易燃烧，加入阻燃剂；为了防止细菌霉变，加入防霉剂；有时还加入染料或颜料等着色剂，可以改善胶粘剂的色调。

熟记要点

胶结材料的性质

1. 金属：金属表面的氧化膜经表面处理后，容易粘结；由于胶粘剂粘结金属的两相线膨胀系数相差太大，胶层容易产生内应力；另外金属粘结部位因水作用易产生电化学腐蚀。

2. 橡胶：橡胶的极性越大，粘结效果越好。其中丁腈氯丁橡胶极性大，粘结强度大；天然橡胶、硅橡胶和异丁橡胶极性小，粘结力较弱。另外橡胶表面往往有脱模剂或其它游离出的助剂，妨碍粘结效果。

3. 木材：属多孔材料，易吸潮，引起尺寸变化，可能因此产生应力集中。另外，抛光的材料比表面粗糙的木材粘结性能好。

4. 塑料：极性大的塑料其粘结性能好。

5. 玻璃：玻璃表面从微观角度是由无数部均匀的凹凸不平的部分组成，使用湿润性好的胶粘剂，防止在凹凸处可能存在气泡影响。另外，玻璃易脆裂而且又透明，选择胶粘剂时需考虑到这些。

第一节 瓷砖、石材胶粘剂

1. AH－03大理石胶粘剂

AH－03大理石胶粘剂是由环氧树脂等多种高分子合成材料组成的基材，再添加适量的增稠剂、乳化剂、防腐剂、交联剂及填料等配制而成的单组分白色膏状胶粘剂。它具有粘结强度高、耐水、耐气候、使用方便等特性，粘结强度大于20MPa，浸水强度达1MPa左右，适用于大理石、花岗石、马赛克、陶瓷面砖等与水泥基层的粘结。

2. TAM型通用瓷砖胶粘剂

TAM型通用瓷砖胶粘剂是以水泥为基材，用聚合物改性材料等掺加而成的一种白色或灰色粉末（见图10－3）。在使用时只需加水即能获得黏稠的胶浆，它具有耐水、耐久性好、操作方便、价格低廉等特点。TAM型通用瓷砖胶粘剂适用于在混凝土、砂浆基层和石膏板的表面粘贴瓷砖、马赛克、天然和人造石材等块料。用这种胶粘剂在瓷砖固定5min以后再旋转90°，而不会影响其粘结强度，室温28天剪切强度超过1MPa。

3. TAG型瓷砖勾缝剂

TAG 型瓷砖勾缝剂是一种粉末状物质，有各种颜色，能与各种

图10-3 石材胶粘剂

类型的瓷砖相适应，是瓷砖胶粘剂的配套材料，能保证勾缝宽度在3mm以下不开裂。它具有良好的耐水性，在游泳池等有防水要求的装饰工程中是一种理想的勾缝材料。

4. TAS型高强度耐水瓷砖胶粘剂

TAS型高强度耐水瓷砖胶粘剂是一种双组分的高强度耐水瓷砖胶粘剂，具有耐水、耐气候以及耐多种化学物质侵蚀等特点，可以用于厨房、浴室、卫生间等场所的瓷砖粘贴。它的强度较高，室温28天剪切强度超过2MPa，可以在混凝土、钢材、玻璃、木材等材料的表面粘贴墙面砖和地面砖（见图10-4）。

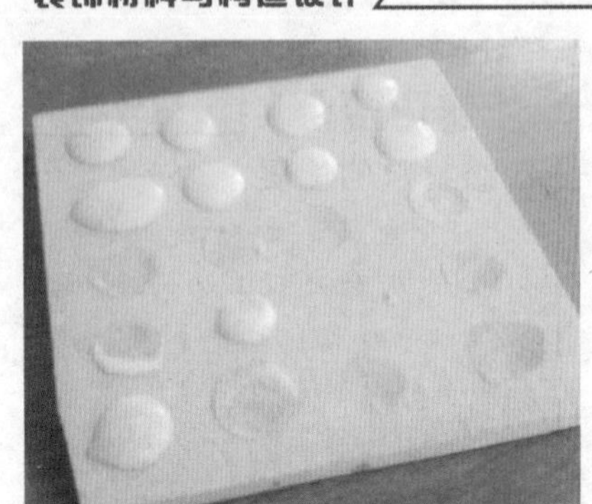

图10-4 石材涂胶水

5. SG－8407胶粘剂

SG－8407胶粘剂可以改善水泥砂浆的粘结力，提高水泥砂浆的防水性能，适用于在水泥砂浆、混凝土等基层表面上粘贴瓷砖、马赛克等材料。该胶在自然空气中粘结力可达1.3MPa，在30℃水中浸泡48h后粘结力可达0.9MPa。

图10-5 聚乙烯醇缩丁醛树脂

第二节 玻璃、有机玻璃胶粘剂

1. AE丙烯酸酯胶

AE丙烯酸酯胶是无色透明黏稠液体，可以在室温条件下快速固化，一般在4～8h内即可完成固化，固化后它的透光率和光线的折射率与有机玻璃材料基本相同。AE丙烯酸酯胶无毒、操作简便、粘结力强，在有机玻璃之间使用这种胶粘剂后其抗剪强度大于6.2MPa。有AE－01型和AE-02型两种，AE-01型适用于有机玻璃、ABS塑料、丙烯酸酯类共聚物等材料的粘结；AE－02型适用于有机玻璃、无机玻璃和玻璃钢等的粘结。

2. 聚乙烯醇缩丁醛胶粘剂

聚乙烯醇缩丁醛胶粘剂（见图10-5）是以聚乙烯醇在酸性催化剂存在的情况下与丁醛发生反应生成的，具有粘结力强、抗水、耐潮和耐腐蚀性良好等特点。粘结后的透光率、耐老化性能和耐冲击性能较好，适用于各类玻璃的粘结。该胶在干燥环境下放置2天剥离强度达0.5～1MPa。

图10-6 硅酮玻璃胶

3. 玻璃胶

硅酮玻璃胶（见图10-6、图10-7）是以硅橡胶为原料，加入各种特性添加剂制成，呈黏稠软膏状液体。从包装上可分为单组分和双组分，单组分的硅酮胶是靠接触空气中的水分而产生物理性质的改变；双组分则是指硅酮胶分成A、B两组，当两组胶浆混合后才能产生固化。目前，单组分的硅酮胶又可以分为酸性玻璃胶和中性玻璃胶，

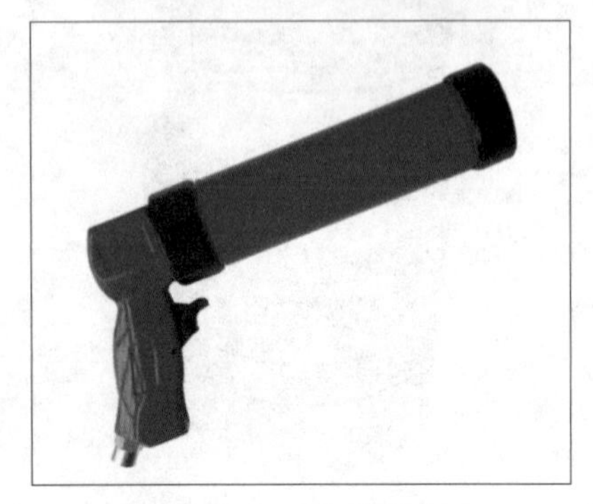

图10-7 玻璃胶枪

有黑色、瓷白、透明、银灰等多种色彩。

硅酮玻璃胶主要用于干净的金属、玻璃、不含油脂的木材、硅酮树脂、加硫硅橡胶、陶瓷、天然及合成纤维、油漆塑料等材料表面的粘结，也可以用于木线背面哑口处、厨卫洁具与墙面的缝隙处等。不同地方要用不同性能的玻璃胶，中性玻璃胶粘结力比较弱，不会腐蚀物体，而酸性玻璃胶一般用在木线背面的哑口处，粘结力很强。

第三节 塑料地板胶粘剂

塑料地板胶的品种很多，主要成分和特性也各不相同，下面分类介绍各种塑料地板胶。

1. 聚醋酸乙烯类胶粘剂

这是以醋酸乙烯共聚物乳液为基料配制而成的塑料地板胶粘剂（见图10-8），这类胶的主要特点是粘接强度高、无毒、无味、快干、耐老化、耐油等，而且兼有价格便宜、施工安全、简便、存放稳定、耐老化等优点。它主要适用于聚氯乙烯塑料地板、木制地板与水泥面的粘接，其中PAA胶粘剂还可用于水泥地面、菱苦土地面、木板地面胶贴塑料地板。聚醋酸乙烯类胶粘剂主要产品有水性10号塑料地板胶、PAA胶粘剂、水乳性地板胶粘剂、424A地板胶、4115胶粘剂等。

2. 合成橡胶类胶粘剂

这类胶粘剂是以氯丁橡胶为基料，加入其他树脂、增稠剂、填料等配制而成（见图10-9）。这类胶粘剂的主要优点是：固化速度快，粘合后内聚力迅速提高，初粘力高。

氯丁胶由于极性强，对大多数材料都具有良好的粘合力，具有较好的耐热性，耐燃性、耐油性、耐候性和耐溶剂性。氯丁胶的缺点是储存稳定性不好，低温性能不良，使用温度要求10℃以上。这类胶适用于半硬质、硬质、软质聚氯乙烯塑料地板与水泥地面的粘结，也适用于硬木拼花地板与水泥地面的粘贴，另外，还可以用于金属、橡胶、玻璃、木材、皮革、水泥制品、塑料和陶瓷等的粘合。

3. 聚氨酯类胶粘剂

聚氨酯是多元异氰酸酯与多元醇相互作用的产物，作为胶粘剂使用时，不是采用聚氨酯高聚物，而是采用端基分别是异氰酸基和羟基的两种低聚物。在胶结过程中，它们相互作用生成高聚物而硬化，多元异氰酸酯本身也可单独作为胶粘剂使用。

4. 环氧树脂类胶粘剂

国内外环氧树脂的品种很多，目前产量最大、使用最广的为双酚

熟记要点

Ab组分胶粘剂的使用原则

Ab组分胶粘剂在配比时，请按说明书的要求配比。使用前一定要充分搅拌均匀。不能留死角，否则不会固化。被粘物一定要清洗干净，不能有水分（除水下固化胶）。为了达到粘结强度高，被粘物尽量打磨，粘结部位设计的好坏，决定粘结强度高低。

胶粘剂使用时，一定要现配现用，切不可留置时间太长，如属快速固化，一般不宜超过2min。如要强度高、固化快，可视其情况加热，涂胶时，不宜太厚，一般以0.5mm为好，越厚粘结效果越差。为了使强度更高，粘结后最好留置24h。单组分溶剂型或水剂型，使用时一定要搅拌均匀。对溶剂型产品，涂胶后，一定要凉置到不太粘手，再进行粘合。

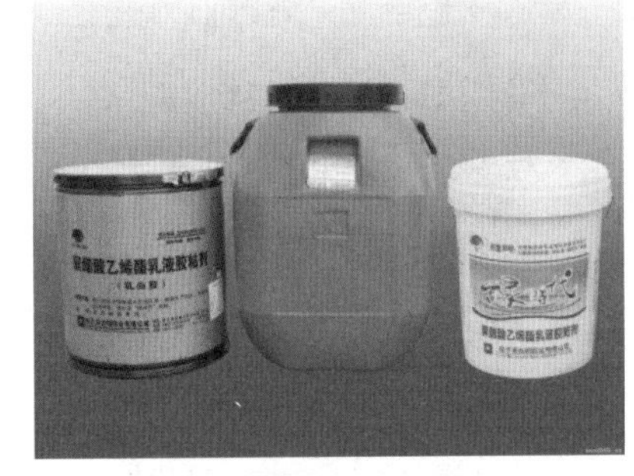

图10-8 聚醋酸乙烯类胶粘剂

图10-9 合成橡胶树脂胶粘剂

图10-10 双组分环氧树脂胶粘剂

A醚型环氧。它是由二酚基丙烷和环氧氯丙烷在碱性条件下缩聚而成的（见图10-10）。一般环氧胶均采用低相对分子质量环氧树脂，作为固体胶粘剂或热熔胶使用可以采用高相对分子质量环氧树脂。环氧树脂胶对各种金属材料和非金属材料如钢铁、铝、铜、玻璃、陶瓷、木材、水泥制品等均有良好的粘结性能，素有“万能胶”之称，是目前应用最广泛的胶种之一。

第四节 壁纸、墙布胶粘剂

1. 聚乙烯醇胶粘剂

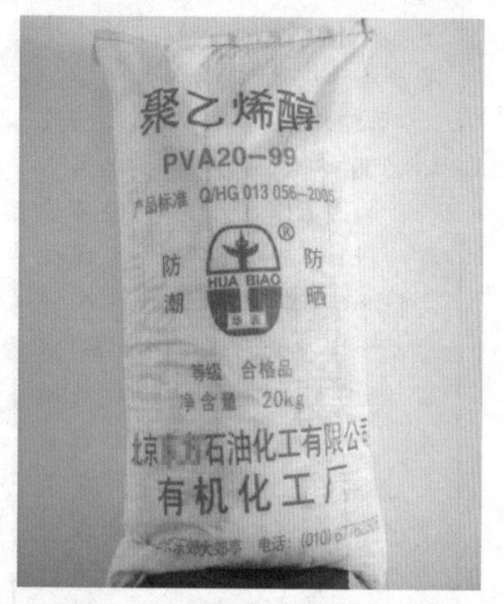

图10-11 聚乙烯醇胶粘剂

聚乙烯醇胶粘剂是以乳液状态存在和使用的一类粘合剂，它是由醋酸乙烯单体，以水为介质，加入乳化剂、引发剂及其他辅助材料，经乳液聚合而制成的高聚物（见图10-11）。这种乳液型胶粘剂与溶剂型胶粘剂相比主要优点是无毒、无火灾危险、黏度小、价格低廉。除此之外，它还具有初粘力较强、韧性较好、适用期长、对油脂有较好的抵抗力、粘合时对压力要求不严格等特点，但是主要缺陷是耐热性低、耐水性差、怕冻易干等。聚乙烯醇胶粘剂可以用于纸张、木材、皮革、泡沫塑料、纤维织物等多孔材料的粘合。

2. 801胶

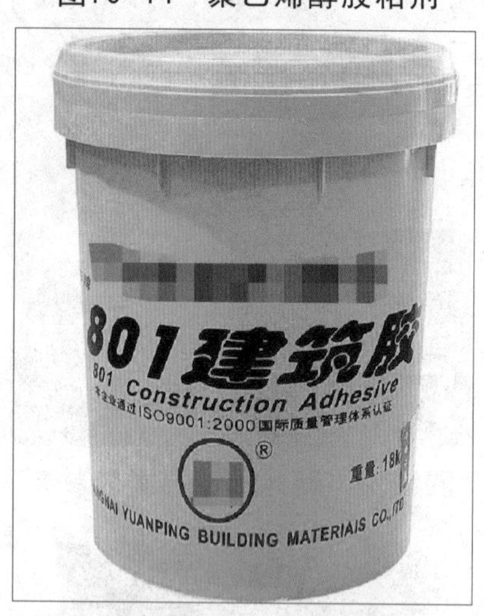

图10-12 801胶

801胶是由聚乙烯醇与甲醛在酸性介质中缩聚反应，再经氨基化后而成，外观为微黄色或无色透明胶体（见图10-12、图10-13）。801胶原料为聚乙烯醇、水、甲醛、尿素、盐酸和氢氧化钠等。

801胶具有毒性小、无味、不燃等优势，施工中无刺激性气味，其耐磨性、剥离强度及其他性能均优于107胶。但是在生产过程中仍然含有未反应的甲醛，游离甲醛含量小于1g/kg，含固量大于9%，pH为7~8。801胶主要用于墙布、墙纸、瓷砖及水泥制品的粘贴，也可以配制涂料腻子或添加到水泥砂浆中，以增强水泥砂浆或混凝土的胶粘强度，起到基层与涂料之间黏合过渡的作用。801胶的使用温度在10℃以上，储存期一般为6个月。

3. 粉末壁纸胶

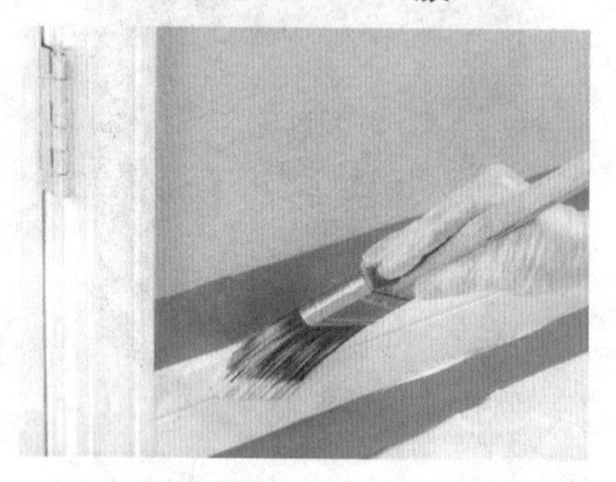

图10-13 胶水涂刷

粉末壁纸胶是一种新型的壁纸胶粘剂，主要分为甲基纤维素型和淀粉型两类（见表10-1），取代传统的液态胶水，其特点是粘结力好，无毒无害，使用方便，干燥速度快。

粉末壁纸胶（见图10-14)主要适用于水泥、抹灰、石膏板、木板墙等墙顶面粘贴塑料壁纸。调配胶浆时需要塑料桶和搅拌棍，根据胶粉包装盒上的使用说明加入适量清水，边搅动边将胶粉逐渐加入水中，直至胶液呈均匀状态为止。原则上是壁纸越重，胶液的加水量越小，但要根据胶粉包装盒上厂家说明书进行调配，务必采用干净的凉水，不可用温水或热水，否则胶液将结块而无法搅匀。在搅拌好的胶浆中加入胶粉会结块而无法再搅拌均匀，胶液不宜太稀，上胶量不宜太厚，否则容易影响粘贴质量。

图10-14 粉末壁纸胶

第五节 管道胶粘剂

1. 硬质PVC塑料管胶粘剂

硬质PVC塑料管胶粘剂种类很多，如816粘胶剂、901粘胶剂等其他各种进口产品（见图10-15），这类胶粘剂主要由氯乙烯树脂、干性油、改性醇酸树脂、增韧剂、稳定剂组成，经研磨后加有机溶剂配制而成，具有较好的粘结能力和防霉、防潮性能，适用粘结各种硬质塑料管材、板材，具有粘结强度高，耐湿热性、抗冻性、耐介质性好，干燥速度快，施工方便，价格便宜等特点。

表 10-1 粉末壁纸胶比较表

项 目	纤维素MC	淀粉Starch
主要性能	纯天然、无毒无味、防潮防霉、可抗温差变化和石灰，混凝土的碱性溶解方便，不易结块，粘贴力强	经济实用，使用方便、强力配方，粘贴牢固
pH值	中性	碱性
粉末保存	防潮，不结块	容易结块
胶液保存	时间很长	必须立即使用
潮湿环境中抗脱落	非常好	容易脱落
准备时间/min	25	5

PVC管、管件经过-15℃24h冷冻后再经室温30℃24h，反复20个循环，粘结处应不渗漏、不开裂。加热至50℃后放入20℃温水中反复20个循环，粘结处也不渗漏，不开裂。

图10-15 PVC塑料管胶粘剂

硬质PVC塑料管胶粘剂主要用于穿线管和排水管接头的粘结，施工时要使用砂纸将管道接触表面打毛，末端削边或倒角。胶结后在1min内固定，24h后方可使用。胶粘剂容器应该放置阴暗通风处，必须与所有易燃原料保持距离，置于儿童拿不到的地方。

2. ME型热熔胶

ME型热熔胶以乙烯——醋酸乙烯共聚物（见图10-16）为主体的单组分胶，具有耐酸、耐碱、耐老化、常温固化快、强度高等特点。这是一种固体状热熔型胶粘剂，它的抗剪强度≥3MPa，扯离强度≥280/cm，熔点70℃左右，主要用于聚丙烯、聚乙烯管材、板材的粘结，以及此类塑料与金属的粘结，使用时配合热熔胶枪使用（见图10-17）。

图10-16 热熔胶

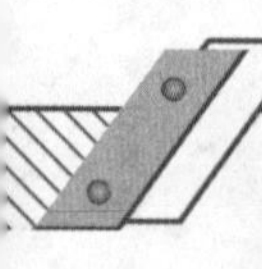

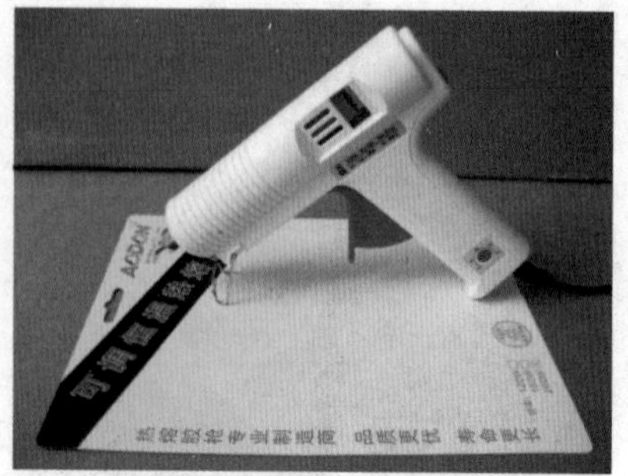

图10-17 热熔胶枪

图10-18 脲醛树脂胶粘剂

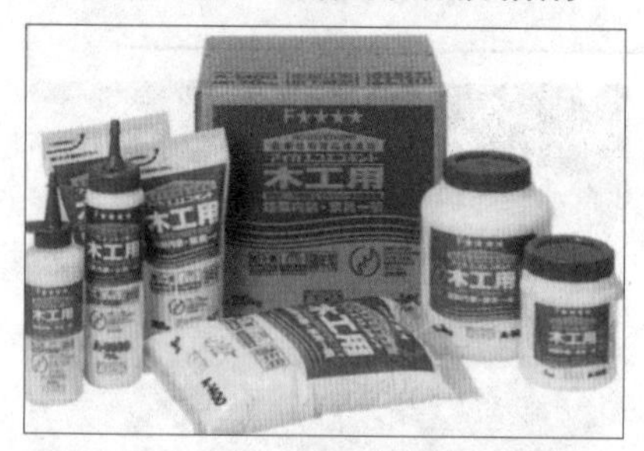

图10-19 脲醛树脂胶粘剂

图10-20 酚醛树脂

第六节 竹木胶粘剂

1. 脲醛树脂胶粘剂

脲醛树脂胶粘剂（见图10-18、图10-19）具有无色、无毒、耐光及价廉等特点。有如下几种品种：

（1）531脲醛树脂胶 可以在室温或加热条件下粘结，固化、干燥速度很快。

（2）563脲醛树脂胶 可以在室温或加热条件下粘结，耐水，防霉，耐侵蚀，固化干燥快。

（3）5001脲醛树脂胶 使用时调入适量氯化铵水溶液，以利常温下粘结固化。

（4）脲醛胶 分1~6种型号，是胶合板、刨花板等热压成型的胶粘剂。

2. 酚醛树脂胶粘剂

酚醛树脂（见图10-20）胶粘剂有良好的耐热、耐介质等性能，但是固化后胶层是脆性的，需加温加压固化，常用其他高分子化合物来改善性能，方可扩大应用。未改性的酚醛树脂胶粘剂主要用于粘结木材、泡沫塑料和其他多孔性材料，也可以用于制造胶合板。

（1）水溶性酚醛树脂 特点是以水为溶剂，使用方便，成本低于其他几种酚醛树脂，游离酚含量也较低，污染性小，使用时不加固化剂，加热即可固化，根据用途又有胶合板用和湿法纤维板用两种。

（2）醇溶性酚醛树脂 不溶于水，而溶于酒精，游离酚含量高，污染性大，成本比水溶性的高，树脂贮存稳定性好，适用于浸渍纸或木材，加热即可固化。

（3）钡剂酚醛树脂 是以氢氧化钡为催化剂制成的，不溶于水而溶于酒精等有机溶剂，其特点是黏度大，固体含量高，胶接强度好，但成本也高。它主要用于胶接压缩木、杆或高频胶接等结构件，使用时加入固化剂，一般常用苯磺酸或石油磺酸。

（4）低缩合酚醛树脂 它在低温弱碱性介质中反应而成，树脂是水溶性的，相对分子质量较小而均匀，适合于浸渍纸张，其成本较低，用于刨花板为基材的装饰板底层纸或其他用纸的浸渍。

（5）酚醛乳胶 是以聚乙烯醇为乳化剂制成的，其特点是固化速度快，黏度大，胶液不易渗透，因而不污染板面，预压性能好。使用时要加固化剂，最常用的为苯磺酸，同时还要加入防水剂，如硫酸铝等，热压固化。

3. 白乳胶

白乳胶又称为聚醋酸乙烯乳液，是一种乳化高分子聚合物，共聚

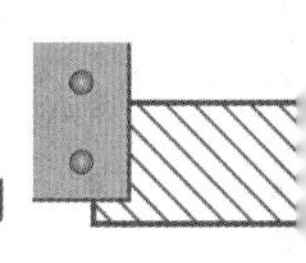

体简称EVA，它是由醋酸与乙烯合成醋酸乙烯，添加钛白粉或滑石粉等粉料，再经过乳液聚合而成的乳白色稠厚液体。白乳胶无毒无味、无腐蚀、无污染，是一种水性胶粘剂。

白乳胶的黏度不稳定，尤其在冬季低温条件下，常因黏度增高而导致胶凝，需加热之后才能使用，不仅给冬期施工带来许多不便，而且还影响黏合质量，因此，一般要求贮存条件在10℃以上。白乳胶在装饰装修工程中使用方便、操作简单，一般用作水泥增强剂、防水涂料、木材胶粘剂及木制品的粘结、墙面腻子的调和等。

七、多功能胶粘剂

1. 4115建筑胶粘剂

4115建筑胶粘剂对多种微孔建筑材料有良好的粘结性能，可以用于会议室、商店、工厂、学校、民用住宅中的顶棚、壁板、地板、门窗、灯座、衣钩、挂镜线等的粘贴。常用作木材与木材、木材与玻璃纤维增强水泥板、木材与混凝土、纸面石膏板之间、水泥刨花板之间的粘结。

2. 6202建筑胶粘剂

6202建筑胶粘剂是常温固化的双组分无溶剂触变环氧型胶粘剂，它的粘结力强，固化收缩小、不流淌、粘合面广，常用于水泥砂浆之间、混凝土之间及木材、钢材、塑料之间的粘结。使用方便、安全、易清洗，可以用于建筑五金的安装，电器的安装，及不适合使用钉接构造的水泥墙面使用。

3. SG791建筑胶粘剂

Sg791建筑胶粘剂是以聚醋酸乙烯酯和建筑石膏调制而成的，适用于各种无机轻型墙板、天花板的粘结与嵌缝，例如：纸面石膏板、石膏空心条板、加气混凝土条板、矿棉吸声板、石膏装饰板、菱苦土板等的自身粘结，以及与混凝土墙面、砖墙面、石棉水泥板之间的粘结。

4. 914室温快速固化环氧胶粘剂

914室温快速固化环氧胶粘剂是由新型环氧树脂和新型胺类经固化而组成的，分为A、B两组分，具有粘结强度高、固化速度较快，25℃，时经3h后即可固化，可以用于金属、陶瓷、木材、塑料等材料粘结。

5. Y-1压敏胶

Y-1压敏胶是由聚异丁烯橡胶和萜烯树脂所组成的压敏型胶粘剂（见图10-21），将该胶粘剂覆贴或涂布在被粘物上时，用手指的压

熟记要点

混凝土界面胶粘剂

1. A-1型水泥制品修补膏

该胶主要成分是多组分环氧树脂，并掺有表面活性剂、紫外线屏蔽剂、触变剂等多种成分，与混凝土、木材、金属、玻璃、陶瓷等多种材料有良好的粘结力，修补产品外观好、配制使用安全、方便，并能用于立面、天花板的修补。其粘结强度在20℃温度下经1天可达5MPa，经28天可达7.7MPa，固化收缩率为0.08%。

2. YH-82环氧树脂低温固化剂

这种环氧树脂胶可以在-10~5℃低温条件下固化，用它配制的环氧砂浆胶粘剂可以在低温条件下粘结、修补混凝土和钢筋混凝土构件，具有粘结强度高、配制容易、涂敷方便等特点。

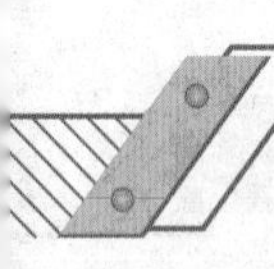

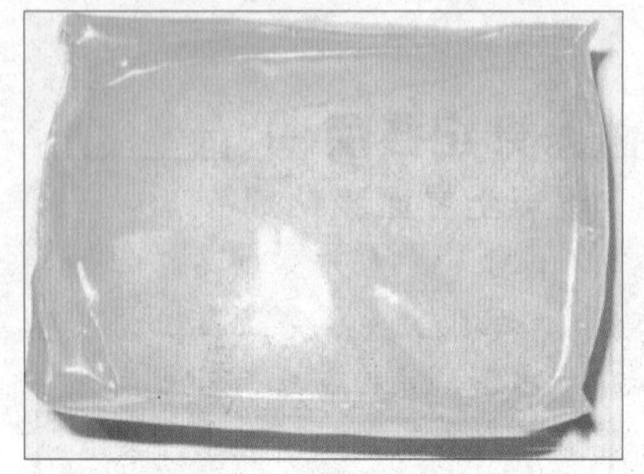

图10-21 压敏胶

力即可将被粘物粘在一起，当被粘物被拉开后，仍可用手指压力将压敏胶黏合在被粘物上，并可反复粘压。

6. 聚氯丁二烯胶粘剂

聚氯丁二烯胶粘剂适用面很广，属于独立使用的特效胶水，又称为万能胶（见表10-2）。目前，在装修领域使用较多的强力万能胶均采用聚氯丁二烯合成，是一种不含三苯（苯、甲苯和二甲苯）的以高质量活性树脂及有机溶剂为主要成分的胶粘剂。

聚氯丁二烯强力万能胶为浅黄色液态（见图10-22），含固量高，黏合力强，黏合速度快，黏性保持期长，抗潮湿抗油污，抗紫外线，耐热耐老化，在高温110℃以下灼热不易发泡开裂，在-20℃不易凝固老化。聚氯丁二烯强力万能胶适用于防火板、铝塑板、PVC板、胶合板、纤维板、地板、石棉板、墙纸、家具、瓷砖、有机玻璃片、玻璃、金属等多种材料的粘结，尤其常用于防火板、铝塑板、不锈钢板与木芯板之间的粘结。

图10-22 强力万能胶

★思考题★

1. 胶粘剂由哪些物质混合而成?
2. TAS型高强度耐水瓷砖胶粘剂的特点是什么?
3. 粉末壁纸胶主要分为哪两类?
4. 聚氯丁二烯胶粘剂用在哪些方面?

表 10-2 聚氯丁二烯强力万能胶应用表

粘接对象	使用方法
表面致密坚硬的被粘物，如金属薄板、铝塑板、瓷砖、有机玻璃等	先清除被粘物表面的锈渍、污渍、水分，稍加磨砂粗化后在被粘物表面均匀地涂上万能胶，晾置5～15min（冬季适当延长晾置时间），待胶层呈干膜状时，立即黏合，并施加适量的压力，使粘接面紧密地粘在一起
表面疏松或软质的被粘物，如PVC、防火板、胶合板、地板、墙纸等	一般视其受力、用途及被粘面松疏情况，分一次性涂胶和多次性涂胶（2～3遍胶），必须使上次所涂胶层不粘手时，再涂第二遍胶，再晾置，最后才施压，黏合
表面光滑且柔软的被粘物，如皮革、内胎、橡胶制品等	一般先去污，再用砂布砂磨粗化，涂2～3遍胶，再晾置，最后才施压，黏合
对于多孔纺织物、泡沫塑料的粘接，如地毯、聚氨酯泡沫、轻质发泡天花板等	一般涂胶 2～3 遍，并稍加晾置，即稍有点粘手即可黏合，因为多孔能使溶剂继续挥发，有利于粘接强度的提高

PPT课件二维码，请在计算机上阅读（11章-14章）

下篇 · 构造设计

PPT课件二维码，请在计算机上阅读（15章-18章）

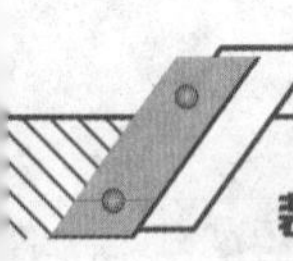

第十一章　构造设计概述

图11-1　装饰书架构造

构造设计是使用装饰材料对室内外环境空间进行装饰装修的构造做法，它是以装饰材料为物质媒介，以施工工艺为技术支持的设计学科。

装饰装修工程技术非常复杂，它所涉及的装饰材料品种繁多，必须在构造设计中得到完善解决。功能、技术、审美是构造设计的三大要素，构造设计首先需要解决承重、抗压等物理问题，其次选择适当的操作手段，在经济、高效、集约的前提下完成施工，最终满足人们的使用需求和审美意识（见图11-1）。

构造设计是室内外装饰设计的最后一道工序，需要设计师将装饰设计的创意构思通过详细的施工图纸准确无误地表达出来，这时，要将很多初步设计没有考虑到的因素都归纳进来，例如：不同工种的协调、具体材料的选用与连接、细部尺寸的量化、施工的方式方法等，都要一一考虑。因此，没有相应的基础知识及实践经验是很难入手的，需要我们一丝不苟地学习。

熟记要点

装修标准图集

为了提高我国装饰工程的设计水平，统一施工标准和方法，中国建筑标准设计研究院请中国建筑设计研究院环境艺术设计研究院组织国内数家室内设计公司，经历近两年的时间编制出版了《内装修》（03J502-1～3）。这套新国标图集共3本，分别包含内墙、吊顶和楼地面三大类内装修做法，初步解决了我国装饰装修设计无国标图集作为依据的问题。

这套图集门类齐全，内容丰富，在构造设计中可以直接将构造图块用于设计图纸中，能大幅度提高工作效率。

第一节　构造设计因素

在进行装饰构造设计时，首先要了解构成因素，这主要包括：功能因素、安全因素、材料因素、技术因素和经济因素五个方面。

1. 功能因素

装饰构造设计首先应该满足人们日常生活、工作的要求，提供一个供人使用且舒适的空间环境。这种要求对装饰工程的影响特别明显，例如：会议室、报告厅的墙、顶面装饰构造除了满足美观需求外，还要考虑隔音效果，在墙、顶面装饰构造中加入适当的吸声材料。吸声材料的种类繁多，不同的材料会呈现出不同的构造工艺，最终的装饰效果也截然不同（见图11-2）。

图11-2　会议室装饰

此外，装饰构造设计还要保证建筑主体不受外界侵害。构造形体直接暴露在空气中，木质有机纤维材料会由于微生物的侵蚀而腐朽；钢铁等金属配件会生锈，石材、砖材会产生风化现象等。这些就需要在构造设计中精心考虑，对重点部位作特殊处理，例如木地板铺设的墙角处存在缝隙，容易被灰尘污染，需要设计踢脚板来遮掩，既能保洁，又能保护墙角和地板边缘不被磨损。这些细节的功能效应需要时刻关注。

2. 安全因素

装饰构造设计得是否合理，直接关系到环境空间的使用安全，装饰工程一旦竣工并投入使用，就很难让它停止运转，如果存在安全隐患，就会给我们的生活、工作带来不必要的损失。首先，必须处理好装饰结构与建筑主体的关系，由于装饰材料大多依附在建筑主体结构上，所以，必须先确定主体结构是否能承受得住这些附加荷载，其次，要将附加荷载通过合适途径传递给主体结构，避免在装饰过程中对主体结构产生破坏。

3. 材料因素

装饰装修工程的质量、效果和经济性在很大程度上取决于对材料的选择是否合理。由于装饰材料的档次不同，中低档价格的装饰材料普及率较高，应用广泛，而高档装饰材料，特别是名贵装饰板材，在装饰构造中一般起点缀作用，常用于视觉中心等重点部位。高档装饰材料运用关键在于构思和创意，简单堆砌并不能形成良好的环境氛围，中低档装饰材料只要搭配合理，也能达到雅俗共赏的装饰效果（见图11-3）。我国地大物博，各地区都有丰富的、具有特色的建筑装饰材料，因此，利用产地优势，就地取材，是创造装饰设计特色的良好渠道。

4. 技术因素

装饰施工是整个建筑工程中的最后一道工序，只有通过施工，构造才能变为现实。构造的细部设计正是为了正确施工而提供可靠的依据，只有将细部构造表达清楚，施工操作才能准确无误。同时，施工也是检验构造设计合理与否的主要标准之一，因此，设计师需要深入施工现场，通过观察实践，了解最新的施工工艺和技术，并结合现实条件构思设计（见图11-4），才能形成行之有效的构造方案，避免不必要的浪费，这对于保证工程质量、缩短工期、节省材料、降低造价，有着十分重要的意义。

5. 经济因素

装饰装修需要消耗大量的人力、物力和财力，但是由于环境空间的使用性质、使用对象和经济条件都不同，使得不同装饰工程的造价有很大差异。但是，这不意味着构造设计要多花钱和多用昂贵材料，也不意味着单纯地降低标准。构造设计不仅要解决各种不同装饰材料的使用问题，还要考虑这些材料的经济价值，要在现有的经济条件下，使用低价格，甚至低档装饰材料，通过精湛的构造设计来获取丰富的装饰效果，创造令人满意的环境空间（见图11-5）。

熟记要点

构造设计中的消防要求

在构造设计中，要注意装饰设计与建筑设计的协调一致，如果在建筑装饰中对原建筑设计中的交通疏散、消防处理随意改变，将会带来严重后果。例如：增加隔墙会减少疏散口或延长疏散通道；减少隔墙会增加防火分区面积；装饰构造也会减窄疏散通道或楼梯宽度；移动或遮挡消防设备等都会成为事故隐患。

装饰构造设计必须符合有关消防规范，并征得消防部门的同意，现代装饰特别是高档装饰，较多地使用了木材、布艺、不锈钢等易燃或易导热的材料，应该按消防规范的要求采取调整或处理措施。

图11-3 厨房装饰

图11-4 现场构思

图11-5 杉木板装饰卫生间

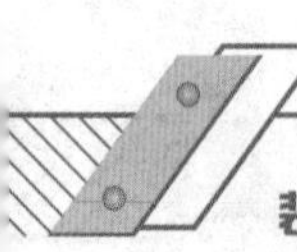

第二节　构造设计类型

装饰构造设计类型丰富，主要可以分为饰面构造和配件构造两大类。

1. 饰面构造

饰面构造又称为覆盖构造，是指覆盖在建筑构件表面，起到保护和美化作用的构造。饰面构造要处理好装饰构造内外连接的方法，它在装饰构造中占有很大比例，具有很强的代表性。

（1）连接牢靠 饰面层附着于结构层，如果构造措施处理不当，面层材料与基层材料膨胀系数不一，粘结材料的选择不当或受风化，都将会使面层剥落（见图11-6）。

图11-6　墙纸粘贴

（2）厚度与分层 饰面构造往往分为若干个层次。由于饰面层的厚度与材料的耐久性、坚固性成正比，因而在构造设计时必须保证它具有相应的厚度。

（3）均匀与平整 饰面的质量标准，除了要求附着牢固外，还应该均匀、平整，色泽一致，清晰美观。要达到这些效果，必须严格控制从选料到施工全过程。

图11-7　型钢焊接

2. 配件构造

配件构造，又称为装备式构造，是指通过各种加工工艺，将建筑装饰材料制成装饰配件，然后在现场安装，以满足使用和装饰需求的构造。

（1）塑造与铸造 塑造是指对在常温、常压下呈可塑状态的液态材料，经过一定的物理、化学变化过程的处理，使其逐渐失去流动性和可塑性而凝结成固体。铸造是生铁、铜、铝等可熔金属经常采用的成型工艺，在工厂制成各种花饰、零件，然后运到现场进行安装（见图11-7）。

图11-8　木材加工

（2）加工与拼装 木材与木制品具有可锯、可刨、可削、可凿等加工性能（见图11-8），还能通过粘、钉、开榫等方法，拼装成各种配件。

（3）搁置与砌筑 水泥制品、陶土制品、玻璃制品等，往往通过一些粘结材料，将这些分散的块材，相互搁置垒砌，并粘结成完整的砌体（见图11-9）。建筑装饰上常用搁置与砌筑构造的配件，主要有花格、隔断、窗台、窗套、砖砌壁橱、搁板等。

图11-9　砖墙砌筑

第三节、构造设计方法

装饰构造设计复杂多样，但是仍然有规律可遵循，按照现有的装饰材料特性，一般可以将装饰构造分为骨架层、基础层、装

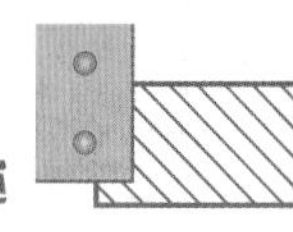

饰层三部分，围绕这三点来开展设计。

1. 骨架层

骨架层又称为龙骨层或固定承重层，它一般位于构造设计的最内部，也是深入设计工作的最开端，一般采用木质、金属骨架作支撑，将外部所有构造全部连接到建筑物上，与建筑物保持紧密接触。例如：要将天然石材挂接在建筑外墙上，必须先在外墙上安装型钢骨架，采用膨胀螺栓固定，保证石材能安全挂接。

2. 基础层

基础层能起到承上启下的作用，一般安装在骨架层外部，通过钉接、焊接或挂接的方式与骨架层保持紧密衔接，为最外部的装饰层提供一个完美的安装平台。基础层的概念一般比较模糊，对于工艺简单的构造，基础层与骨架层合二为一，直接与建筑物接触；对于工艺复杂的构造，基础层不仅独立，甚至会多层重复运用，满足外部装饰层的衔接。例如：铺设实木地板，简化安装工艺可以直接将木地板板块安装在木龙骨上，木龙骨既是骨架层又是基础层，而在标准装饰构造中却要在木龙骨上铺垫木芯板，针对潮湿的安装环境，甚至要交错铺垫多层木芯板和防潮毡，这时木芯板就独立于木龙骨，成为基础层。

3. 装饰层

装饰层又称饰面层，位于构造设计的表面，它安装在基础层或骨架层上，对内部构造起到保护、装饰作用，是整个构造设计的目的，它能体现设计师的设计意图和环境空间氛围，一般通过钉接、胶粘、卡口件连接等方式完成。例如：铝塑板采用胶粘剂粘贴到木芯板上的；装饰硅钙板最后反扣在轻钢龙骨上。

在构造设计中，一定要明确骨架层、基础层、装饰层三者之间的关系，要求在任何设计项目中都首先考虑它们的存在，依次紧密衔接，才能达到最终的设计目的。

★思考题★

1. 构造设计有哪些形成因素？
2. 饰面构造有哪些基本要求？
3. 怎样处理好构造设计中三层结构的关系？

熟记要点

饰面构造的分类

1. 罩面类饰面构造

罩面类饰面构造分为涂刷和抹灰两类。涂刷饰面是指将建筑涂料涂敷于构件表面，并能与基层材料很好地粘结而形成完整的保护膜。抹灰饰面是建筑物中用以保护与装饰主体工程而采用的最基本的装饰手段之一，根据部位的不同可将其分为外墙抹灰、内墙抹灰和顶棚抹灰。

2. 贴面类饰面构造

（1）铺贴：常用的各种贴面材料有瓷砖、陶砖、陶瓷锦砖等。为了加强粘结力，常在砖体背面开槽用水泥砂浆粘贴在墙上。

（2）裱糊：饰面材料呈薄片或卷材状，例如：粘贴于墙面的塑料壁纸、复合壁纸、墙布、绸缎等。地面粘贴防潮毡、橡胶板或各种塑料板等，可直接贴在找平层上。

（3）钉嵌：自重轻或厚度小、面积大的板材，例如：木制品、石棉板、金属板、石膏、矿棉、玻璃等，可以钉固于基层或加助压条、嵌条、钉头等固定。

3. 钩挂类饰面构造

钩挂的方法有系挂和钩挂两种。系挂用于较薄的石材或人造石等材料，厚度为20~30mm。在板材上方的两侧钻小孔，用铜丝、钢丝或镀锌铁丝将板材与结构层上的预埋铁件连接，板与结构间灌砂浆固定。钩挂用于较厚的石材或混凝土板材，厚度一般为30mm以上，采用成品金属挂钩将侧面开有凹槽的板材挂接在结构层上，无需使用胶凝材料粘结。

第十二章　楼梯台阶

图12-1　楼梯

图12-2　楼梯

熟记要点

楼梯的形式

楼梯的形式多样，在装修中大致分为一字形、L形、U形、旋转形。

1. 一字形楼梯方向单一，上下空间联系较强，但是占地面积较大，一般用于空间开阔的别墅。

2. L形楼梯中部设有90°歇步转角，可贴墙设置，有利于节约空间，可与装饰墙柜相结合，同时强化了楼上空间的私密性。

3. U形楼梯中设有180°歇步转角，用于面积狭窄的楼梯空间，节约占地面积，可与底层储藏间结合，也可在楼梯下方设置装饰景观造型。

4. 旋转形楼梯造型生动，可塑性强，节约空间，但是在设计和制作过程中应合理设置楼梯旋转半径，其半径一般不低于0.5m，过于狭窄会造成陡峭的视觉心理和不安全因素。

建筑中楼层之间的竖向联系，是依靠楼梯、电梯、自动扶梯、台阶、坡道、爬梯等竖向交通设施来达到的。楼梯由于不依赖动力，坡度合适，疏散能力强，占地少，造价低等相对优势，成为楼层建筑的必备交通设施。楼梯一般由梯段、平台和栏杆扶手三部分组成（见图12-1、图12-2）。

1. 梯段

梯段一般由踏步和梯斜梁（或梯段板）组成，它是联系两个不同标高平台的倾斜构件。梯斜梁及梯段板承受踏步面传来的荷载，并将其传递给上下平台梁。踏步是由水平的踏板和垂直的踢板组成的。梯段不宜过长，太长则行走时会产生疲劳感，一般不超过18步，但也不宜少于3步，因为步数太少则不易被人察觉，容易摔跤。

2. 平台

平台由平台梁和平台板组成，主要供人们行走时调剂疲劳及改变行进方向之用。平台有楼层平台和中间平台之分，与楼层标高平齐者称为楼层平台，两层之间的称为中间平台或休息平台。平台的净宽不得小于梯段的净宽。

3. 栏杆扶手

栏杆扶手是设在梯段及平台边缘的安全保护构件。当梯段宽度不大时，可只在梯段临空面设置。当梯段宽度较大时，非临空面也应加设靠墙扶手。当梯段宽度很大时，则需在梯段中间加设中央扶手。

在设计楼梯时，坡度不宜太大，同时要避免碰头。这不仅要考虑到老人和小孩，对于普通的成年人也是需要注意的事。普通空间内所设置的楼梯一般跨越层高3m，每级台阶高0.18~0.20m，台阶踏步宽度在0.25~0.28m之间，单人通行时，楼梯整宽0.6~0.9m，双人通行为1.1~1.4m，三人通行为1.6~2.1m，边侧栏杆高度不应低于0.9m。

楼梯不仅要结实、安全、美观，它在使用时还不应当发出过大的噪声。楼梯和家具一样，楼梯也是由材料组成的，实木的踏步也要经过油漆工序。此外，楼梯的所有部件应光滑、圆润，没有凸出、尖锐的部分，以免对使用者造成无意的伤害。

楼梯扶手的冷暖要注意，如果冬天较冷，需要考虑人体使用

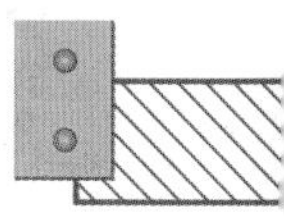

的舒适度问题。楼梯栏杆的宽度应考虑小孩夹头的可能性，栏杆垂直构件的间距不宜大于0.25m，以防使用时跌落摔伤。最后，选择楼梯还要把握好正确的安装方式，简洁的安装方式能在安装过程中将噪声和粉尘减少到最低程度。

图12-3 现浇钢筋混凝土楼梯

第一节 现浇钢筋混凝土楼梯

现浇钢筋混凝土楼梯（见图12-3）又称为整体式钢筋混凝土楼梯，它的强度大，结构整体性好，有良好的抗震性能。对于一些特殊的楼梯形式和梯间平面，可以通过现浇方式来实现。但是由于需要现场制作支撑模具（见图12-4、图12-5），所以模板耗费较大，施工周期长，不便做成空心构件，所以混凝土的用量和自重较大。按梯段的结构形式不同，现浇钢筋混凝土楼梯可分为梁板式和板式两种。

图12-4 钢筋混凝土骨架

1. 现浇梁板式楼梯

现浇梁板式楼梯在梯段板两侧设有斜梁（或一侧有斜梁，靠墙一侧支承在墙上），斜梁搭在平台梁上。荷载由踏步板经由斜梁再传到平台梁上，最后通过平台梁传给墙或柱。斜梁与踏步的位置关系有两种：一种是斜梁向上翻，这种形式踏步包在梁内，称为暗步，梁与踏步形成凹角，踏面打扫卫生不易，但不易朝梯井掉灰，板底比较平整，一般边梁的宽度要做得窄一些，必要时可以和栏杆结合。另一种是梁往下翻，上面踏步露明，称为明步，明步较为明快，梁不占梯段净宽，但在板下露出的梁所形成的阴角容易积灰（见图12-6）。

图12-5 钢筋混凝土模板

梁板式楼梯可以用于各种长度的梯段，用于较长梯段时受力合理，用料比较经济，缺点是模板比较复杂，当梯梁截面尺寸较大时，造型显得笨重。

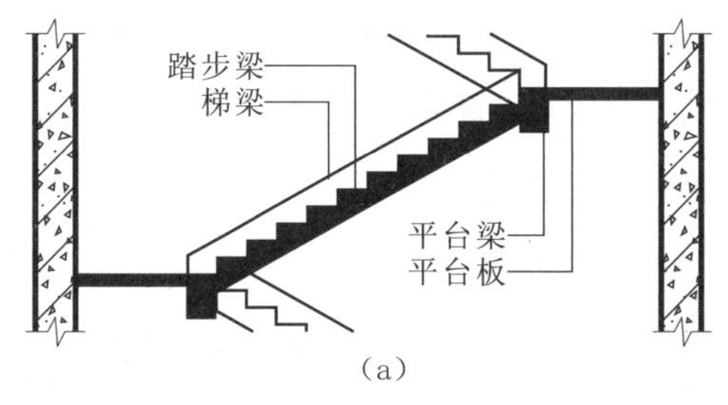

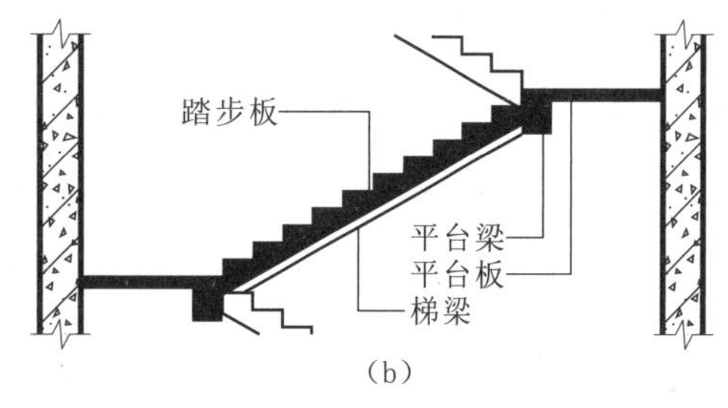

图12-6 钢筋混凝土现浇梁板式楼梯

（a）梯梁在上 （b）梯梁在下

2. 现浇板式楼梯

现浇板式楼梯的梯段为板式结构，荷载直接由梯段板传给平台梁，最后传到墙或柱上。这种楼梯底面平整光滑，踏步露

图12-7　混凝土灌浆

明，外形简洁，模板比较简单，但是由于没有梯梁，梯段板较梁板式楼梯厚，实际上踏步部分的三角形混凝土没有结构作用，是一种负担。如果梯段跨度过大，梯段板整体厚度增加，则会显得不经济。

这种楼梯形式的另一种做法是取消平台梁，将平台板和梯段板连在一起，形成折板结构，荷载直接传递到墙上。由于跨度增加，板厚比前者更大，混凝土和钢筋的用量也随之增加。板式楼梯只宜在梯段跨度不大时采用（见图12-7、图12-8）。

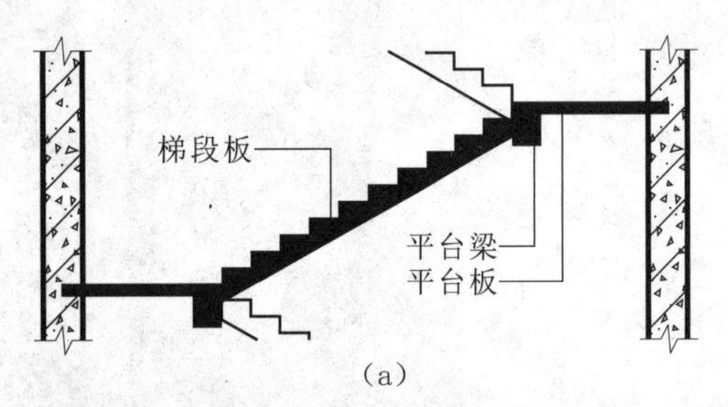

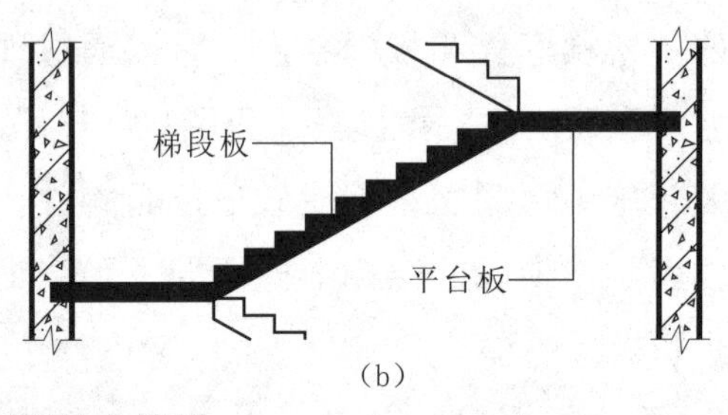

图12-8　钢筋混凝土现浇板式楼梯

(a) 有平台梁　(b) 无平台梁

图12-9　钢结构楼梯

第二节　钢结构楼梯

钢结构楼梯（见图12-9）是采用成品型钢搭配后焊接而成的新型楼梯，它在一定程度上取代了传统混凝土楼梯，施工简便，设计灵活，具有很强的适应能力，按照国家规范设计施工，使用寿命可达50年以上，楼梯的基本承压为400～600kg／m²，但是制作成本较高，随着钢材的价格浮动不均。

钢结构楼梯的设计要求非常严格，要根据楼梯的承载来选择型钢的规格（见图12-10），一般而言，在室内层高3～5m的空间里，楼梯主梁采用15#～18#工形钢，副梁采用8#～12#槽型钢，主、副梁间穿插4#～6#角钢或方钢，先用膨胀螺栓（见图12-11）将预埋件固定到沉重墙、梁或柱上。预埋件安装时要先去除墙皮，将预埋件裸露在外，以确定其具体位置和尺寸，做主梁下料、连接的依据，去除墙皮时按照原墙面的标记展开去除，以免造成不必要的墙皮脱落，预埋件按设计要求在墙面深处5mm处，其规格为100mm×200mm×10mm。

如果现场环境没有能承重的支撑构造，也可以利用15#～18#工型钢制作立柱，立柱底端焊接10mm厚钢板做基础，各构件之间进行360°满焊。钢结构主体完工后，刷防锈漆两遍，待干后即可以安装踏面板和踢面板了。

踏面板和踢面板可以有任意选择，根据环境空间的风格和使用要求来安装。古典风格一般安装实木板，以30mm厚的杉木板

熟记要点

钢结构楼梯主梁固定要点

主梁固定采用一托、二接、三加固方式固定。

1. 托：是指用≥7mm厚度角钢同预埋件焊接，然后再同主梁焊接；

2. 接：是指主梁截面同预埋件直接焊接；

3. 加固：是一种补偿措施，是指在工字钢立腰两侧加钢板以增大焊接面积，此措施可作为选择性措施，主要是针对跨度过大（≥4m）的空间而设计。主梁间距一般≤0.8mm，如果预埋件间距≤1m可加大副梁密度做补偿，间距超过1m，则必须增加一根主梁。

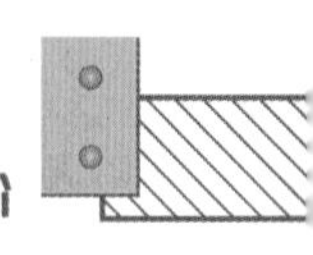

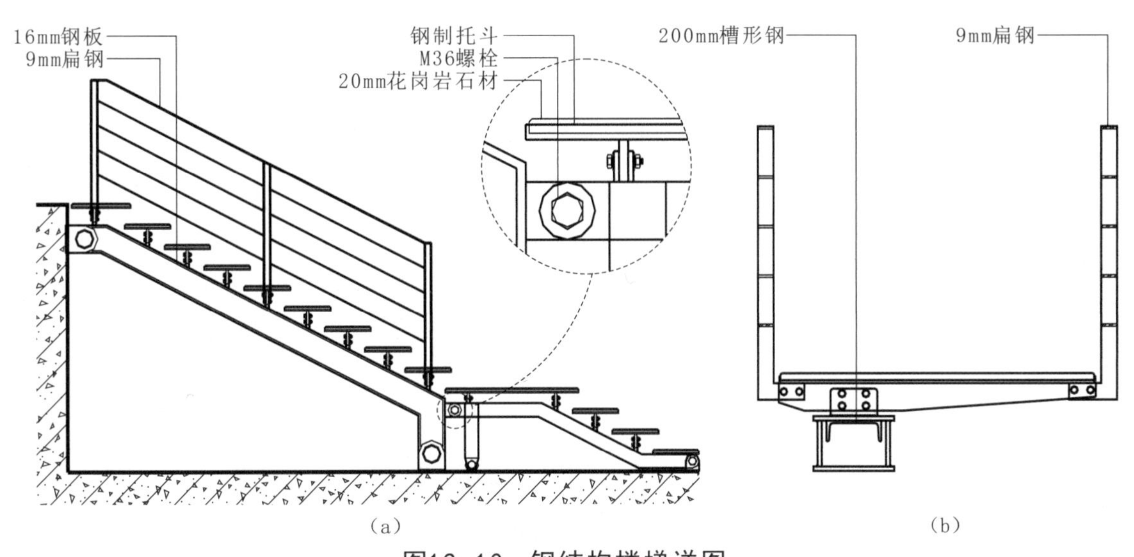

图12-10　钢结构楼梯详图

(a) 侧立面图　(b) 截面图

居多，在角形钢或方钢上开孔并使用螺丝固定，木板表面可以钉接木地板或直接涂刷地板漆。现代设计风格可以在楼梯构架上继续焊接6~8mm厚防滑钢板或穿孔钢板，甚至通过成品连接件安装15mm钢化玻璃或水泥板。楼梯扶手的构造和样式也可以根据具体装饰风格来设计。

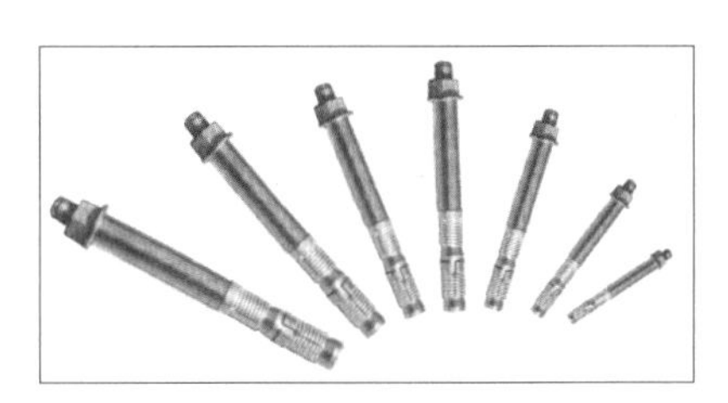

图12-11　固定螺栓

第三节　装配式成品楼梯

装配式成品楼梯最近几年非常流行，主要通过预制型钢与实木、玻璃（见图12-12）、塑料等材料组合，在工厂生产后运输到施工现场组装完成。成品楼梯形式典雅，结构轻盈，可设计的余地很大，一般用于住宅空间和小型商业空间，楼梯宽度一般不超过1m，使用膨胀螺栓直接固定在能承重的建筑构件上，此外，成品楼梯占用空间很小，最小的螺旋梯只占用直径为1.2m的空间（见图12-13）。

图12-12　成品楼梯

安装楼梯前要对现场环境作精确测量，采集所有楼梯洞口的数据，然后根据室内的整体风格和要求设计出方案，设计的形式及原理与钢结构楼梯基本相似，只不过是在车间里采用成品件来装配。成品楼梯的安装一般分为三次，一次安装是在做地面装修前，要进行主骨、地脚预埋，基层处理加固。二次安装是竣工前期，安装踏板，并采取保护板套，便于向楼上搬运大件家具。三次安装是在投入使用前进行安装收尾。验收时要注意，安装好的楼梯有没有损害墙面。成品楼梯的安装坡度一般为20°～45°，以30°为宜。踏步之间的高度为150mm、踏板宽度为300mm、长度为900mm是比较舒适的楼梯，栏杆的高度应保持在1m左右，栏

图12-13　成品螺旋楼梯

杆之间的距离不应大于150mm，质量好的楼梯每个踏步承重可以达到400kg。

楼梯安装完毕后，检查整体安装状况，楼梯安装标准后方可投入使用。清洁楼梯踏步时，用吸尘器或拧干的抹布除尘，不得用水冲洗。如果踏步上有特殊污渍，使用柔和中性清洁剂和温水擦拭，不得用钢丝球、酸和强碱清洁。木质楼梯受潮，木制构件易变形、开裂、油漆也会脱落。金属楼梯也有木质构件，而且金属受潮也会生锈，所以楼梯的日常清洁可用清洁剂喷洒在其表面然后用软布擦拭。此外，要经常检查各部件连接部位，防止松动或是被虫蛀蚀。因为楼梯在安装过程中，虽然已将它们紧紧连为一体，可是随着温度与湿度的不断变化，各构件都在发生细微的物理变化。木制楼梯加以金属或其他材质的构件，通常都会因为塌陷、磨损、虫蛀或是真菌的侵袭而受损，这些都可以自由修复。但更重要的是前期的保养，妥善保养可以在很大程度上延长楼梯的使用寿命。

熟记要点

成品楼梯安装注意事项

1. 根据设计选择各种材料，一般以实木和石材为主。实木楼梯主要采用花梨木、榉木、橡木等各种木材，但木质楼梯容易开裂、不易保养，价格也是最贵的，安装时需要保留一些变形空隙。石材楼梯一般以大理石为主，扶手为石头雕花，价格比实木便宜，但是较为沉重。

2. 楼梯的踏步板高度一般在18～23cm之间，太高太低都会带来使用上的不方便。玻璃踏板要选用钢化玻璃，必须经过防滑处理，其通光性及平整度较好，厚度最好为10mm+10mm夹胶玻璃，当表面受到冲击后，下层也能安然不动，增加安全系数。

3. 楼梯的防滑非常重要，一般在做踏步时都会有所处理，最好选用较为坚固的材料，否则容易滑倒受伤，主要办法有：防滑砂条、嵌金属条、打凹槽、贴颗粒、塑胶满铺、铺地毯等。并且要保证其他的部件光滑圆润，不要有凸出尖锐的棱角出现。

第四节 台阶坡道

1. 台阶

建筑物的室内外存在一定的高差，通常底层地面应高出室外地面至少0.15m，一般在0.3～0.5m，为了便于出入，必须设置台阶或坡道来解决。室外台阶的坡度比楼梯小，在15° ～20° 之间，每级台阶高度约为100～150mm，宽度为300～400mm；而室内外台阶踏步宽度不宜小于300mm，踏步高度不宜大于150mm，室内台阶踏步数不应少于2级。

室外台阶不应直接紧靠门口设置，一般应在出入口前留出1m宽以上的平台作为缓冲，人员密集的公共场所，例如：观众厅的入场门、太平门，在紧靠门口1.4m范围内不应设置踏步；室内外高差较少，不经常开启的外门可在距外墙面0.3m以外设踏步。入口平台的表面应做成向室外倾斜1%～4%的坡度，以利排水。

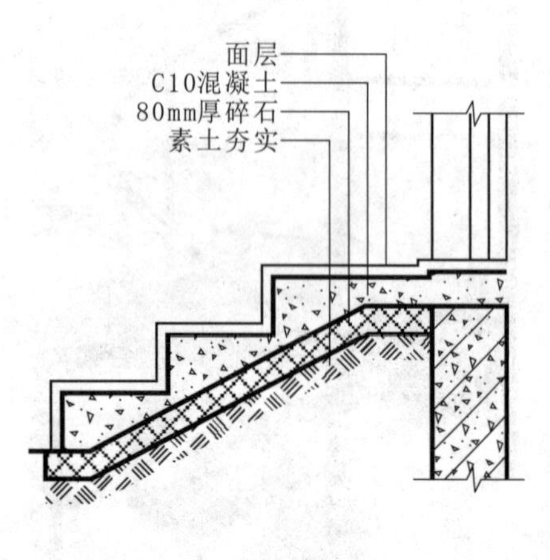

图12-14 混凝土台阶的构造

建筑物的室外台阶应采用抗冻性好和表面结实耐磨的材料，例如：混凝土（见图12-14）、天然石料、缸砖等。普通砖的抗水性和抗冻性较差，用来砌筑台阶、整体性差，容易损坏，目前已较少使用。使用较为广泛的是混凝土台阶，其表面可处理成各类适合于室外环境的面层。台阶的基础要牢固，较简单的做法是挖去腐殖土，做一垫层即可。若墙外回填土过多，为了避免沉陷，可以将台阶支承在梁上或地垄墙上，成为架空台阶。在寒冷

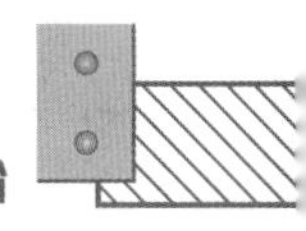

地区，如果台阶以黏土及亚黏土等冻胀土作为基础，很容易会引起破坏，通常采用换土法，以砂石类土换去冻胀土，以保证台阶的稳定性。

2.坡道

出入口处为了方便车辆上下平台，或便于搬运东西，或照顾到残疾人的通行需要，常设置坡道（见图12-15）。如果门厅规模较大，可以在平台两侧做坡道，正面做台阶上下（见图12-16）。一些建筑物，如,医院、停车库等，根据其使用要求应在室内设置坡道。

图12-15 坡道

图12-16 坡道

坡道的坡度不宜过大，室内坡道不宜大于1：8，室外坡道不宜大于1：10，供轮椅使用的坡道不应大于1：12。室内坡道水平投影长度超过15m时，宜设休息平台，其宽度根据使用要求定。

坡道应采取防滑措施，常用的方法有：面层每隔50~80mm划7mm深凹槽；面层做成锯齿状，称为礓擦；设置防滑条等（见图12-17）。坡道与室外台阶的要求基本相同，也要采用抗冻性好和表面结实耐磨的材料，如,混凝土、天然石料等。

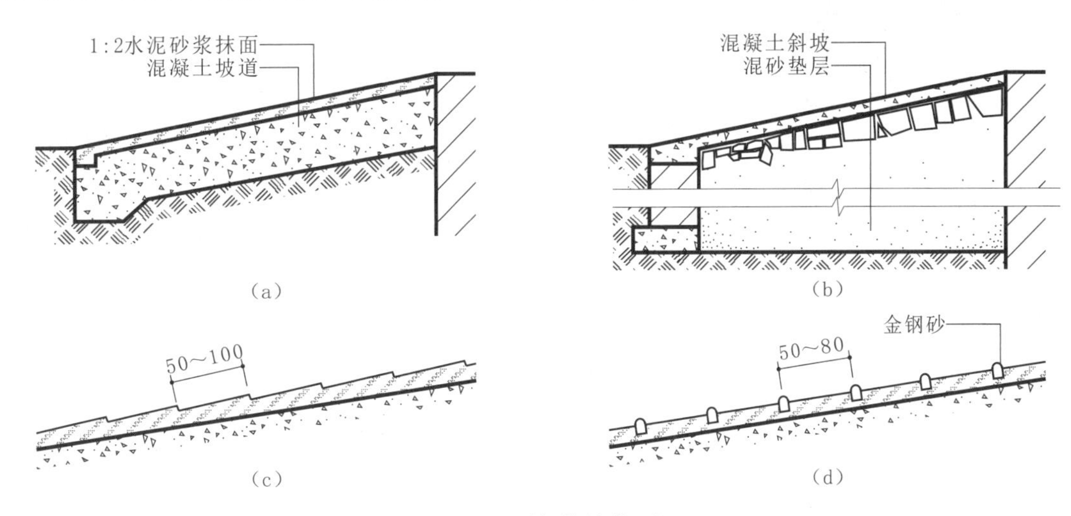

图12-17 坡道的构造

(a) 混凝土坡道 (b) 换土地基坡道 (c) 锯齿形坡面 (d) 防滑条坡面

★思考题★

1. 楼梯主要由哪些部分组成?
2. 怎样设计钢结构楼梯?
3. 怎样安装装配式成品楼梯?
4. 怎样设计台阶和坡道?

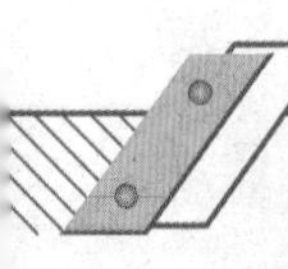

第十三章 水电

图13-1 厨房

水电构造是装饰工程中技术含量最高的部分，尤其是位于厨房（见图13-1）、卫生间等空间，在设计上要求严格，规范详细，安装完毕后一般都处于建筑内部，不容易发现弊端，因此，一定要缜密思考，严谨对待。

第一节 水路

图13-2 供水管出口平行

图13-3 排水管布置

水路构造设计是指装修工程中给水管和排水管的布置设计，它的构造要点比较明确，即是将供水导入到使用空间里来，经过使用设施后，再将污水排放出去，这套构造一般先设计给水管路，再设计排水管路，最后注意两者之间尽量避免产生过多的穿插和转角，保证设计经济，使用高效。

1. 给水设计

给水设计比较复杂，首先在建筑空间中找到水源管道，根据使用要求采用给水管连接到使用部位，面积较大的空间可以在地面上开槽埋设水管，然后经过地面来布置水路设施，面积较小的也可以沿着墙面铺设。尽量减少穿墙而过，避免破坏了现有的防水层，水管连通到用水设施附近即可收尾，并暂时封闭，待后期用水设施安装完毕再继续连通，如果有冷、热水两种管路，一定要注意平行（见图13-2）。

2. 排水设计

排水设计相对简单，由于管道比较粗大，一般水池、水槽内的污水采用φ50mm～φ70mm PVC管，排便器采用φ110mm PVC管，工业污水也可以增加到φ130mmPVC管（见图13-3），各种管路在建筑空间内汇合后统一连接到建筑统一排水管中，特殊行业的污水也需要分开排放，甚至净化后排放。排水管道粗大，会占用一部分建筑空间，面积较大，排水点多的建筑空间可以将地面整体垫高，为水管布设腾出空间，面积较小的室内空间也可以局部垫高或沿着墙角布置。

3. 水路构造

（1）安装前应先清理管内，使其内部清洁无杂物。安装时，注意接口质量，同时找准各甩头管件的位置与朝向，以确保安装后连接各用水设备的位置正确。水路走线开槽应该保证暗埋的管道在墙内、地面内装修后不外露。开槽注意要大于管径20mm

熟记要点

水管试压

安装给水管后一定要进行增压测试，各种材质的给水管道系统，试验压力均为正常压力的1.5倍。在测试中不得有漏水现象，并不得超过允许的压力降值。

如果没有加压条件，可以关闭水管总阀（即水表前面的水管开关），打开房间里的水龙头20min，确保没水再滴后关闭所有的水龙头；关闭坐便器水箱和洗衣机等具有蓄水功能设备的进水开关，打开总阀后20min查看水表是否走动，包括缓慢的走动，如果有走动，即为漏水了。

（见图13-4），管道试压合格后墙槽应用1∶3水泥砂浆填补密实，其厚度应符合下列要求：墙内冷水管不小于10mm、热水管不小于15mm，嵌入地面的管道不小于10mm。管道暗敷在地面层内或吊顶内，均应在试压合格后做好隐蔽工程验收记录工作。明装管道单根冷水管道距墙表面应为15～20mm，冷热水管安装应左热右冷，平行间距应不小于200mm。明装热水管穿墙体时应设置套管，套管两端应与墙面持平。

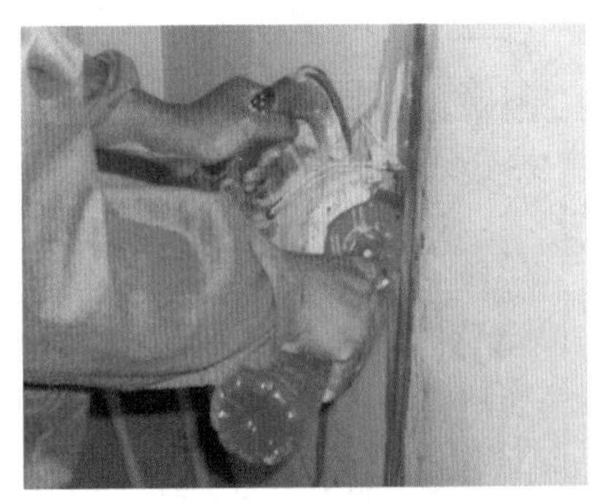
图13-4　墙面开槽

（2）管接口与设备受水口位置应正确，对管道固定管卡应进行防腐处理并安装牢固，墙体为多孔砖墙时，应凿孔并填实水泥砂浆后再进行固定件的安装。当墙体为轻质隔墙时，应该在墙体内设置埋件。当给水管道安装完成后，在隐蔽前应进行水压试验，给水管道试验压力不小于0.6MPa（见图13-5）。

图13-5　水压测试

（3）安装PVC管时，管材与管件连接端面必须清洁、干燥、无油，去除毛边和毛刺。管道安装时必须按不同管径的要求设置管卡或吊架，位置应正确，埋设要平整，管卡与管道接触应紧密，但不得损伤管道表面。采用金属管卡或吊架时，金属管卡与管道之间采用塑料带或橡胶等软物隔垫。

图13-6　电路布置

第二节　电路

电路构造设计是指装修工程中电源线和信号线的布置设计。电源线又称为动力线，主要供电器、设备使用，电压一般为220V，信号线是指用于传输电子信号及指令的线路，例如：电话线、网线、电视线、音响线等各种信号传输线，电压一般低于36V，可以短时间与人体接触。线路布置相对复杂，电线由建筑空间电路接入装置延伸出来，经过地面、墙面、顶面等构造媒介传输到使用部位（见图13-6、图13-7）。

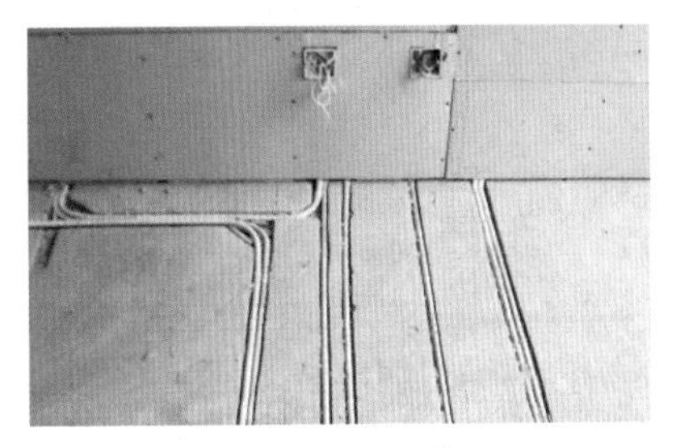
图13-7　电路布置

现代装饰工程一般设计暗装电路，电线埋设在墙体内，使用切割机或电钻在墙体上开槽，将线路埋设后再使用水泥填补，电路构造入墙后，外观整洁美观，不影响其他装饰构造设计。电路布置方法有以下几点。

1. 设计布线时，执行电源线在上，信号线在下，横平竖直，避免交叉，美观实用的原则，单股线要穿套在电路PVC管内，埋设PVC管的槽口深度应一致，一般是PVC管直径＋10mm。电源线所用导线截面积应满足用电设备的最大输出功率，一般情况，照明1.5mm²，普通插座2.5mm²，制冷及制热设备4.0mm²。暗线敷设必须配阻燃PVC管，插座用SG20管，照明用SG16管，当管线

熟记要点

电功率与电线选用方法

现代电器的使用功率越来越高，要正确选用电线就得精确计算，但是计算方式却非常复杂，现在总结以下规律，可以在设计时随时参考（铜芯电线）：2.5mm²（16A～25A）≈5500W；4mm²（25A～32A）≈7000W；6mm²（32A～40A）≈9000W。

长度超过15m或有两个直角弯时，应增设拉线盒。天棚上的灯具位设拉线盒固定。

2. PVC管应用管卡固定。PVC管接头均用配套接头，用PVC胶水粘牢，弯头均用弹簧弯曲。暗盒、拉线盒与PVC管用螺丝固定。PVC管安装好后，统一穿电线，同一回路电线应穿入同一根管内，但管内总根数不应超过8根，电线总截面积（包括绝缘外皮）不应超过管内截面面积的40%。

3. 电源线与信号线不得穿入同一根管内。电源线插座与电视线插座的水平间距不应小于500mm，电线与暖气、热水、煤气管之间的平行距离不应小于300mm，交叉距离不应小于100mm，穿入配管导线的接头应设在接线盒内，线头要留有余量150mm，接头搭接应牢固，绝缘带包缠应均匀紧密。

4. 安装电源插座时，面向插座的左侧应接零线（N），右侧应接火线（L），中间上方应接保护地线（PE）。保护地线为2.5mm²的双色软线（见图13-8）。导线间和导线对地间电阻必须大于0.5mΩ。电源插座底边距地宜为300mm，平开关板底边距地宜为1300mm，高处挂壁设备插座的高度1900mm，同一室内的电源、电话、电视等插座面板应在同一水平标高上，高差应小于5mm（见图13-9）。

熟记要点

护套线的选用

在设计中，如果建筑面积小于60m²，也可以直接采用带有PVC绝缘套的护套线，护套线可以直接埋入墙顶面线槽内，无须再穿接PVC管，简单方便，但是成本较高。针对用电复杂的使用空间，电路布设还是应将单股线穿接PVC管，集中设计。

图13-8 安装开关插座面板

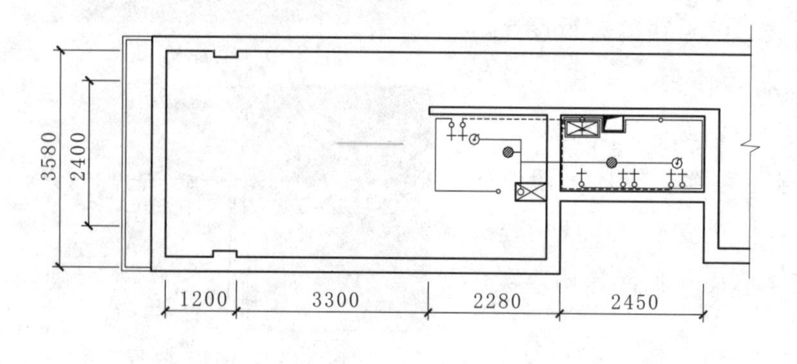

(a)

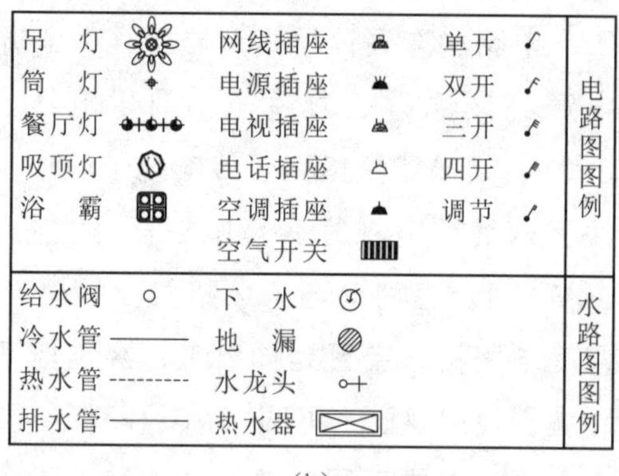

(b)

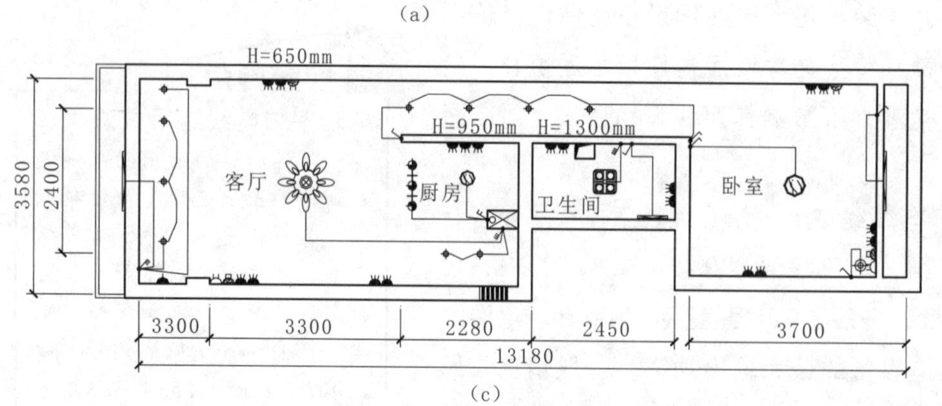

(c)

1. 照明1个回路，普通插座1个回路，厨房1个回路； 2. 卫生间1～2个回路，空调1～4个回路； 3. 开关离地1350mm，普通插座离地350mm（特殊标注除外），挂式空调插座离地1800mm。	电路编制说明

(d)

图13-9 水电设计图

(a) 水路图 (b) 水电图图例 (c) 电路图 (d) 电路编制说明

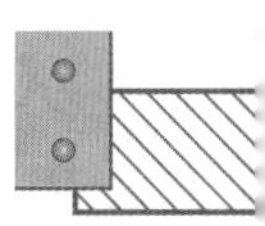

第三节、防水、防潮层

防水、防潮层的设计主要针对经常用水或涉水的环境空间，要求严格控制水的活动范围，例如：地下室、厨房、卫生间、浴室、游泳池、洗衣房、洗车房、生鲜市场等。水分和潮湿对正常的环境空间存在很大影响，根据部位、效应不同，一般要分别设计防水层和防潮层。

1. 防水层

防水层用于防止水流浸透建筑顶棚、墙体和楼板，它主要覆盖在建筑构造表面，与水流保持接触，通过自身材质致密的特点，防止水流进入建筑构造内，在需要做外表装饰的部位，可以预先制作防水层，其后再覆盖装饰表层，同样能起到防水效果。

2. 防潮层

防潮层用于防止潮湿空气、土壤等物质对环境空间造成侵害，它的概念很广泛，是否需要防潮要根据具体功能空间来判定，一般用于建筑底层、地下室或处于潮湿气候的建筑中，潮气与水流不同，它能通过空气和建筑构件传播，除了制作类似与防水层的构造之外，还可以加大空间隔离来强化防潮效果，例如：在底层建筑地面上制作架空地台，让流通空气起到防潮的效果。

常见的防水、防潮材料有防水砂浆、沥青、油毡、防水涂料、防水卷材等，其中防水砂浆应用最广，防水砂浆是在水泥砂浆中掺入水泥用量的3%～5%的防水剂（见图13-10）配制而成，在防水层位置铺设防水砂浆厚20～25mm。防水涂料和防水卷材最近几年比较流行，效果也非常好，防水涂料适用于小面积涂刷（见图13-11），例如：厨房、卫生间、阳台等空间（见图13-12）。防水卷材则主要适用于游泳池、建筑屋顶等部位（见图13-13）。防水、防潮材料的铺设面积一般要大于涉水或受潮的面积，长、宽、高等尺寸要超过涉水或受潮尺寸300mm以上，特殊部位要达到500mm。

图13-10 防水剂

图13-11 防水涂料

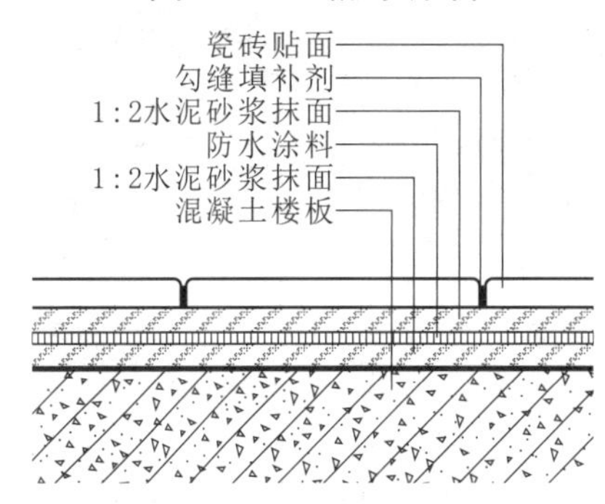

图13-12 防水层的构造

图13-13 防水卷材

★思考题★

1. 怎样设计水路构造?
2. 怎样设计电路构造?
3. 防水层与防潮层有什么区别?

图14-1 大堂装饰顶棚

图14-2 卧室吊顶

图14-3 悬挂构造

图14-4 基层构造

图14-5 面层构造

第十四章 顶棚

顶棚又称为平顶、天棚或天花板。建筑内部空间相对于人来说是一个六面体，除了地面和墙面四壁外，剩下的只有上部顶棚了。顶棚是装饰构造中的重要组成部分，顶棚的高低、造型、照明和细部处理，对人们的空间感受具有相当重要的影响。处理得当，会有明达、舒畅、新颖及富有吸引力等感觉，是一种美的享受（见图14-1、图14-2）；处理不当，则会造成压抑、繁杂、阴涩或刺激的感觉。由于顶棚处于顶面，本身往往具有保温、隔热、隔声、吸声或反射声音等作用，一般选择颜色较浅的材料，而且还能增加室内亮度。

根据饰面层与主体结构相对关系的不同，顶棚可以分为直接式顶棚和悬吊式顶棚两大类。直接式顶棚是指在结构层底部表面上直接做饰面处理的顶棚，这种顶棚做法简便易行、经济可靠，而且基本不占空间高度，为大部分装饰空间所采用。悬吊式顶棚又称吊顶，它离开结构底部表面有一定的距离，通过悬挂物与主体结构连接在一起。由于这类顶棚的类型较多、构造复杂，所以是本章重点介绍的内容。吊顶在构造上由悬挂部分、支撑结构、基层、面层四个部分组成。

1. 悬挂

吊顶的悬挂（见图14-3），又称为吊筋，主要用钢筋，它上部与层面或楼板结构层连接，下部与顶棚的支撑结构连接。

2. 支撑结构

顶棚支撑结构是将顶棚直接用吊筋悬吊于屋顶的檩条或楼板的梁上，以檩条和梁作为顶棚的支撑结构，或者将顶棚悬吊在屋架下弦节点或下弦水平联系杆上的。

3. 基层

基层是由次龙骨和间距龙骨（见图14-4）所构成的吊顶骨架，它所用材料为木、型钢、轻金属等。

4. 面层

面层即吊顶的饰面层（见图14-5），它可以是粉刷层或各类板材等。

第一节 直接式顶棚

直接式顶棚是在屋面板、楼板等的底面进行直接喷浆、抹灰或粘贴墙纸等而达到装饰目的。这类顶棚的装饰构造较为简单，应用得也比较早。一些使用功能较为单纯、空间尺度比较小的房间经常采用直接式顶棚。在空间比较大、比较重要的公共场所，采用结构构件兼作装饰构件所形成的直接式顶棚，往往能取得出人意料的效果，排列有序的井字形的网架屋顶等，能给人以韵律美。直接式顶棚的构造一般与内墙饰面的抹灰类、涂刷类、裱糊类基本相同。

图14-6 直接抹灰顶棚

1. 直接抹灰顶棚

直接抹灰顶棚常用的抹灰材料主要有纸筋灰抹灰、石灰砂浆抹灰、水泥砂浆抹灰等（见图14-6）。其具体做法是：先在顶棚的基层即楼板底上，刷一遍纯水泥浆，使抹灰层能与基层很好地黏合，然后采用混合砂浆打底，再做面层。针对要求较高的房间，可以在底板增设一层钢板网，在钢板网上再做抹灰，这种做法强度高、结合牢，不易开裂脱落。

图14-7 结构顶棚

2. 喷刷类顶棚

喷刷类装饰顶棚是在上部屋面或楼板的底面上直接用浆料喷刷而成的。常用的材料主要有石灰浆、大白浆、色粉浆、彩色水泥浆、可赛银等。对于楼板底面较平整而又没有特殊要求的房间，可以选用这些浆料直接在楼板底喷刷。

3. 裱糊类顶棚

有些设计要求较高的房间，顶棚面层还可以采用贴墙纸、墙布以及其他织物直接裱糊而成。这类顶棚比较适用于住宅等小面积室内空间。

图14-8 纸面石膏板吊顶龙骨

4. 结构顶棚

将屋盖结构暴露在外，不另做顶棚，称为结构顶棚（见图14-7）。例如：网架结构，构成网架的杆件本身很有规律，有结构本身的艺术表现力，如果能充分利用这一特点，有时能获得优美的韵律感。结构顶棚的装饰重点，在于巧妙地组合照明、通风、防火、吸声等设备，以显示出顶棚与结构韵律的和谐，形成统一、优美的空间景观。

第二节 石膏板吊顶

石膏板吊顶是指采用纸面石膏板钉接在龙骨构架上的装饰吊顶，构造简单、施工方便（见图14-8），为大多数装饰设计必备的设计项目（见图14-9）。龙骨架构造是基础，一般有轻钢龙骨和木龙骨两种，轻钢龙骨质地坚硬，抗弯曲力大，用于大面积吊

图14-9 纸面石膏板吊顶

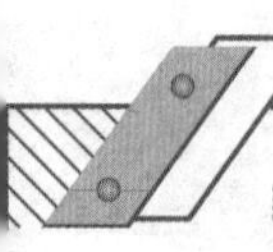

顶，木龙骨制作简便，成本低廉，一般作小面积使用，以下构造以轻钢龙骨设计为依据。

（1）首先对现场的实际尺寸进行实测，根据设计形式，将吊顶造型按1∶1大样用墨线弹在地面，再用线锤将地面龙骨布置位置吊放至顶棚上，按此位布放吊筋及主、次龙骨。

（2）依照顶面标记使用电钻开孔，安装膨胀螺栓，并连接预制挂件或40mm×40mm×4mm角形钢，吊筋采用ф8mm钢筋制作，将其连接在预制挂件上，所有钢材表面刷防锈漆两遍、银粉漆一遍，吊筋间距采用800mm×1000mm（见图14-10）。

（3）吊筋下端仍然连接预制挂件或40mm×40mm×4mm角形钢，挂件连接U形主龙骨（承载龙骨），龙骨采用CS60系列上人龙骨，主龙骨间距800mm，C形次龙骨（覆面龙骨）固定在主龙骨上，间距保持400mm×400mm。吊筋布放与设备相遇时，要增加吊筋或者焊接型钢支架，吊筋距主龙骨端部距离不得超过300mm，否则需增加吊筋。对于吊顶内的灯槽等设备，如果重量较轻，可直接吊放在主龙骨上，如果遇到较重物品则应该单独加设吊筋或悬吊结构（见图14-11）。

（4）龙骨制作完成后，采用9mm厚双层纸面石膏板罩面。纸面石膏板的长边（护面纸包封边）应沿纵向次龙骨铺设，采用M3.5×25mm自攻螺钉固定，钉距150～170mm，距纸面封边（长边）以10～15mm宽为宜，距切割边（短边）以10～15mm宽为宜（见图14-12）。

普通石膏板吊顶构造简单，如果需要在吊顶内设计灯具或电器设备，就需要依照产品的尺寸预留开口，并在吊顶内铺设电线，涂刷防火涂料，保证吊顶安全使用。

熟记要点

石膏板吊顶起伏不平的原因

1. 在吊平顶前，没有准确弹出水平基准线，或未按水平基准线施工。

2. 平顶中间部位的吊杆末端往上调整时，不仅未起拱，反而因中间吊杆承受平顶中间荷载大而下沉。

3. 吊杆间距过大或龙骨悬挑距离过大，龙骨受力后产生的弯曲引起平顶起伏不平。

4. 木质吊杆劈裂未起到作用。

5. 吊杆未仔细调整，局部吊杆受力不匀，甚至未受力。

6. 木质龙骨变形，轻钢龙骨弯曲未调整。

7. 石膏板接缝部位较厚而造成接缝突出，形成平顶起伏，且板材吸潮后变形。

图14-10 纸面石膏板吊顶

图14-11 纸面石膏板吊顶

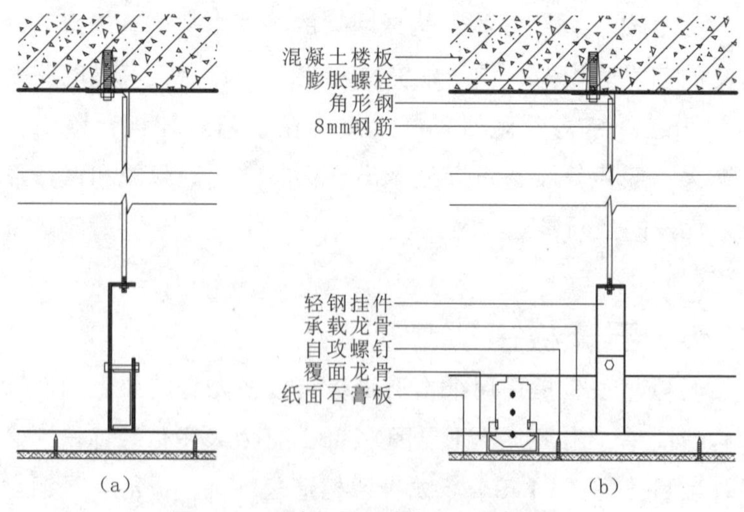

图14-12 纸面石膏板吊顶构造

（a）正面图 （b）侧面图

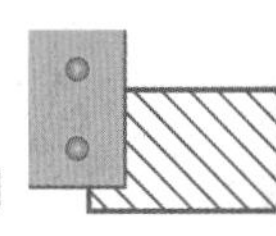

第三节 胶合板弧形吊顶

普通平面吊顶装饰效果单一，在特殊设计领域，需要根据要求制作弧形吊顶，无论是内凹、外凸，还是波浪、攒尖，这些都可以在一定程度上实施。胶合板的最大特性就是能够弯曲，可以利用这一点来设计弧形构造（见图14-13、图14-14）。

弧形吊顶的基础一般采用木龙骨制作，主龙骨（承载龙骨）规格一般为50mm×70mm或50mm×100mm，间距不超过600mm，次龙骨（覆面龙骨）规格一般为30mm×40mm或60mm×40mm，甚至使用经过裁切的木芯板均可，间距根据弧度要求设计，最大限度保证胶合板的弧形结合。木龙骨吊顶构造内需要涂刷发泡型防火涂料，遇火后能膨胀发泡，产生蜂窝状隔热层，具有良好的隔热防火效果。

胶合板的弯曲程度根据自身厚度而各不相同，板面单薄的产品弧度大，但是表面效果难以平滑，板面厚实的产品弧度小，表面相对光滑，但是难以制作变化较大的装饰构造。如果设计要求吊顶弧形起伏很大，可以在胶合板板面切割出条状槽口，深度不超过板材厚度的50%，间距根据弧度要求设定，一般控制在6～30mm之间。胶合板采用圆钉或气排钉固定，板材之间的接缝要保留3mm左右，防止材料自身产生物理变化，最后使用纸胶带封闭接缝。

图14-13 胶合板弧形吊顶

图14-14 胶合板弧形吊顶

第四节 扣板吊顶

扣板吊顶的构造简洁、实用，它利用大量成品型材组合安装，具有很强的时代感。扣板吊顶的基本原理是将预制板材安装在专用龙骨架上，板材的边缘结构与龙骨相匹配，能完美地结合在一起。常见的扣板吊顶主要有复合扣板吊顶和金属扣板吊顶两种。

1. 复合扣板吊顶

复合扣板吊顶主要是指矿棉板、石膏板等筑模压制成型的板材，这类板材多为方形或矩形，边长300～600mm，厚12～50mm不等，边缘结构稍有内收，可以直接搁置在金属龙骨上（见图14-15、图14-16）。这种安装方式，分龙骨可见、龙骨部分可见和全隐蔽三种。龙骨可见是将方形或矩形板材直接搁置在倒T形龙骨的翼缘上；龙骨部分可见是将板材的侧面做成倒L形搁置；龙骨全隐蔽是将板材侧面制成卡口，卡入倒T形龙骨的翼缘中。这些安装形式的安放和取下均较方便，有利于顶棚上部空间

图14-15 矿棉板吊顶

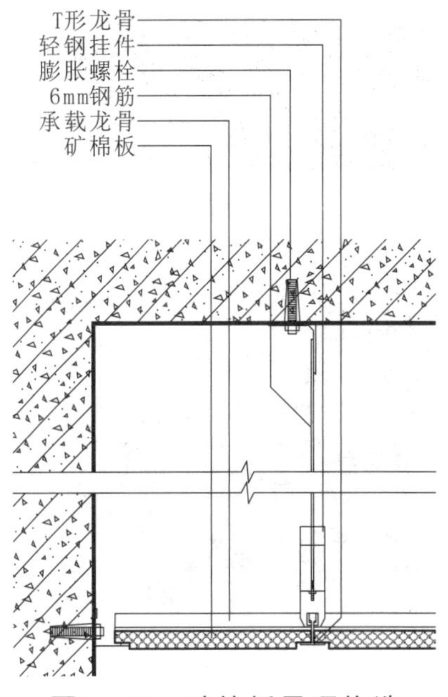

图14-16 矿棉板吊顶构造

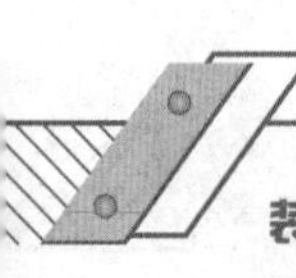

内的设备和管线的得到安置及修理。

这类扣板顶棚还可以在倒T形龙骨上作双层或单层垂直安装，形成格子形吊顶，以满足声学、通风和照明的一些要求（见图14-17）。另一种穿孔且带翼缘的矿棉板顶棚，是利用龙骨的穿孔作为通风构造，从而省去了常见的出风口，使顶棚的造型更为简洁明快。

图14-17 矿棉板吊顶

2. 金属扣板吊顶

金属板材吊顶是用轻质金属板材，例如：铝板、薄钢板、铝合金板、镀锌铁板等材料做面层的吊顶。常见的板材有压型薄钢板和铸轧铝合金型材两大类。薄钢板表面可作镀锌、涂塑和涂漆等防锈饰面处理；铝合金板表面可作电化铝饰面处理。

金属扣板吊顶自重小，色泽美观大方，不仅具有独特的质感，而且线条刚劲而明快，这是其他材料所无法比拟的。在这种吊顶中，吊顶龙骨除了作为承重杆件外，还兼具卡扣的作用。顶棚采用金属板材做面层材料时，搁栅可用0.5mm厚铝板、铝合金或镀锌铁板等材料制成，吊筋采用螺纹钢套接，以便调节定位。金属板材的吊顶所用的搁栅、板材和吊筋，均应涂防锈油等。

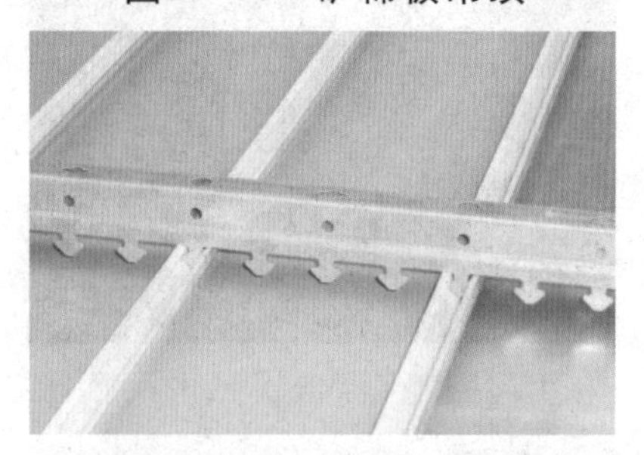

图14-18 金属条板吊顶

图14-19 金属条板吊顶

（1）金属条板吊顶 采用铝合金和薄钢板轧成的槽形条板，有窄条、宽条之分，中距有50mm、100mm、120mm、150mm、200mm、250mm、300mm等多种，离缝约16mm。根据条板类型和顶棚龙骨布置方法的不同，可以有各式各样的装饰效果（见图14-18、图14-19）。根据条板与条板间相接处的板缝处理形式，可将其分为两大类，即开放型条板顶棚和封闭型条板顶棚。开放型条板顶棚离缝间无填充物，便于通风，也有在上部另加矿棉或玻璃棉垫，作为吸声顶棚之用，还可以在条板上打孔，以加强吸声效果。封闭型条板顶棚在离缝间可以增加嵌缝条，其中轻金属槽形条板表面可以烧成搪瓷或烤漆、喷漆。轻钢龙骨根据板材形状做成夹齿，以便与板材连接，如果板宽超过100mm，板厚超过1mm，则多采用螺钉等来固定。

图14-20 金属网格板吊顶

（2）金属网格板吊顶 金属条板等距离排列成条式或格子式顶棚，对照明、吸声和通风均创造良好的条件（见图14-20、图14-21）。从格条上面设置灯具，可以在一定角度下，减少对人眼产生的眩光。在竖向条板上打孔，或者在格条上再增加一层水平吸声顶棚，均可改善吸声效果。

图14-21 金属网格板吊顶

近年来，轻金属网格板被较多地应用，造型多种多样，可以是纯粹的方格网，也可以由条格、方格、圆格等几何形组合，在工厂里定制铸造而成。在一些层高比较低、人流比较多的公共空间，采用网格板做顶棚既不会减少空间容积，没有压抑感，又能达到装饰的效果。这对改变了用途又没有足够层高的旧房装修非常有意义，尤其适用于自选商场、舞厅等对顶棚没有过高要求的大空间里。

（3）金属方板吊顶 金属方板顶棚，在装饰效果上别具一格，而且在吊顶棚表面设置的灯具、风口、喇叭等设备易于与方板协调一致，使整个顶棚表面组成有机整体（见图14-22）。另外，采用方板吊顶时，与柱、墙边的处理较为方便合理，如果将方板吊顶与条板吊顶相结合，更可取得形状各异、组合灵活的效果。当方板顶棚采用开放型结构时，还能兼得通风效能。

金属方板安装的构造分搁置式和卡入式两种。搁置式多为T形龙骨，方板四边带翼，搁置后形成格子形离缝。卡入式的金属方板卷边向上，形同有缺口的盒子，一般在边缘轧出卡口，卡入有夹簧的龙骨中（见图14-23）。方板上部衬纸再放置矿棉或玻璃棉吸声垫，形成吸声顶棚。方板还能压成各种纹饰，组合成不同的图案。

图14-22 金属方板吊顶

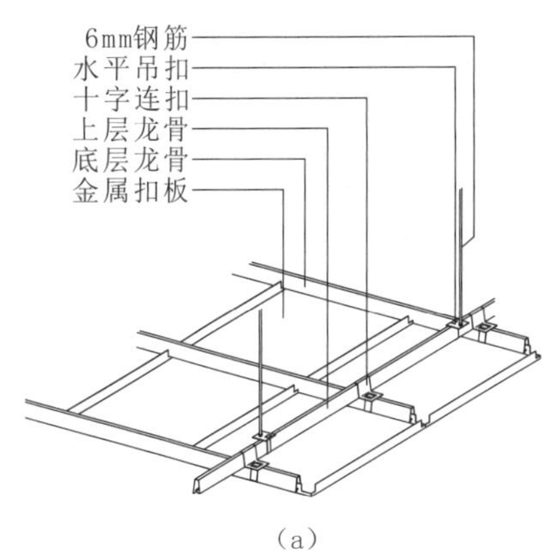

(a)

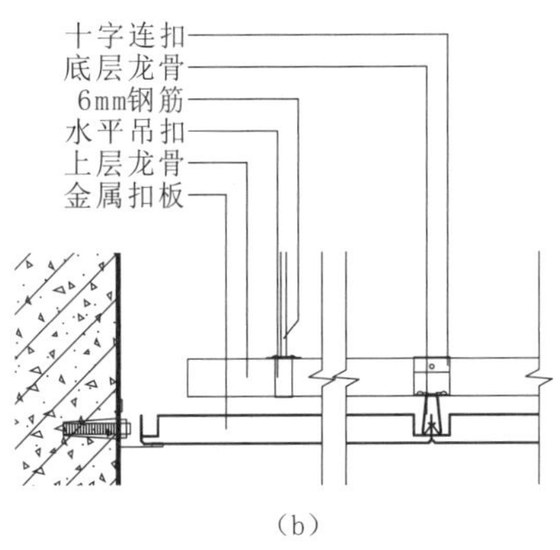

(b)

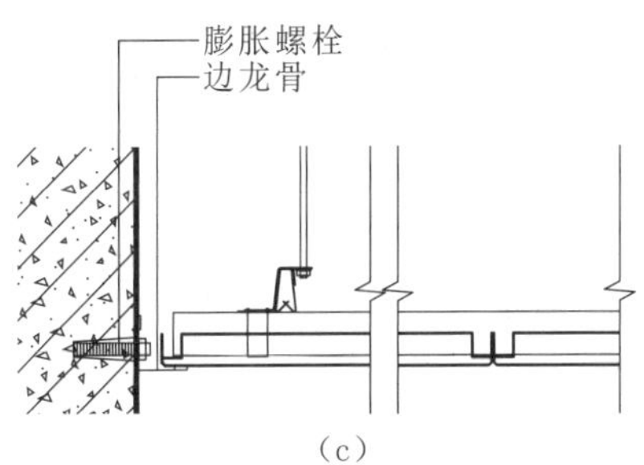

(c)

图14-23 金属方板吊顶构造

(a) 立体图 (b) 正面图 (c) 侧面图

★思考题★

1. 吊顶主要有哪些构造组成?
2. 怎样设计纸面石膏板吊顶?
3. 怎样合理选用金属扣板?

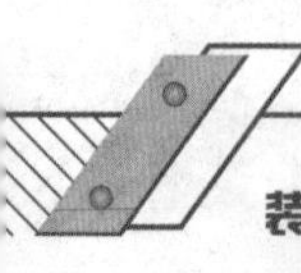

第十五章 墙体

熟记要点

墙体的分类

1. 按受力情况分类

（1）承重墙：混合结构中直接承受楼面、屋面等上部结构传来的荷载及自重的墙体。

（2）承自重墙：指只承担自重的墙体，通常也用于混合结构中。

（3）非承重墙：本身不承重，需要别的构件承担其自重的墙体，例如：填充墙、幕墙、隔墙或隔断等。

2. 按墙体材料及构造方式分类

（1）砖墙：目前常用的砌筑用砖除普通黏土砖外还有黏土空心砖、炉渣砖、蒸养灰砂砖、粉煤灰砖、水泥砂空心大砖等。普通黏土砖墙因砌筑方式不同可分为实砌墙与空斗墙。此外，还有由砖与其他材料组合而成的复合墙，用于适应某些特殊要求。

（2）地方材料墙：如石墙、土墙、统砂墙、竹笆墙等。

（3）预制砌块墙：各类大、中、小型砌块墙。

（4）幕墙：玻璃、金属、轻质混凝土幕墙及各类悬挂墙。

（5）轻质隔墙、隔断。

墙体是建筑物的重要组成部分，它既是围护构件、分隔构件，还可能是承重构件。

墙按其在建筑中所处的位置可以分为外墙和内墙。外墙是指建筑物外围的墙体，处于四周，能遮挡风雨，阻挡外界气温与噪声，保证内部空间的舒适性，故又称为外围护墙。外墙主要由勒脚、墙身及檐口三部分组成，而墙身部分还设有门、窗洞及其过梁、壁柱等构件；内墙位于建筑物内部，通常起分隔内部空间，避免相互干扰的作用。墙因布置方向不同，又有纵、横墙之分，沿建筑物长轴方向布置的墙称为纵墙，沿建筑物短轴方向布置的墙称为横墙。

第一节 砖砌隔墙

砖墙取材容易，制造简单，既可承重，又具有一定的保温、隔热、隔声、防火性能，施工操作也十分简便易行，所以能沿用至今。但从目前看，砖墙也存在不少缺点：例如：施工速度慢、劳动强度大、自重大，特别是黏土砖占用农田等，所以，砖墙有待于改革。砖墙包括砖和砂浆两种材料，砖墙是用砂浆将砖块按一定规律砌筑而成的砌体（见图15-1）。

1. 砖墙的组砌方式

（1）实砌砖墙 砖墙的砌式是指砖块在砌体中排列的方式。为了保证砖墙坚固，砖块排列的方式应遵循内外搭接、上下错缝的原则。错缝长度一般不应小于60mm，同时也应便于砌筑。砌筑时不应使墙体出现连续的垂直通缝，否则将显著影响墙体的强度和稳定性。在实砌砖墙砌法中，把砖的长方向垂直于墙面砌筑

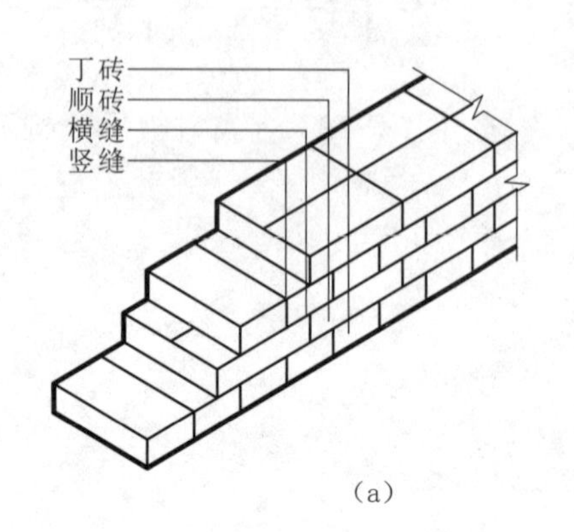

(a)

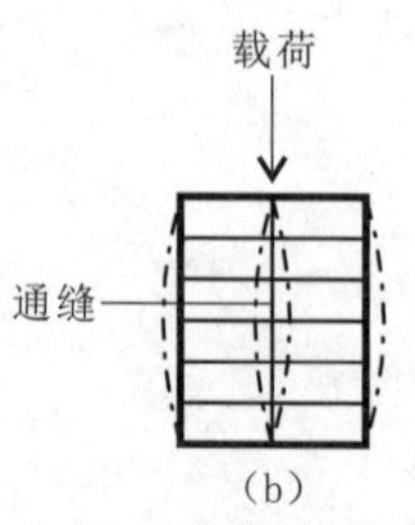

(b)

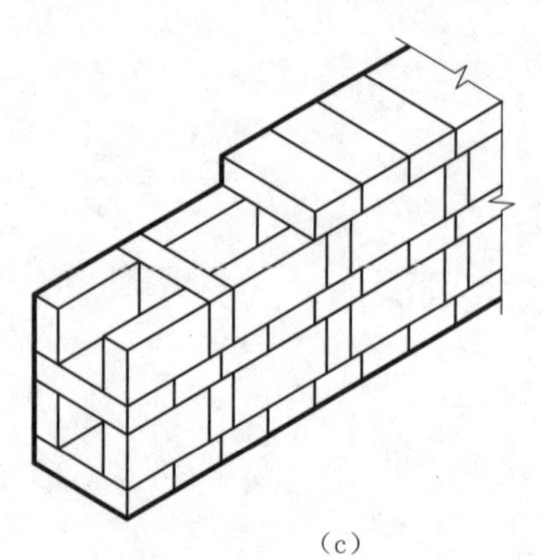

(c)

图15-1 砖墙砌筑构造

(a) 实砌砖墙 (b) 通缝引起的破坏状态 (c) 空斗墙

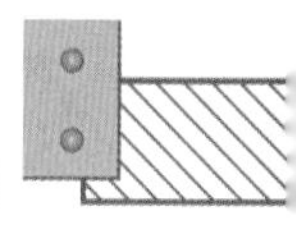

图15-2 实砌砖墙

图15-3 灰缝

的砖叫丁砖，把砖的长度平行于墙面砌筑的砖叫顺砖。上下皮之间的水平灰缝称横缝，左右两块之间的垂直缝称竖缝。丁砖和顺砖应交替砌筑，应灰浆饱满，横平竖直（见图15-2、图15-3）。

（2）空斗墙 空斗砖墙作为围护墙，应用比较广泛，现在采用标准砖砌筑的空斗墙，厚度一般为一块砖的长度，可作为承重墙。在空斗砖墙砌法中，将平铺砌的砖称为眠砖，将侧立砌的砖称为斗砖。一块砖厚的空斗墙与同样厚度的实砌砖墙相比较，可省砖22%～38%。

2. 砖墙的基本尺寸

砖墙的基本尺寸指的是厚度和墙段长度两个方向的尺寸。要确定它们的数值除了应满足结构和功能设计要求之外，还必须符合砖的规格，以标准砖为例，根据砖块尺寸和数量，再加上灰缝，即可组成不同的墙厚和墙段。

（1）墙厚 标准砖的规格为240mm×115mm×53mm，用砖块的长、宽、高作为砖墙厚度的基数，当错缝或墙厚超过砖块时，均按灰缝10mm进行砌筑。从尺寸上可以看出，它以砖厚加灰缝、砖宽加灰缝后与砖长形成1∶2∶4的比例为其基本特征，组砌灵活。

（2）砖墙洞口 砖墙洞口主要是指门窗洞口，其尺寸应按模数协调统一标准制定。一般1000mm宽以下的门洞宽均采用基本模数1M的倍数，例如：700mm、800mm、900mm、1000mm等；超过1000mm宽的门洞及一般的窗洞口宽度采用扩大模数3M的倍数，例如：600mm、900mm、1200mm、1500mm、1800mm等。

熟记要点

勒脚的构造

勒脚是外墙的墙脚，它不但受到土壤中水分的侵蚀，而且雨水、地面积雪以及外界机械作用力也对它形成危害，所以除了设墙身防潮层外，还要加强其坚固性和耐久性。一般采用以下几种构造做法。

1. 加强勒脚表面抹灰：可采用20mm厚1：3水泥砂浆抹面，作水刷石或斩假石，以增加牢度和提高防水性能。

2. 勒脚贴面：采用天然石材、人工石材或面砖贴面。贴面类勒脚耐久性强、装饰效果好，特别是天然石材，常用于高标准建筑。

3. 增加勒脚墙厚度或改用坚固材料：勒脚部分墙厚增宽至一砖半或采用条石、混凝土等坚固耐久性材料代替砖勒脚。

熟记要点

模数

设计构造中，基本尺寸单位称为基本模数，其数值为100mm，一般用M表示，即1M=100mm。

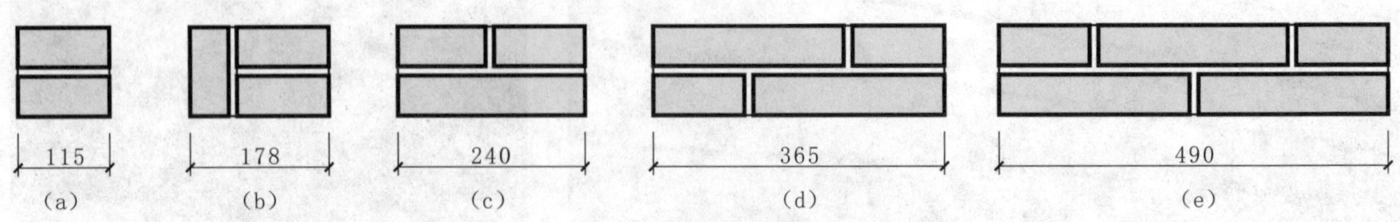

图15-4 砖墙砌筑构造

(a) 120mm墙 (b) 180mm墙 (c) 240mm墙 (d) 370mm墙 (e) 490mm墙

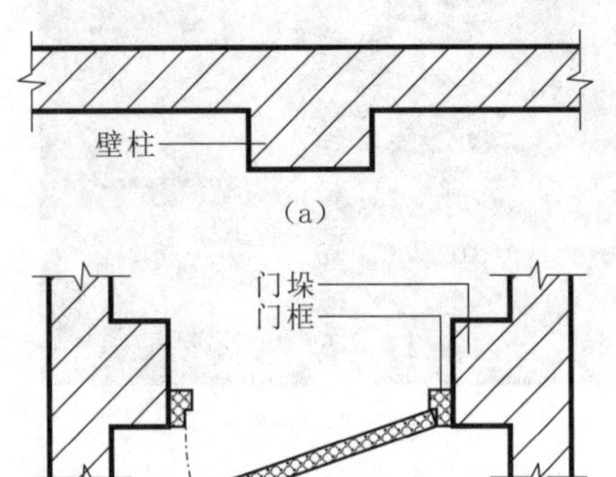

图15-5 壁柱和门垛

(a) 120mm墙 (b) 180mm墙

图15-6 圈梁与构造柱

图15-7 抹灰

（3）墙段尺寸 是指窗间墙、转角墙等部位墙体的长度。墙段由砖块和灰缝组成，普通黏土砖宽度尺寸为115mm加上10mm灰缝宽，共计125mm，并以此为砖的组合模数为基础，得出的墙段尺寸有：120mm、180mm、240mm、370mm、490mm等数列（见图15-4）。

3. 砖墙的加强构造

在多层混合结构的建筑中，墙体常常不是孤立的，它的四周一般均与左右、垂直墙体以及上下楼板层或屋顶层相互联系，墙体通过这些联系达到加强其稳定性的作用。

（1）增加壁柱和门垛 当墙体受到集中荷载而墙厚又不足以承受其荷载时，或当墙身的长度和高度超过一定的限度并影响到墙体稳定性的情况下，常在墙体适当位置增设凸出墙面的壁柱（又称扶壁）以提高墙体刚度。通常壁柱突出墙面120mm或240mm，壁柱宽370mm或490mm（见图15-5）。

（2）圈梁 圈梁又称腰箍，是沿房屋外墙一圈及部分内横墙水平设置的连续封闭的梁。圈梁配合楼板的作用可提高建筑物的空间刚度及整体性；增强墙体的稳定性，减少由于地基不均匀沉降而引起的墙身开裂。

（3）构造柱 由于砖砌体是脆性材料，抗震能力较差，因此在抗震设防地区，在多层砖混结构房屋的墙体中，需设置钢筋混凝土构造柱，以增加建筑物的整体刚度和稳定性（见图15-6）。

第二节 墙面抹灰及涂料

墙体构造完成后即要考虑将墙面处理平整，又要具备一定的审美效果和保洁功能，抹灰及涂料是最常见的处理手法。

1. 抹灰

抹灰类墙面，又称为水泥灰浆类饰面或砂浆类饰面（见图15-7），是用各种加色的、不加色的水泥砂浆，或者石灰砂浆、混合砂浆、石膏砂浆、石灰浆以及水泥石渣浆等，做成的各种装饰抹灰层。它除了具有装饰效果外，还具有保护墙体、改善墙体物理性能等功能。这种饰面因其造价低廉、施工简便、效果良好，目前在国内外建筑装饰中的应用最为广泛。一般抹灰分普通抹灰、中级抹灰和高级抹灰三种标准。

（1）普通抹灰 适用于简易住宅、大型临时设施和非居住性房屋，以及建筑物中的地下室、储藏室等。其构造是：一层底灰、一层面灰，或者不分层一遍成活。普通抹灰的内墙厚度为18mm，外墙厚度为20mm，勒脚及突出墙面部分为25mm，石墙厚度为35mm。

（2）中级抹灰 适用于一般住宅、公共建筑、工业建筑以及高级建筑物中的附属建筑。其构成是：一层底灰、一层中间灰、一层面灰。中级抹灰的内墙厚度为20mm，外墙厚度为20mm，勒脚及突出墙面部分为25mm，石墙厚度为35mm。

（3）高级抹灰 适用于大型公共建筑物、纪念性建筑物以及有特殊功能要求的高级建筑物。其构成是：一层底灰、多层中灰、一层面灰。高级抹灰的内墙厚度为25mm，外墙厚度为20mm，勒脚及突出墙面部分为25mm，石墙厚度为35mm。

水泥砂浆抹灰属于高级抹灰的一种，使用频率最高，它的构造是：12mm厚1∶3水泥砂浆打底，8mm厚1∶2.5水泥砂浆粉面。水泥砂浆抹灰一般呈土黄色，具有一定的抗水性。水泥砂浆抹灰做外抹灰时，面层用木蟹磨毛，作为厨房、浴厕等受潮房间的墙裙时，面层应用铁板抹光。

2. 涂料

涂料是续抹灰后的又一高档装饰构造，它基于抹灰，采用乳胶漆等高档装饰材料赋予抹灰层上，从单调的色调到内装饰的五彩缤纷，越来越多的装饰工程都要在墙体的最外表面做涂料（见图15-9、图15-10）。涂料的涂刷顺序则从天花板开始，然后是墙壁、门窗，最后刷踢脚板、窗棂等。装饰方法有刷涂、滚涂、喷涂三种。

（1）刷涂法 最原始最简单也很普遍，优点是省料、适合多

图15-9 墙面涂料

图15-10 墙面涂料

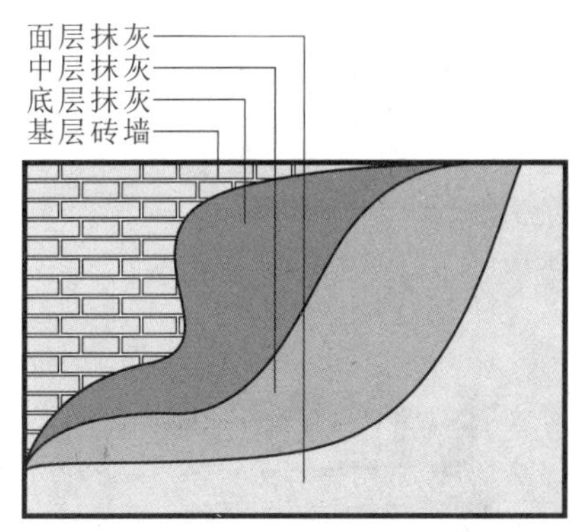

图15-8 抹灰的构成

熟记要点

墙面抹灰的构成

1. 底层抹灰

底层抹灰主要起与基层黏结和初步找平的作用。底灰砂浆应根据基本材料的不同和受水浸湿情况而定，可分别用石灰砂浆、水泥石灰混合砂浆（简称“混合砂浆”）或水泥砂浆。一般来说，室内砖墙多采用1∶3石灰砂浆，或掺入一些纸筋、麻刀，以增强黏结力并防止开裂。

2. 中层抹灰

中层抹灰主要起找平和结合的作用。此外，还可以弥补底层抹灰的干缩裂缝。一般来说，中层抹灰所用材料与底层抹灰基本相同，厚度为5~12mm。在采用机械喷涂时，底层与中层可以同时进行，但是厚度不宜超过15mm。

3. 面层抹灰

面层抹灰又称罩面，主要起装饰和保护作用。根据所选装饰材料和施工方法的不同，面层抹灰可以分为各种不同性质与外观的抹灰。例如，选用纸筋灰罩面，即为纸筋灰抹灰；选用水泥砂浆罩面，即为水泥砂浆抹灰；在水泥砂浆中掺入合成材料的罩面，即为聚合砂浆抹灰；采用珍珠岩粉做骨料的罩面，即为保温抹灰等（见图15-8）。

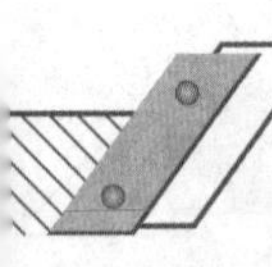

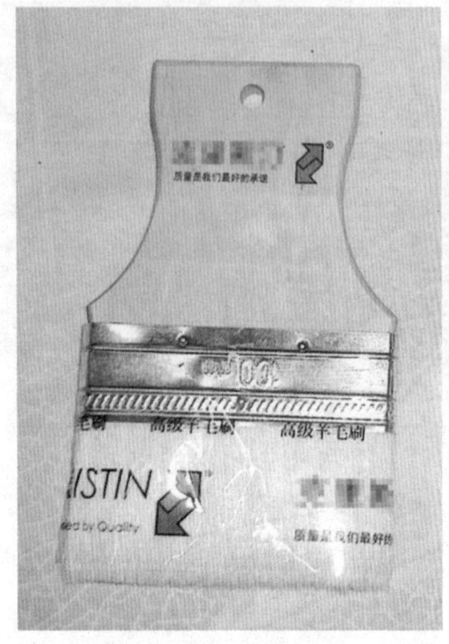

图15-11 羊毛刷

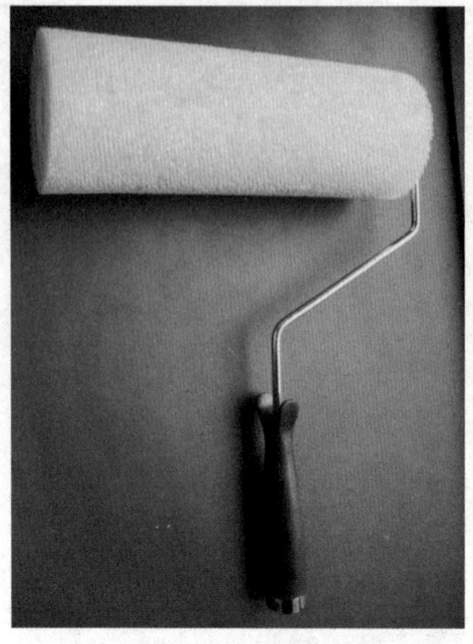

图15-12 滚筒

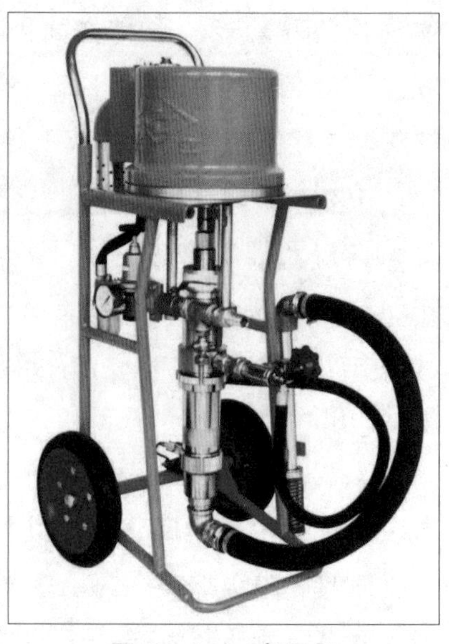

图15-13 喷压机

种形状和油漆品种。缺点是效率低，不适用于快干性油漆，若操作不熟练，漆膜会产生刷痕、流挂、涂刷不均等现象（见图15-11）。

（2）滚涂法 适于大面积施工，效率较高，但是装饰性能稍差。选择刷毛长度适当的滚筒（见图15-12），不要让涂料堆积在滚筒末端，从靠天花板的边缘开始，按“M”或“W”形状向上方向滚涂，以减少飞溅。每次带漆后，不要离开墙面，以获得均匀，平行的漆膜。

（3）喷涂法 适合涂刷高明度涂料，如果使用以上两种方法，很容易留下痕迹，产生颜色不均匀的效果（见图15-13）。喷涂法形成的涂料颗粒细腻，质地均匀，厚度一致，使用不同口径的喷枪还能表现不同的肌理效果。

无论哪种涂刷法，一定要注意使用底漆，既保护墙面又经济。底漆可以使底材疏松度均一，提高面漆的涂布率，节省面漆，底漆比面漆要便宜，这样一来成本反而会降低。

熟记要点

纸面石膏板的接缝构造

纸面石膏板的接缝有三种形式，即平缝、凹缝和压条缝，可以按以下程序处理。

1. 刮嵌缝腻子：将接缝内浮土清除干净，用小刮刀把腻子嵌入板缝，与板面填实刮平。

2. 粘贴拉结带：在接缝上薄刮一层稠度较稀的胶状腻子，厚度为1mm，宽度为拉结带宽，随即粘贴拉结带，用中刮刀从上而下一个方向刮平压实，赶出拉结带中的气泡。

3. 刮中层腻子：拉结带粘贴后，立即在上面再刮一层比拉结带宽80mm左右厚度约1mm的中层腻子，使拉结带埋入这层腻子中。

4. 找平腻子：用大刮刀将腻子填满凹槽与板抹平。

第三节 板材隔墙

板材隔墙是续砖砌隔墙后用于室内装饰的新型构造，一般采用木龙骨或轻钢龙骨制作骨架，两侧钉接胶合板或纸面石膏板。板材隔墙的特点在于结构简单，自重小，材料单一，并且能与其他装饰构造连为一体。目前，木质龙骨已经很少运用了，下面具体介绍轻钢龙骨配纸面石膏板隔墙（见图15-14）的构造。

图15-14 石膏板隔墙

首先，根据在需要隔墙的地面或地枕带上，放出隔墙位置线、门窗洞口边框线，并放好顶龙骨位置边线，将隔墙的门洞口框安装完毕。采用膨胀螺栓按线安装顶龙骨和地龙骨，膨胀螺栓间距为600mm。

其后，进行竖龙骨分档，根据隔墙放线确定门洞口位置，在安装顶地龙骨后，按罩面板的规格900mm或1200mm板宽，分档规格尺寸为450mm，不足模数的分档应避开门洞框边第一块罩面板的位置，使破边石膏罩面板不在靠洞框处。按分档位置安装竖龙骨，竖龙骨上下两端插入沿顶龙骨及沿地龙骨，调整垂直及定位准确后，用铆钉固定；靠墙、柱边龙骨用射钉或木螺丝与墙、柱固定，钉距为1000mm。安装横向卡挡龙骨，隔墙高度大于3m时应加横向卡挡龙骨，采向铆钉或螺栓固定。

最后，安装一侧的9mm厚或12mm厚纸面石膏板，从门洞口处开始，无门洞口的墙体由墙的一端开始，石膏板一般用自攻螺钉固定，板边钉距为200mm，板中间距为300mm，螺钉距石膏板边缘的距离不得小于10mm，也不得大于16mm，自攻螺钉固定时，纸面石膏板必须与龙骨紧靠。这时安装墙体内电管、电盒和电箱设备，安装墙体内防火、隔声、防潮填充材料，与另一侧纸面石膏板同时进行安装填入。墙体另一侧纸面石膏板的安装方法同第一侧纸面石膏板，其接缝应与第一侧面板错开（见图15-15）。

熟记要点

石膏板隔墙易出现的问题

1. 墙体收缩变形及板面裂缝：原因是竖向龙骨紧顶上下龙骨，没留伸缩量，超过2m长的墙体未做控制变形缝，造成墙面变形。隔墙周边应留3mm的空隙，这样可以减少因温度和湿度影响产生的变形和裂缝。

2. 轻钢骨架连接不牢固，原因是局部结点不符合构造要求，安装时局部节点应严格按图规定处理。

3. 墙体罩面板不平，多数由两个原因造成：一是龙骨安装横向错位，二是石膏板厚度不一致。

4. 明凹缝不均：纸面石膏板拉缝没有很好掌握尺寸；施工时注意板块分档尺寸，保证板间拉缝一致。

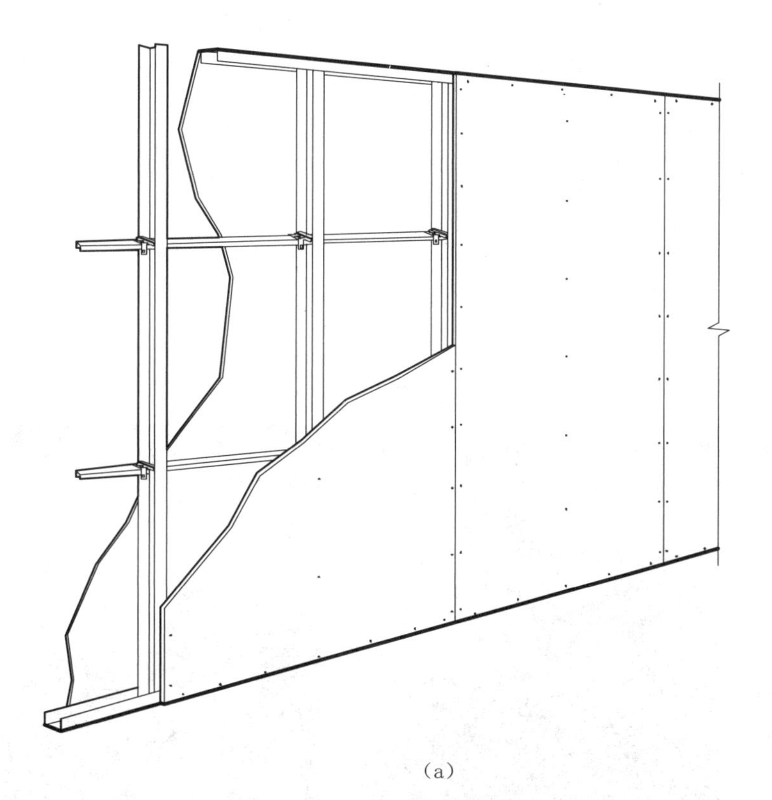

(a)

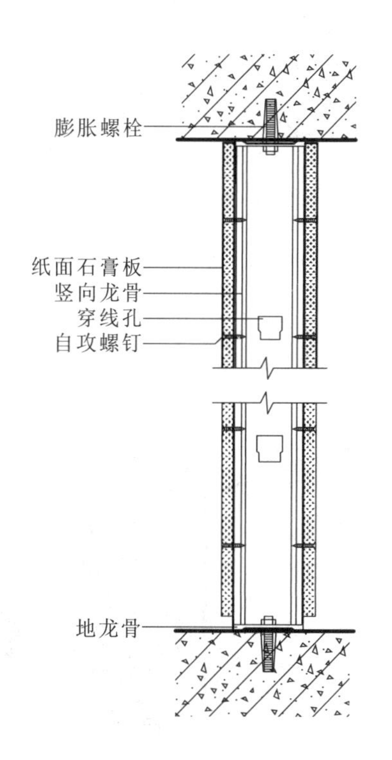

(b)

图15-15 纸面石膏板隔墙构造

(a) 立体图 (b) 剖面图

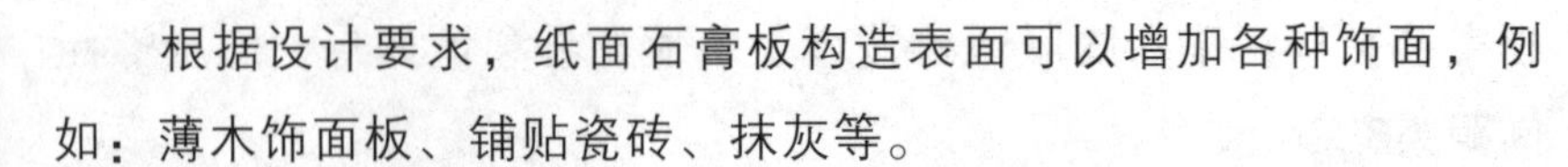

根据设计要求，纸面石膏板构造表面可以增加各种饰面，例如：薄木饰面板、铺贴瓷砖、抹灰等。

第四节　壁纸粘贴

图15-16　墙纸装饰

壁纸粘贴是相对于涂料更高级的一种装饰手法，壁纸自身成本高，花色品种多样，是墙面乳胶漆所不能比拟的装饰材料（见图15-16）。

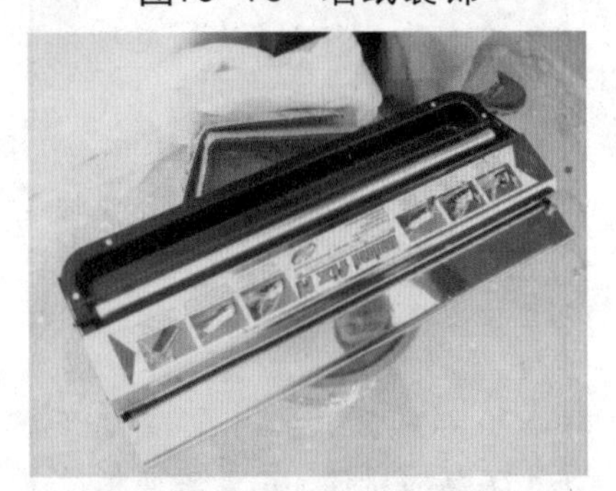

图15-17　涂胶器

壁纸粘贴首先要要清理墙面基层，使其无灰尘、油渍、杂物。对于遮盖力低的墙纸和墙布，基层表面颜色应进行淡化处理。裱糊工程的基体或基层应该干燥，表面平整。其后，进行弹线，弹线就是在处理过的基层上弹上水平线和垂直线，使粘贴时有依据，保证粘贴整齐。

裁纸是壁纸粘贴的重要环节，应该在量出墙顶到底部的高度后，在地面将纸裁好，壁纸的下料尺寸应比实际尺寸长10~20mm。如果用壁纸墙纸，因为塑料壁纸遇水会膨胀，因此要用水润纸，使塑料壁纸充分膨胀，一般在清水中浸润后，放置10min即可刷胶（见图15-17），无需润纸，复合纸壁纸和纺织纤维壁纸也不宜闷水。

图15-18　消除气泡

刷胶是壁纸粘贴的关键环节，为了保证粘贴的牢固性，壁纸背面及墙面都应刷胶，要求胶液涂刷均匀、严密，注意不能裹边，以防弄脏墙纸，墙面刷胶宽度应比壁纸幅宽多30mm。

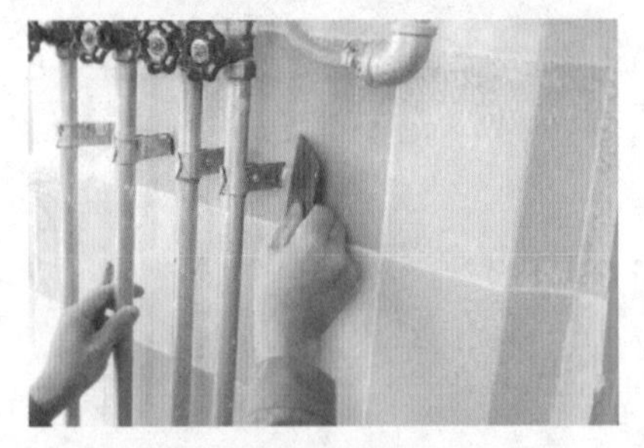

图15-19　压平边角

裱糊过程中和干燥前，应防止穿堂风劲吹和温度突然变化，破坏壁纸的黏结牢固度。裱糊壁纸的原则是先垂直后水平，先上后下，先高后低。壁纸干燥后若发现表面有气泡，用裁纸刀割开后注入胶液再压平整即可消除（见图15-18、图15-19）。

第五节　墙砖铺贴

墙砖铺贴是指将具有装饰效果的陶瓷墙面砖粘贴到墙面上，

图15-20　瓷砖装饰

图15-21　瓷砖装饰

图15-22　瓷砖装饰

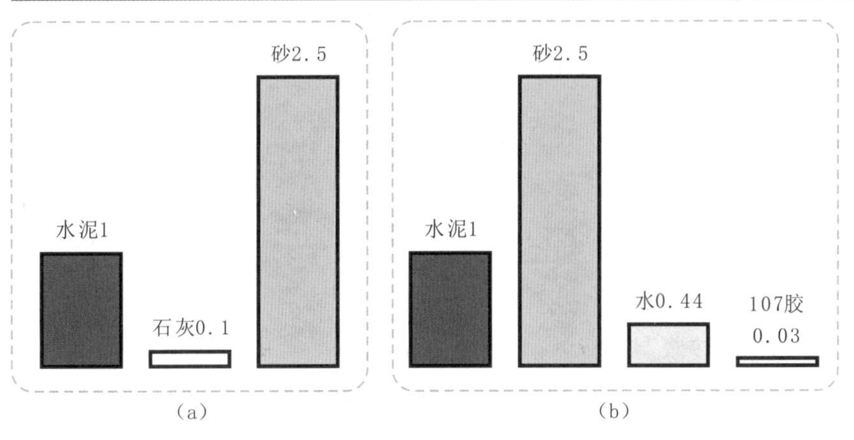

图15-23 瓷砖铺贴配料比例

(a) 软贴法配料 (b) 硬贴法配料

适用于厨房、卫生间、餐厅等保洁性高的环境空间（见图15-20、图15-21、图15-22）。

1. 瓷砖铺贴

瓷砖饰面的底灰为12mm厚1∶3水泥砂浆，瓷砖粘贴前应浸透阴干待用，粘贴时由下向上横向逐行进行，为便于洗擦和防水要求安装紧密，一般不留灰缝，细缝用白水泥擦平。

（1）软贴法：即用5mm～8mm厚、1∶0.1∶2.5的水泥石灰砂浆做结合层粘贴，这种方法需要有较好的技术素质。

（2）硬贴法：即是在贴面水泥浆中加入适量的107胶，其配比（重量比）为：水泥∶砂∶水∶107胶＝1∶2.5∶0.44∶0.03（见图15-23）。采用107胶水泥砂浆的好处是：由于水泥砂浆中有107胶胶体阻隔水膜，砂浆不易流淌，容易保持墙面洁净，减少了清洁墙面工序，而且能延长砂浆使用时间。此外，还减薄了黏结层，一般只需2～3mm。硬贴法技术要求较低，提高了工效，节约了水泥，减轻了面层自重，瓷砖黏结牢度也大大提高（见图15-24、图15-25）。

2. 锦砖铺贴

陶瓷锦砖和玻璃锦砖的规格较小，它与墙面砖相比，具有面层薄、自重轻、造价略低等优点，对高层建筑尤为适用。用于外墙饰面时，大多为无釉饰砖（见图15-26）。陶瓷锦砖也有用于室内墙面，但是由于施工和加工精度有限，效果欠佳。

陶瓷锦砖和玻璃锦砖出厂前均已按各种图案反贴在皮纸上，两者的镶贴方法基本相同，采用12mm厚、1∶3水泥砂浆打底用3mm厚、1∶1∶2纸筋石灰膏水泥混合灰（内掺水泥重5%的107胶）做黏结层铺贴，施工时将纸面向外，覆盖在砂浆面上，用木板压平，待黏结层开始凝固，洗去皮纸，用铁板校正缝隙（见

图15-24 墙砖铺贴

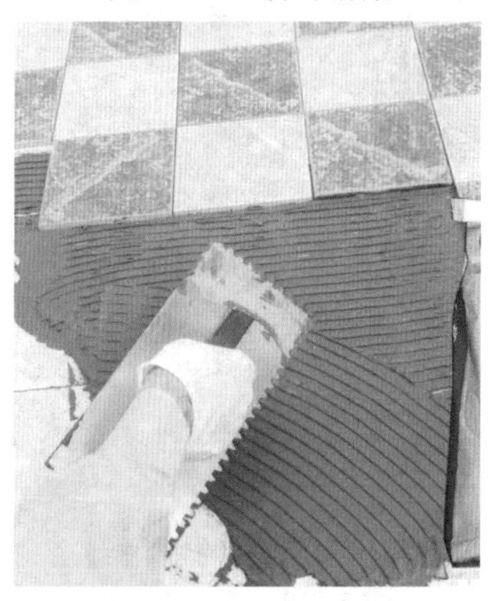

图15-25 墙砖铺贴

图15-26 陶瓷锦砖装饰

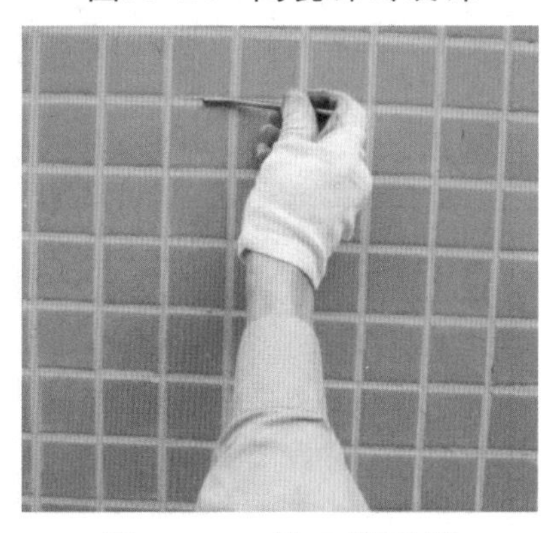

图15-27 校正缝隙缝

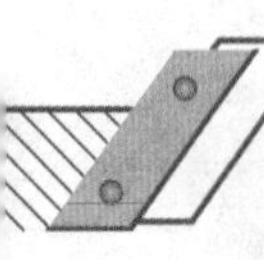

图15-27），最后用填缝剂擦缝。

第六节　石材挂贴

天然石材装饰效果独特（见图15-28），构造比较复杂，根据不同需求一般分为水泥砂浆湿挂贴法、胶粘剂干贴法和干挂法三种，其中干挂法使用最多。

1. 水泥砂浆湿挂贴法

水泥砂浆湿挂贴法是传统的铺贴方法，即在竖向基体上预挂角钢筋网架，用镀锌铁丝绑扎板材并灌水泥砂浆粘牢。这种方法的优点是施工简便，牢固可靠；缺点是灌注砂浆容易污染板面，在日后的使用过程中容易出现水斑不干、白华泛碱等多种石材缺陷。因此，目前高档次的装修基本上已不采用这种施工方法了，以干挂法施工工艺取而代之。

2. 胶粘剂干贴法

胶粘剂干贴法是用胶粘剂代替水泥砂浆，将饰面石材直接粘贴到已达到平整度要求的墙面上（见图15-29），主要适用于小规格的薄板，其优点是施工简便，可防止水泥白华等石材缺陷的发生，缺点是施工成本较高，对石材和基础墙面精度要求较高，目前国内很少采用这种施工方法。

3. 干挂法

干挂法构造简单实用，大量采用成品构件，是墙面石材构造设计的首选。

首先，在墙上布置钢骨架，水平方向的角形钢必须焊在竖向角钢上。按设计要求在墙面上制成控制网，由中心向两边制作，应标注每块板材的位置线和每个挂件的具体位置。

然后，对石材钻孔或切槽，采用销钉式挂件和挂钩式挂件时，可用冲击钻在石材上钻孔。采用插片式挂件时可用角磨机在石材上切槽。为保证所开孔、槽的准确度和减少石材破损，应使用专用机架，以固定板材和钻机等（见图15-30）。

再次安装膨胀螺栓，按照放线的位置在墙面上打出膨胀螺栓的孔位，孔深以略大于膨胀螺栓套管的长度为宜。埋设膨胀螺栓并予以紧固，最后用测力扳手检测连接螺母的旋紧力度。在安装膨胀螺栓的同时将直角连接板固定，然后安装锚固件连接板，在上层石材底面的切槽和下层石材上端的切槽内涂胶，石材就位，使插片进入上、下层石材的槽内，调整位置后拧紧连接板螺栓。

最后，经检查无误，清扫拼接缝后即可嵌入橡胶条或泡沫条，并填补勾缝胶封闭。注胶时要均匀，胶缝应平整饱满，也可

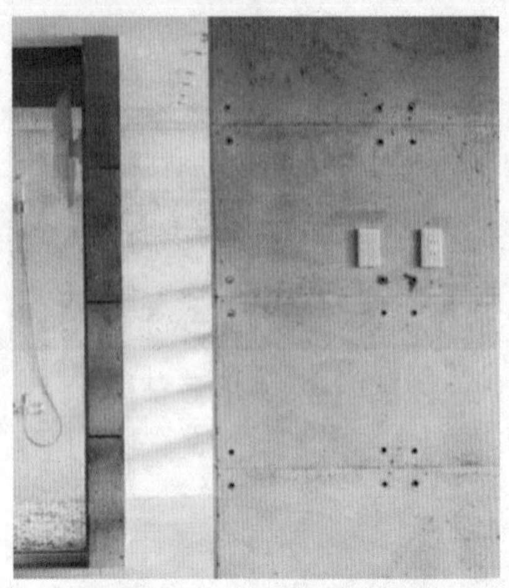

图15-28　天然石材装饰

图15-29　胶粘剂干贴

图15-30　干挂构件

熟记要点

GPC干挂法

在干挂法的基础上，国外又出现一种GPC干挂法，实际是干挂法的发展，先将花岗岩薄板与钢筋细石混凝土制成加强复合板，再将这种复合板作为吊挂件，通过连接器具将其吊挂到钢骨架上，并且在复合板与骨架之间组成一个空腔。

这种施工方法主要优点是石板材的重量比普通干挂法所用的石板材的重量轻，总的安装费用也比普通干挂法略低一些。

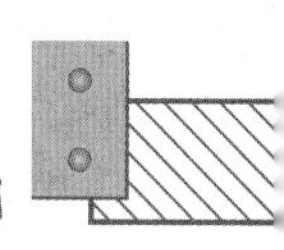

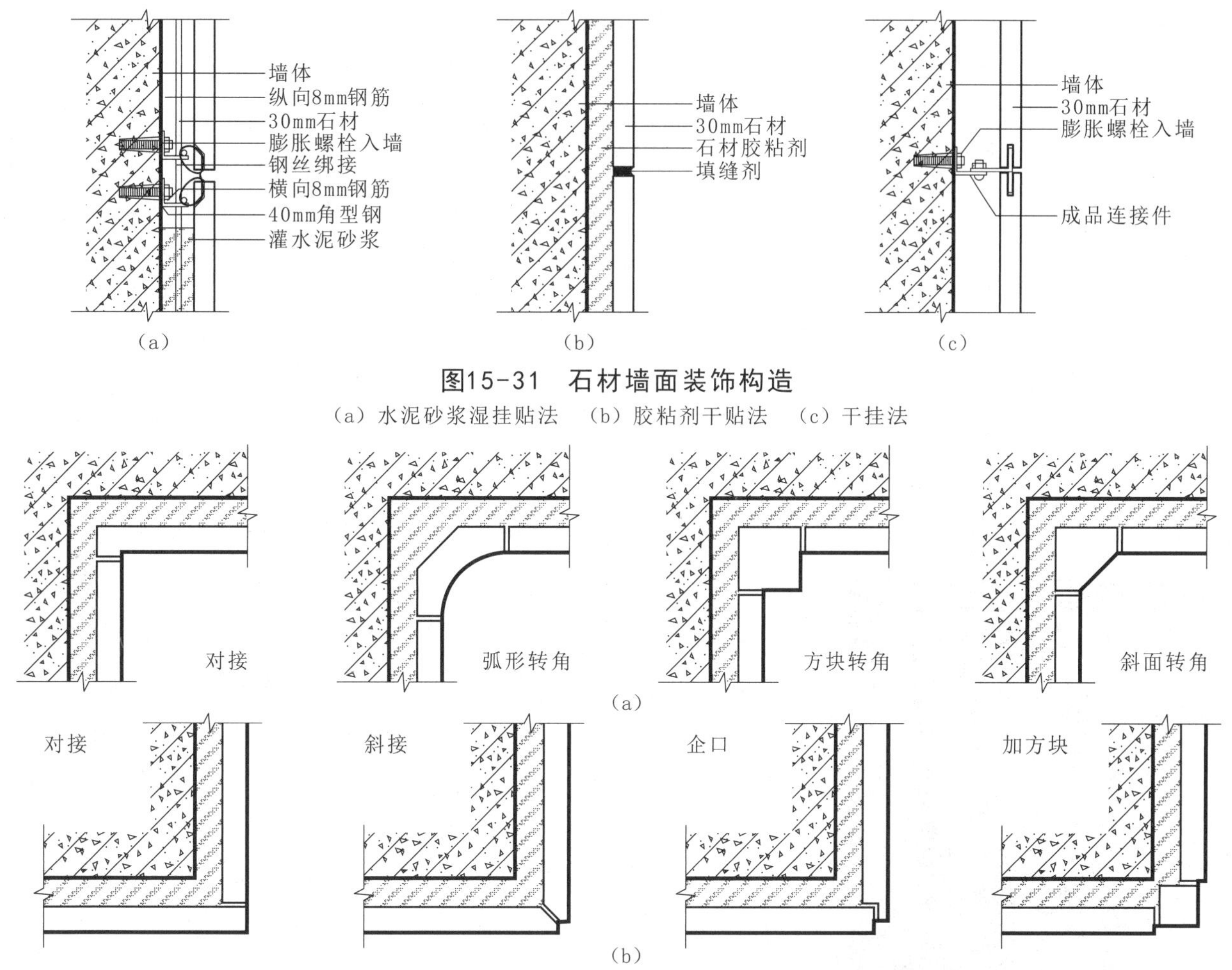

图15-31 石材墙面装饰构造

(a) 水泥砂浆湿挂贴法 (b) 胶粘剂干贴法 (c) 干挂法

图15-32 石材墙面阴阳角处理构造

(a) 阴角处理 (b) 阳角处理

稍凹于板面。为保证拼缝两侧石材不被污染，应在拼缝两侧的石板面上贴胶带纸保护，打完胶后再撕掉。清除所有的石膏和余浆痕迹，用拭布擦洗干净。并按石材的出厂颜色调成色浆嵌缝，边嵌边擦干净，以更缝隙密实均匀、干净颜色一致（见图15-31、图15-32）。

图15-33 玻璃隔墙

第七节 玻璃隔墙

玻璃隔墙适用于餐厅、店铺的外墙，透明的玻璃能更好展示室内设计成果，也是室内外环境空间交流的媒介（见图15-33、图15-34）。

首先，根据层高确定标高水平线，顺墙高量至顶棚标高，沿墙弹出隔断垂直标高线及天、地龙骨的水平线，并在天地龙骨的水平线上划好龙骨的分档位置线。根据设计要求固定天地龙骨，如果无设计要求时，可以用ϕ8～ϕ12mm膨胀螺栓或钉子固定，膨胀螺栓固定点间距600～800mm，安装前作好防腐处理。

图15-34 玻璃隔墙

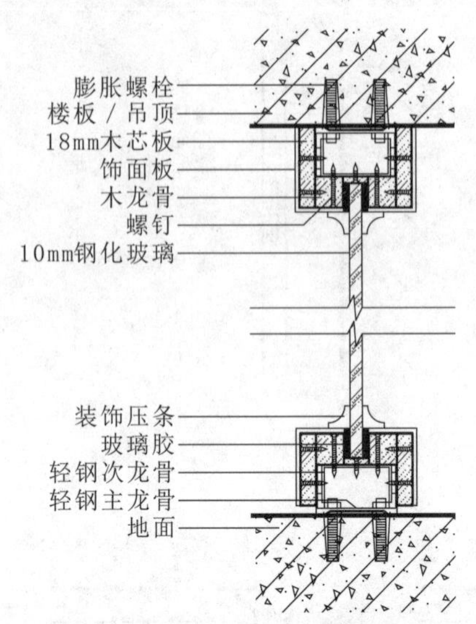

图15-35　玻璃隔墙构造

然后，按分档线位置固定主龙骨，用铁钉固定，并安装电线管设施。小龙骨的安装要用扣榫或钉子，必须安装牢，安装小龙骨前，也可以根据安装玻璃的规格在小龙骨上开安装玻璃槽。

其后，将玻璃安装在小龙骨上，如果用压条安装时先固定玻璃一侧的压条，并用橡胶垫垫在玻璃下方，再用压条将玻璃固定。如果用玻璃胶直接固定玻璃，应将玻璃先安装在小龙骨的预留槽内，然后用玻璃胶封闭固定。

最后，将玻璃胶均匀地打在玻璃与小龙骨之间，待玻璃胶完全干后撕掉纸胶带，将压条用直钉或玻璃胶固定小龙骨上，也可以根据需要选用10mm×12mm木压条、10mm×10mm的铝压条或10mm×20mm不锈钢压条（见图15-35）。

图15-36　玻璃砖隔墙

第八节　玻璃砖隔墙

玻璃砖墙体适用于建筑中非承重内外装饰墙体，也是玻璃分隔墙的一种（见图15-36），但玻璃砖是一块块砌的，其重量比普通玻璃隔墙要大，其构造也有别于其他砌体，所以玻璃砖容易出现开裂、松动、凹凸，甚至碎裂，影响装饰效果。

首先，将基础面或楼层结构面按标高找平，依据施工图纸放出墙体定位线，边线和洞口线。按弹好的玻璃砖墙位置线，核对排列图进行现场排砖，核对玻璃砖墙长度尺寸是否符合排砖模数，如果不符合，应适当调整砖墙两侧的槽形钢或木框的厚

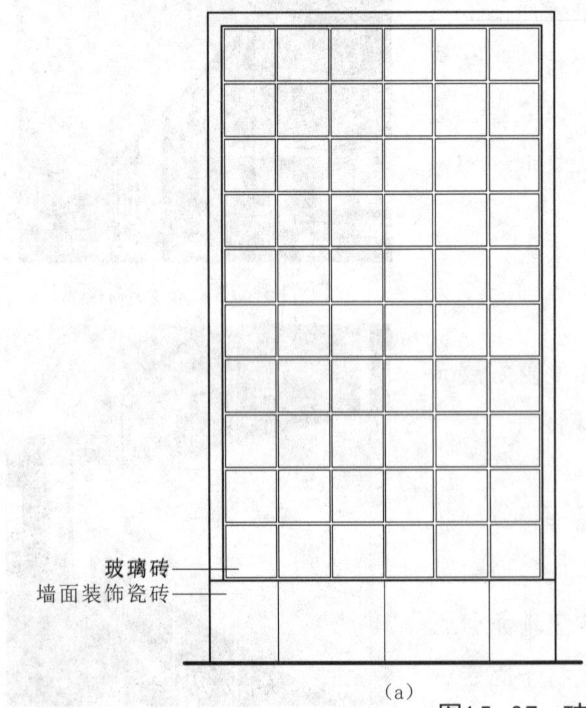

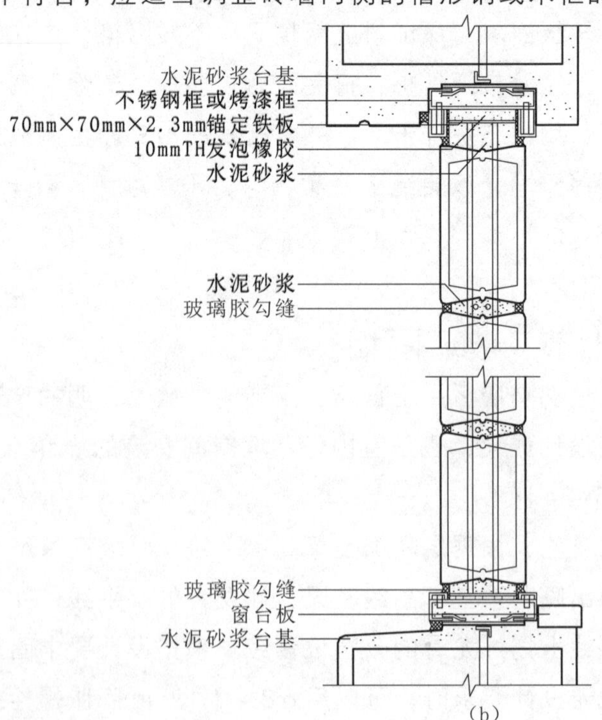

图15-37　玻璃砖墙面装饰构造
(a) 正立面图　(b) 剖面图

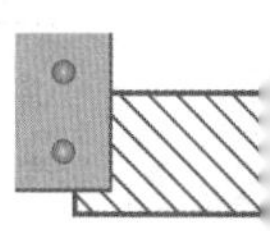

度及砖缝的厚度，墙两侧调整的宽度要一致，同时与砖墙上部槽形钢调整后的宽度也尽量保持一致。

然后，在准备施工的墙体部位弹好摞底砖线，按标高立好皮数杆，皮数杆的间距以100～120mm为合适，以确保墙体本身完全垂直，避免偏心负荷。玻璃砖墙分有框和无框两种做法，有框做法先安装框架，框架可以采用铝合金型材或槽形钢，无框时可采用预留凹槽或预埋件（后植埋件）的构造方法（见图15-37）。

图15-38 玻璃砖固定件

最后，调和玻璃砖专用黏结剂，将玻璃砖侧面涂上已调和好的黏结剂，由玻璃砖墙一角开始，一块一块砌上玻璃砖，务必确定每一块玻璃砖的四个角落都放置了固定件（见图15-38）。砌筑应双面挂线。如果玻璃砖墙较长，则应该在中间设几个支点，找好线的标高，使全长高度一致。每层玻璃砖砌筑时均需挂平线，并穿线看平，使水平灰缝平直通顺、均匀一致（见图15-39）。为了保证墙面垂直，应用吊线坠方法随时检查，如果出现偏差，应该随即纠正。

图15-39 玻璃砖灰缝

★思考题★

1. 砖墙主要有哪几种组砌方式?
2. 墙面抹灰与涂料的关系是什么?
3. 怎样设计钢龙骨纸面石膏板隔墙?
4. 怎样铺贴瓷砖?
5. 什么是石材干挂法?
6. 怎样合理运用玻璃隔墙与玻璃砖隔墙?

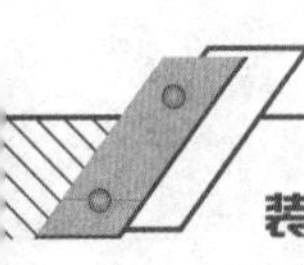

第十六章 地面

熟记要点

楼地面的构造

楼地面一般由基层、垫层和面层三部分组成。

1. 基层

基层的作用是承受其上面的全部荷载，它是楼地面的基体。因此，要求基层要坚固、稳定。

2. 垫层

垫层位于基层之上、面层之下，是承受和传递面层荷载的构造层。楼层的垫层，还具有隔声和找平的作用。

3. 面层

面层，又称为表层，是楼地面的最上层。它是供人们生活、生产或工作直接接触的结构层次，也是地面承受各种物理、化学作用的表面层。

楼地面简称楼面，它是地面的总称，是建筑装饰中的一个重要部位。楼面与地面由于使用要求基本相同，在基本结构组成上又有很多共同之处，所以人们常把楼面也称为地面。但是，楼面与地面支撑结构的性质不同，因而它们又各有特点。楼板结构的弹性变形较小，而地面承重层的弹性变形较大。

第一节 楼板构筑

楼板的构筑在于强度，在装饰工程中，对于特别高敞的空间，可以根据需要来分隔楼层，一层变两层，两层变三层，这种设计能有效利用使用面积，提高建筑的使用效益。传统的楼板构筑都融合到了建筑工程中，这个独立工种在大多数情况下又得满足装饰装修的需要，因此，这里介绍两种常用的构造设计。

1. 现浇式钢筋混凝土楼板

现浇钢筋混凝土楼板在现场绑扎钢筋并支撑浇注混凝土而成，这种楼板整体性好，刚度大，有利于抗震，防水性能好并且成型自由，能适应各种不规则形状和需留孔洞等特殊要求的建筑。但是，现浇楼板耗费大量模板，现场操作量大且施工工期较长。现浇钢筋混凝土楼板按结构方式可分为板式楼板、梁板式楼板、井式楼板和无梁楼板三种。

图16-1 钢筋混凝土楼板钢筋

（1）板式模板 一般单向简支在墙上，多用于较小跨度的走廊或房间，例如：居住建筑中浴厕、厨房等处。跨度一般在2m左右，可至3m，板厚约70mm，板内配置受力钢筋（设于板底）与分布钢筋（见图16-1），按短跨方向搁置。如果是方形或近似方形房间，则可以用双向支承和配筋。

图16-2 梁板式楼板

（2）梁板式楼板 又称为肋形楼板，房间跨度较大时，若仍采用板式楼板，则必须加大板的厚度和增加板内的配筋量，很不经济，因此，结构设计中常采用梁板式楼板，即设置梁作为楼板的支点来减少板的跨度。这时，楼板层的荷载是由板传给梁，再由梁传到墙或柱上的（见图16-2、图16-3）。

图16-3 梁板式楼板

（3）井式楼板 当梁板式楼板两个方向的梁不分主次，高度相等，同位相交，呈井字形时称为井式楼板。因此，井式楼板实际上是梁板式楼板的一种特例。井式楼板的板为双向板，所以，它也是双向梁板式楼板。井式楼板宜用于正方形平面，长短边之比≤1.5的矩形平面也可以采用，梁与楼板平面的边线可正交也可斜交。此种楼板的梁板布置图案美观，有装饰效果，并且由于两个方向的梁相互支撑，受力较好，为创造较大的建筑空间提供了条件，所以常用于公共建筑的门厅、大厅或跨度较大的空间。

（4）无梁楼板　是将楼板直接支撑在墙和柱上，不设主梁或次梁。为增大柱的支撑面积和减少板的跨度，通常在柱顶加柱帽和托板等，柱帽的形式可以是方形、圆形或多边形等。无梁楼板采用的柱网通常为正方形或近正方形，这样较为经济，常用的柱网尺寸为6m左右，柱子截面一般为正方形、圆形或多边形。楼板厚取170～190mm。采用无梁楼板顶棚平整，有利于室内的采光、通风，视觉效果好。无梁楼板的模板简单、施工方便，结构高度较一般梁板式楼板要小，但楼板较厚，耗用钢材较多。

2. 型钢结构楼板

型钢结构楼板是采用成品型号钢材，通过焊接、铆接等工艺组合成的建筑楼板，一般用于装修中搭建架空隔层，它的构造设计适合绝大多数现场施工环境，但是组建比较复杂，制作成本高。型钢结构楼板的构件主要分为立柱、主梁、副梁、楼板四大部分，在设计中要严格把握它们之间的关系（见图16-4）。

根据选用的型钢规格和使用要求（见图16-5），立柱一般选用18#工型钢，间隔2.4～3.6m设置一根，主跨度用的材料可以采用15#～18#工型钢，如果住宅内墙体是实墙或是承重墙的话，可以直接在承重墙上按照钢材的横截面大小的尺寸，开出150～200mm的孔洞，将大梁直接埋入孔内，如遇上钢梁一头是普通墙体或非承重墙的话，可以选择在墙体内开出立槽，在槽内预埋进6#或8#方钢，方钢接近于地面的底部，必须使用10mm厚的钢板，切割成12mm×12mm的底板，进行焊接。钢架层中间的副梁，可

熟记要点

混凝土的强度等级

目前混凝土共十四个等级为C15、C20、C25、C30、C35、C40、C45、C50、C55、C60、C65、C70、C75、C80（从小到大排列）。

例如：C25是指混凝土以边长200mm的立方体试样，在标准养护条件下经过28天后的抗压强度作为标号，C25混凝土抗压强度为25MPa。

(a)

(b)

图16-4　型钢结构楼板骨架

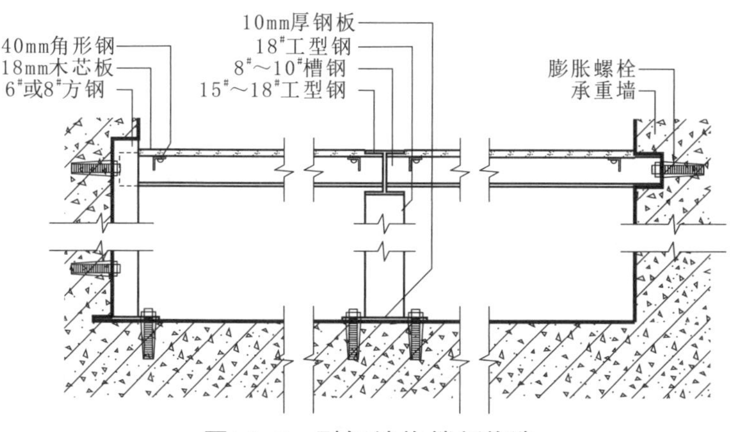

图16-5　型钢结构楼板构造

图16-6　型钢结构楼板

图16-7　实木板地板

图16-8　水泥地面

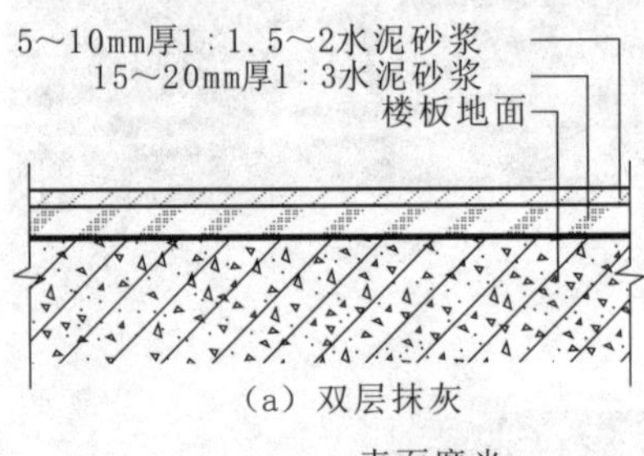

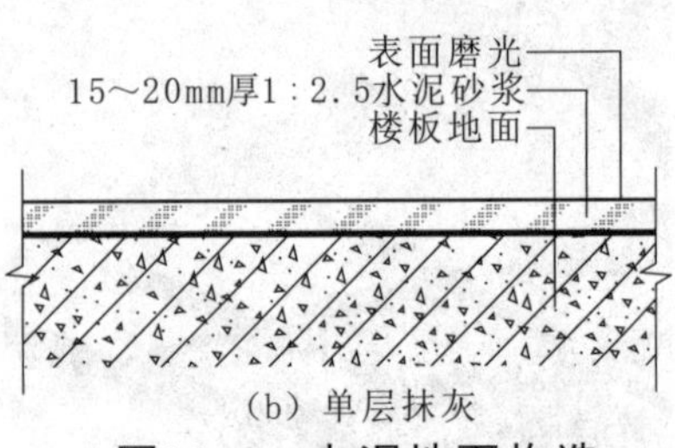

图16-9　水泥地面构造

图16-10　普通水磨石地面

以使用8#～10#槽钢，进行“井”字状的焊接，间隙不能超过400mm。

楼板的地面，可以用18mm优质木芯板或实木板（见图16-6、图16-7），用金属螺丝直接固定在40mm角形钢架上，作为阁楼地面的基层，在阁楼的底边，如果需要做吊顶的话，必须和钢架层有一定的间隙，不能和钢架层有连接，避免人在阁楼上走动时带来的振动，而造成阁楼的底边吊顶的变形或裂变。一般而言，上表面铺设地板，下表面设计吊顶造型的型钢结构楼板，厚度都在200mm以上，设计时要控制好底层的净空高度，以免影响正常使用。

第二节　地面找平

地面找平一般是指采用水泥砂浆的可塑造特性，将建筑楼板地面抹平，抹平的地面才能为下一步装饰打好基础。

1. 水泥地面

水泥地面构造简单、坚固、能防水、造价较低，在一般的民用建筑中采用较多（见图16-8）。但是，水泥地面的吸热系数大，冬天感觉冷，在空气相对湿度较大时容易产生凝结水，而且表面起灰，不易清洁。

水泥地面经常采用的构造是：在结构层上抹水泥砂浆，一般有双层和单层两种。双层采用15～20mm厚1：3水泥砂浆打底做结合层，面层用5～10mm厚1：1.5～2水泥砂浆抹面。单层只在基层上抹一层15～20mm厚1：2.5水泥砂浆，抹平后待其终凝前，再用铁板抹光。双层的施工较复杂，但开裂较少[见图16-9(a)(b)]。

在水泥中掺入一些颜料，可以做成不同颜色的地面，但是由于普通水泥本身呈灰色，因而做出的地面颜色都较深。为了提高水泥地面的耐磨性和光洁度，通常用干硬性水泥做原料，有的还用磨光机磨光或者另以石屑作骨料，即水泥石屑地面。此外，还可以在一般水泥地面上涂抹氟硅酸或氟硅酸盐溶液，称为氟化水泥地面，或者涂一层塑料涂料，例如：过氯乙烯涂料等。一些有防滑要求的水泥地面，可以将面层做成各种纹样的粗糙表面。这种地面，称为防滑水泥地面。

2. 水磨石地面

水磨石地面，又称为磨石子地面（见图16-10），它是将天然石料（大理石或中等硬度的石料）的石屑，用水泥浆拌和在一起，抹浇结硬再经磨光、打蜡而成的地面装饰构造。

（1）普通水磨石地面 有与天然石料近似的耐磨性、耐久性、耐酸碱性，表面光洁，不易起灰，有良好的抗水性，但是导热性强，并且比水泥地面更易反潮。水磨石地面常用于公共的门厅、过道、楼梯和相关房间。水磨石地面的构造，一般分为两层：底层采用12～15mm厚的1∶3水泥砂浆找平打底，面层是由85%的石屑和15%的水泥浆构成。现浇水磨石地面的厚度，应随着石子粒径的变化而变化（见图16-11）。当石子粒径为4～12mm时，其厚度为10～15mm，当石子粒径在12mm以上时，厚度也随着增加。另外，现浇水磨石地面也可以采用大于30mm的石粒，甚至用破碎大理石构成不同风格的花纹。但是，水磨石面层不得掺砂，否则容易出现孔隙。

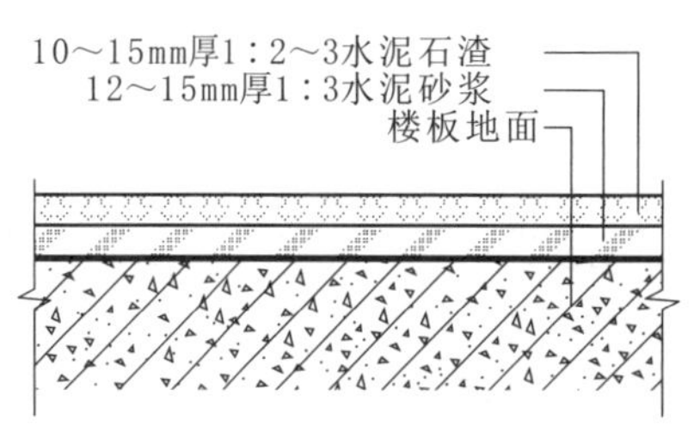

图16-11 水磨石地面构造

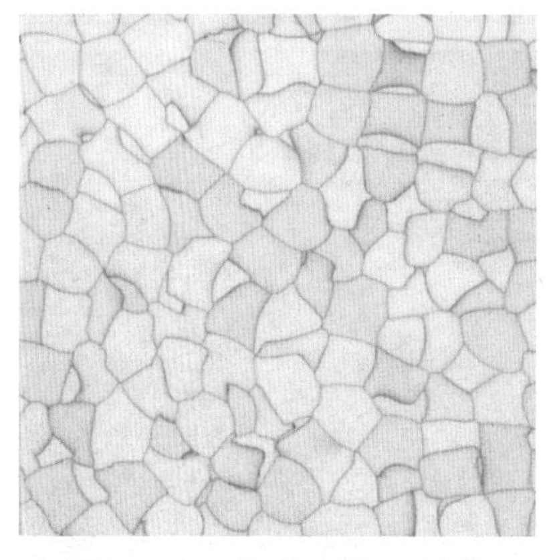

图16-12 艺术水磨石地面

（2）艺术水磨石地面 艺术水磨石是采用白水泥加颜料，或彩色水泥与大理石屑制成的。由于所用石屑的色彩、粒径、形状等不同，可以构成不同色彩、纹理的图案（见图16-12），既可以用白水泥、彩色石粒，也可以用彩色水泥和彩色石粒。由于艺术水磨石质地均匀稳定，加工简便，价格低于天然石，所以常常代替大理石而作为公共建筑中人流较多的门厅地面或墙面装饰。

现浇艺术水磨石地面是在施工现场进行拌料、浇抹、养护和磨光而成的。现浇时，采用嵌条进行分格，可选用2～5mm厚的铜条、铝条或玻璃条（见图16-13），分格大小随设计而异，也可按设计要求做成各种花纹或图案；同时，要注意防止因气温变化而产生不规则裂缝。

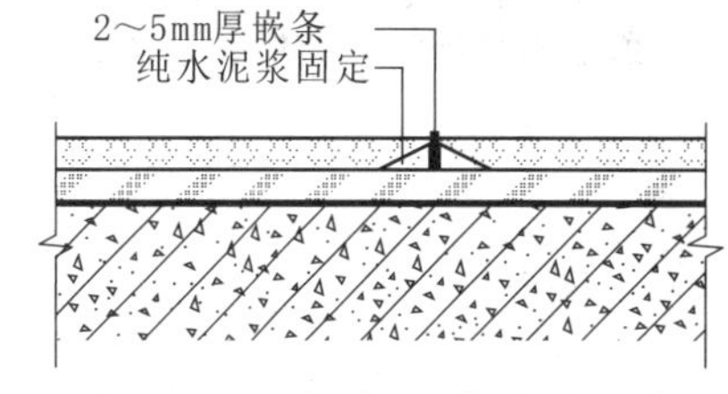

图16-13 水磨石地面装饰条

普通水磨石地面与艺术水磨石地面的优点是：厚度小，自重轻，分块自由，造价低。缺点是：现场工期长，劳动量大。

第三节 块材铺设

板块料地面属于中、高档装饰，目前在我国应用十分广泛。但是，在应用中应注意这类地面系刚性地面，不具有弹性、保湿、消声等性能。因此，虽然板块料地面的装饰等级比较高，但是必须要根据其材质特点而使用。板块料地面通常用于人流量较大、耐磨损、保持清洁等方面要求较高的场所（见图16-14），或者用于比较潮湿的地方。板块料地面要求铺砌和粘贴平整，一般胶结材料既起胶结作用又起找平作用，当然，也有先做找平层再做胶结层的。

图16-14 瓷砖铺设

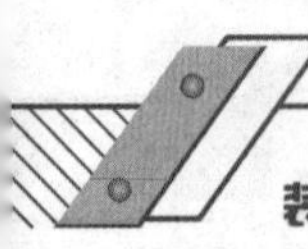

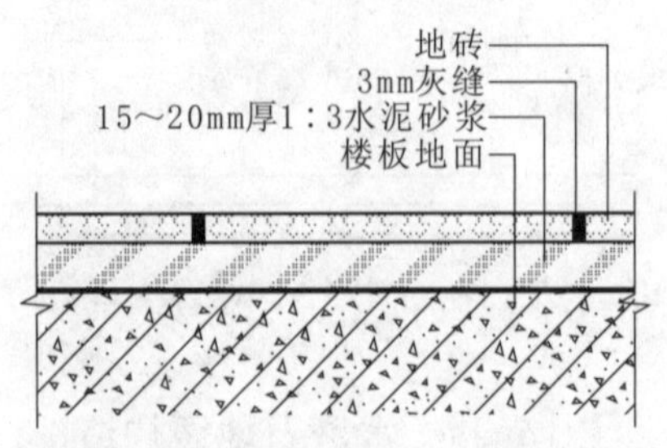

图16-15 陶瓷地面砖铺设构造

图16-16 石材铺设

熟记要点

活动地板

活动地板，又称为装配式地板，是由各种不同规格、型号和材质的面板块、搁栅（龙骨）、支架等组合拼装而成的架空地面。活动地板的架空空间可敷设各种电缆、管线、空调静压送风，并能设置通风口。活动地板平整、光洁、装饰性好，预制、安装、拆卸方便，它适用于仪表控制室、计算机房、变电所控制室、广播、邮电用房、自动化办公室以及高级宾馆会议厅等。

图16-17 架空地台构造

1. 陶瓷地面砖地面

陶瓷地面砖不仅适用于各类公共场所，而且也逐步被引入家居地面装饰。经抛光处理的仿花岗岩地砖，具有华丽高雅的装饰效果，可用于中、高档室内地面装饰。

陶瓷地面砖分无釉亚光和彩釉抛光两大类，它的形状也很丰富，以正方形与长方形比较多见。正方形的一般边长为150～300mm，厚度为8～15mm，砖背面有凹槽，使砖块能与结构层黏结牢固。房间四周踢脚板可用陶瓷地面砖制成。陶瓷地面砖铺贴时，所用的胶结材料一般为1：3水泥砂浆，厚15～20mm，砖块之间有3mm左右的灰缝（见图16-15）。铺砌时，必须注意平整，保持纵横平直，并以水泥砂浆嵌缝。

2. 天然石材地面

天然石材一般具有抗拉性能差、容重大、传热快、易产生冲击噪声、开采加工困难、运输不便、价格昂贵等缺点，但是由于它们具有良好的抗压性能和硬度、质地坚实、耐磨、耐久、外观大方稳重等优点，所以至今仍为许多重大工程在使用。

天然石材常加工成条形或块状，厚度较大，约50～150mm，其面积尺寸是根据设计分块后进行定货加工的。天然石材铺设时，相邻两行应错缝，错缝位于石材长度的1／3～1／2。

铺设花岗石或大理石地面的基层有两种：一种是砂垫层，另一种是混凝土或钢筋混凝土基层。混凝土或钢筋混凝土面常常要求用砂或砂浆找平层，厚为30～50mm。砂垫层应在填缝以前进行洒水拍实整平（见图16-16），石材多选用紧密式铺砌，条石之间留5mm缝隙。石材之间多留有较大缝隙，缝隙之间可采用15～25mm卵石或碎石填嵌，经过辗压沉落后，再用粒径为5～15mm卵石或碎石填缝，辗压紧密。此外，还可以采用水泥砂浆嵌缝，或在缝隙间种植草皮。

第四节 架空地台

架空地台又称为架空式木地面，主要是指支撑木地面的搁栅架空搁置（见图16-17），使地面下有足够的空间便于通风，以保持干燥，防止搁栅腐烂损坏。当房间尺寸不大时，搁栅两端可直接搁在砖墙上；当房间尺寸较大时，为了减少搁栅挠度，充分利用小料或短料以节约木料，常在房间地面下增设地垄墙或柱墩支撑搁栅。

搁栅可以用圆木，也可以用方料，其截面尺寸：圆木直径为

ϕ 100～ ϕ 120mm；方木为（50～60）mm×（100～120）mm，中距400mm。为了保证搁栅端头均匀传力，需在搁栅支点处垫一块长的垫木，在柱墩处垫木改用50mm×120mm×120mm的垫块。为防止垫木腐烂，需做防腐处理，并于垫木下干铺油毡一层。

木搁栅的处理如同架空木地面，木搁栅跨度常在3～4.5m，再大者需另设横梁支承搁栅。搁栅多为方料，其截面尺寸为（50～75）mm×（200～300）mm，中距400mm。为加强木搁栅的稳定性和整体性，常在搁栅之间沿跨度方向每隔1.2～1.5m用35mm×35mm的木条交叉成剪刀状钉于搁栅之间，俗称剪刀撑。

搁栅上铺钉木地板，板与板的拼缝有企口缝、销板缝、压口缝、平缝、截口缝和斜企口缝等形式。木板需用暗钉，以便于表面刨光或油漆，所有板端的接头均需在搁栅上，不得悬空。

当面层采用拼花硬木地面时，需采用双层木板铺钉，下层板称为毛板，可采用普通木料，截面一般为20mm×100mm，最好与搁栅呈45° 方向铺钉，也可成90° 铺钉。毛板与面板之间可衬一层油纸，作为缓冲层，硬条木双层地面毛板构造亦同。

在地面与墙面交接处，需钉高为150～180mm，厚为20mm木踢脚板。墙内预埋木砖，间距1.2～1.5mm，以便将踢脚板钉牢，最后在踢脚板与地板折角处需钉盖缝条（见图16-18）。

图16-18 架空地台

第五节 地板铺设

地板铺设是指直接在实体基层上铺设木地板，例如，在钢筋混凝土楼板上或混凝土基层上直接做木地板。这种做法构造简单，结构安全可靠，节约木材，所以被广泛采用。目前木地板种类多样，其中，中高档实木地板的铺设构造非常复杂，在此作详细介绍。

实铺地板要先安装地龙骨，地龙骨一般采用30mm×40mm木方，然后再进行木地板的铺装。龙骨的安装应先在地面做预埋件，以固定木龙骨，预埋件为膨胀螺栓及40mm角形钢，预埋件间距为600mm，从地面钻孔下入。实铺实木地板应有基面板，基面板一般使用木芯板，木芯板底部还须铺设防潮毡。地板采用专用麻花钉固定，注意地板的接缝要求整齐。

目前，大部分实木地板都是成品漆板，铺装完成后可以直接投入使用。如果是传统的素板，就要先用刨子将表面刨平刨光，

熟记要点

地板铺设注意事项

1. 所有木地板运到施工安装现场后，应该拆开包装在室内存放一个星期以上，使木地板与环境温度、湿度相适应后才能使用。

2. 木地板安装前应该进行挑选，剔除有明显质量缺陷的不合格品，将颜色花纹一致的铺在同一房间，有轻微质量缺欠但不影响使用的，可以摆放在家具底部使用，同一房间的板厚必须一致。购买时应按实际铺装面积增加10%的损耗一次购买齐备。

3. 铺装木地板的龙骨应使用松木、杉木等不易变形的树种，木龙骨、踢脚板背面均应进行防腐处理。

4. 铺装实木地板应避免在阴雨等气候条件下施工，施工中最好能够保持室内温度、湿度的稳定。

5. 安装时挤出的胶液要及时擦掉。木地板粘贴式铺贴要确保水泥砂浆地面不起砂、不空裂，基层必须清理干净。基层不平整应用水泥砂浆找平后再铺贴木地板，基层含水率不大于15%。粘贴木地板涂胶时，要薄且均匀，相临两块木地板高差不超过1mm。

图16-19 实木地板铺设

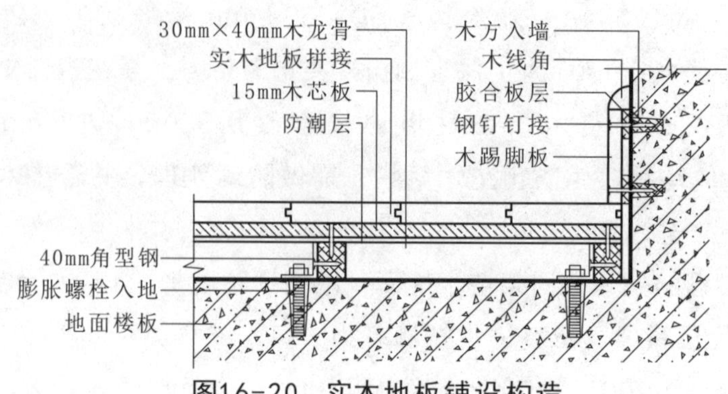

图16-20 实木地板铺设构造

将地板表面清扫干净后涂刷地板漆，进行抛光上蜡处理（见图16-19、图16-20）。

熟记要点

踢脚板

踢脚板又称为踢脚线，是楼地面和墙面相交处的一个重要构造节点。它的主要作用是遮盖楼地面与墙面的接缝，保护墙面，以防搬运东西、行走或做清洁卫生时将墙面弄脏。踢脚板的材料与楼地面的材料基本相同，所以在构造上将其与地面归为一类。踢脚板的一般高度为100~180mm。

第六节 地毯铺设

地毯铺设可分为满铺与局部铺设两种，铺设方式又有固定式与不固定式之分。

1. 固定式铺设

固定式铺设，是指将地毯裁边、黏结拼缝成为整片，摊铺后四周与房间地面加以固定。固定式铺设有两种方法：一种是用倒刺板固定，即在地面周边钉上带朝天小钉的倒刺板，将地毯背面挂住、固定；另一种是粘贴固定，即用地毯胶粘剂将地毯背面的周边与地面粘合在一起。前者先在地面上铺海绵波垫或杂毛垫垫层后，再铺地毯；后者则是把地毯直接粘接在地面上。

（1）倒刺板固定 倒刺板一般用4~6mm厚、24~25mm宽的三夹板条或五夹板条制作，板上钉两排斜铁钉。倒刺板应固定于距墙面踢脚板外8~10mm处，以作地毯掩边之用。一般用水泥钉直接固定在混凝土或水泥砂浆基层上，如果地面太硬或松散，可以先埋下木楔，再将倒刺板钉在上面。当地毯完全铺好后，用剪刀裁去墙边多出的部分，再用扁铲将地毯边缘塞入踢脚板下预留的空隙中。室内门口处地毯的固定与收口，是在门框下的地面处，采用2mm厚的铝合金门口压条，将21mm宽的一面用螺钉固定在地面内，再将地毯毛边塞入18mm宽的口内，将弹起压片轻轻敲下，压紧地毯。室外门口或地毯与其他地面材料交接处，则采用铝合金L形倒刺条、锑条或其他铝压条，将地毯端边固定和收口（见图16-21）。

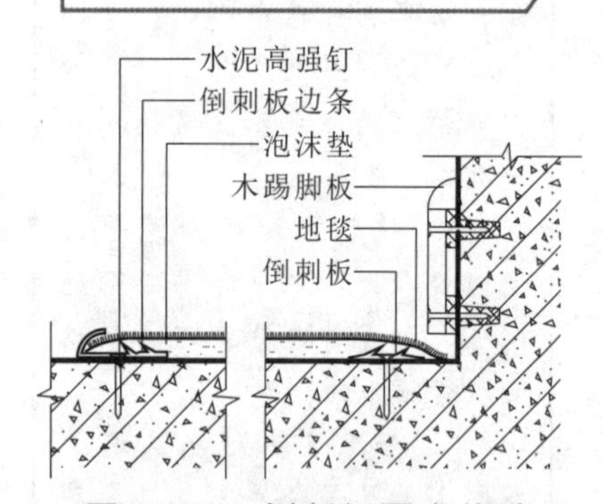

图16-21 倒刺板固定构造

（2）粘贴法固定 用粘贴法固定地毯时，地面一般不再铺垫层，地毯通过胶粘剂的作用（见图16-22），直接固定在地面基层上。刷胶采用满刷与部分刷胶两种方法。人流量大的公共场所

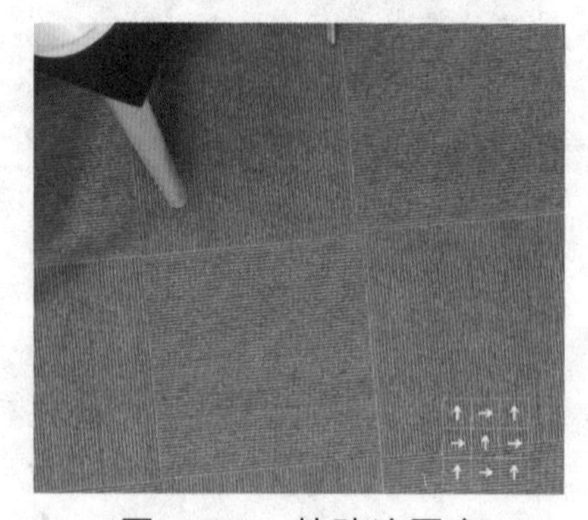
图16-22 粘贴法固定

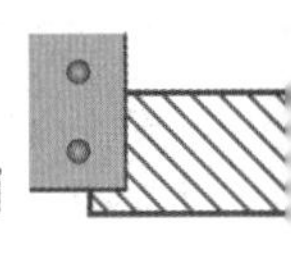

应采用满刷胶液；人流量少而搁置器物较多的地面，可以部分刷胶。胶粘剂应选用地板胶，用油刷将胶液涂刷在地面上，静停5～10min待溶剂挥发后，即可铺设地毯。部分刷胶铺设地毯时，应根据房间尺寸裁割地毯。先在房间中部地面涂一块胶，地毯铺设时，用撑子往墙边拉平，再在墙边刷两条胶带将地毯压平，并将地毯毛边塞入踢脚板下。需要拼接的地毯，在接缝处刮一层胶拼合密实，走廊可顺着一个方向铺设地毯。

2. 不固定式铺设

当采用卷材地毯时，不固定式铺设地毯的裁割、接缝、缝合，与固定式铺设相同。地毯拼成整块后，直接干铺在洁净的地面上，不与地面粘贴，在铺设沿踢脚板下的地毯时，应塞边压平。不同材质的地面交接处，应选用合适的收口条收口，例如：同一标高的地面，可采用铜条或不锈钢条衔接收口；两种地面有高低差时，则选用L形铝合金收口条收口。

小方块地毯，一般本身较重，铺设时应在地面上弹出方格线，并从房间中央开始铺设，块与块之间，只要相互挤紧，一般不会卷起。

熟记要点

楼梯地毯铺设

铺设楼梯踏步处地毯时，先将倒刺板钉在踏步板和挡脚板的阴角两边，两条倒刺板顶角之间应留出地毯塞入的间隙（一般约15mm），朝天小钉倾向阴角面。然后用海绵衬垫把踏面及阴角包住，衬垫超出转角不小于50mm。

地毯铺设由上而下，逐级进行。顶级地毯需用压条钉固于楼梯平台上。在每级阴角处，用扁铲将地毯绷紧后，压入两根倒刺板之间的缝隙内；铺设完毕，将踏步防滑条铺钉在踏步板阳角边缘，然后用不锈钢膨胀螺栓固定，间距通常为150～300mm。

★思考题★

1. 列举出型钢结构楼板的设计要点？
2. 水泥地面与水磨石地面有什么区别？
3. 怎样铺设地砖？
4. 怎样铺设实木地板？
5. 什么是倒刺板？

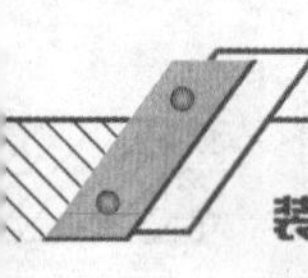

第十七章 门窗

图17-1 木质房门

门和窗在建筑中起着十分重要的作用。门主要用做交通联系；窗的主要功能是采光、通风及眺望等。门窗作为建筑物围护或分隔构件的重要组成部分，应能阻止风、雨、雪等自然因素的侵蚀，并满足隔声要求。在设计门窗时，应根据建筑的使用要求以及整体美观要求来决定它们的数量、大小、尺度、位置、开启开法和方向等，在构造上应保证其坚固耐用，开启方便灵活，关闭严密，便于维修和清洁（见图17-1）。

熟记要点

木门的种类

1. 按开启特点分类

（1）平开门：指门扇以立梃为轴，水平开启的门。

（2）弹簧门：指安装弹簧合页、门扇开启后能够自动闭合的木门。

（3）推拉门：指门扇被沿宽度方向左右推拉移动实现开关的门。

（4）转门：指以门扇中心线为轴旋转实现开关的门。

（5）折叠门：指开启过程门扇能够折叠的门。

2. 常用木门的构造特点分类及应用

（1）拼板门：指门扇采用拼板结构的木门。

（2）镶板门：指采用镶装门芯板结构的木门。

（3）夹板门：指采用木框架贴上两张胶合板（或纤维板）结构的木门。

（4）玻璃门：指门扇上镶装大玻璃的木门。

（5）钢木门：指采用钢木结构的门。

（6）连窗门：指门框同窗框连在一起的门。

第一节 木质门窗

由于在建筑门窗中，木质门窗的应用历史最长、范围最广，因而它的种类繁多，人们对它分类的方法也很丰富。现代木质门窗是在一般工业和民用建筑中较为常用的门窗。

1. 门框构造

门框在墙中的位置，可分为居中、内平或外平三种情况；如果是隔墙，墙体较薄，也可能内外平。与开启方向一侧平齐，可使开启角度最大，并尽量避免碰撞墙角，但门扇开启时占用净空较多。由于门框四周抹灰极易开裂，宜做贴脸板，盖住缝隙，装修标准高的建筑还可在门洞两侧和上方设筒子板（见图17-2）。

2. 门扇构造

（1）镶板门 是最常用的一种门扇形式，由边梃、上、中、下冒头组成骨架，有时中间还有横向冒头或竖向中梃（见图17-3），在其中镶装门芯板、玻璃、纱或百叶板等，组成各种门扇。

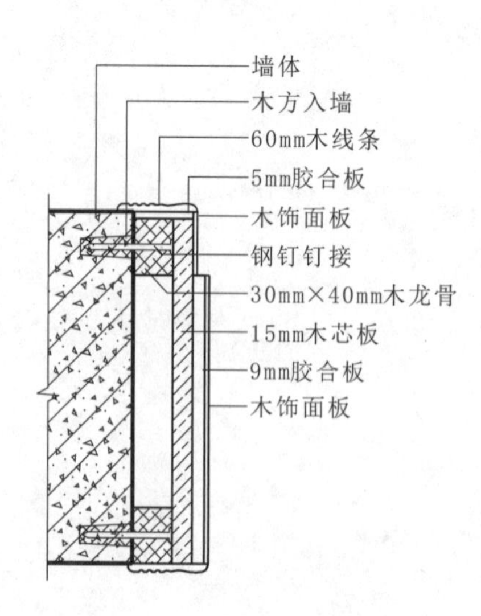

图17-2 木框构造

图17-3 镶板门样式

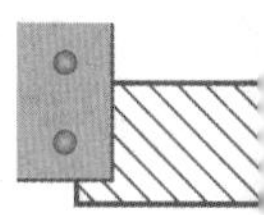

（2）夹板门 以断面较少的方木条形成骨架，双面粘贴薄板作面板，四周用小本板条镶边。夹板门的面板不再是骨架的负担，而是与骨架形成一个整体，共同抵抗变形。夹板门面板一般为胶合板、硬质纤维板或塑料板，用胶结材料双面胶结。夹板门的四周一般采用15～20mm宽的木板条镶边，使门扇整齐美观，也起着保护边缘的作用（见图17-4）。

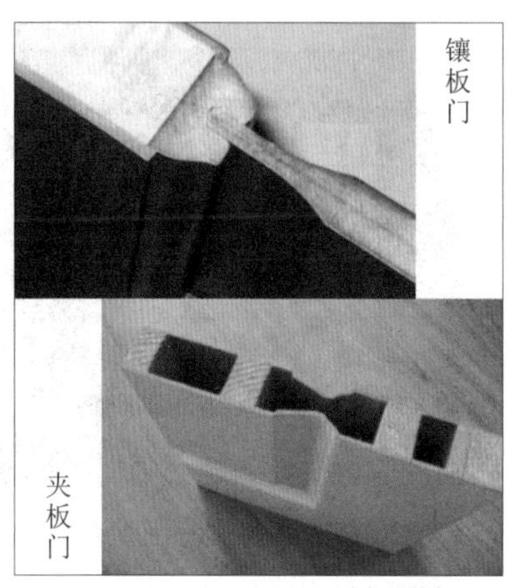

图17-4 镶板门与夹板门

3. 平开窗构造

窗主要由窗框和窗扇组成，窗扇和窗框之间为了固定及转动必须安装各种五金，例如：铰链、风钩、插销以及导轨、转轴、滑轮等。窗框与墙的交接处，根据不同的需要，有时须加设窗台板、贴脸板、筒子板及窗帘盒等。

窗框的安装与门框的安装方法相同，可分为后塞口和先立口两种方式。采用后塞口时洞口的高、宽尺寸应比窗框尺寸大10～20mm。窗框在洞口中的位置，有内平、外平或立中三种情况。内平是指与墙内表面平齐，一般安装时框应突出砖面20mm，以便墙面粉刷后与抹灰面平。框与抹灰面交接处，应用贴脸搭盖，以阻止由于抹灰干缩形成缝隙后风透入室内，同时可增加美观，其形状尺寸与门贴脸板相同。

当窗框立于墙中时，应内设窗台板，外设窗台。窗框外部与墙面平整时，应注意做好防雨水措施，窗洞应设窗套或顶部设雨篷以保护窗户，内开窗下部在窗下框或窗扇下冒头处做披水板，窗下框应改为积水槽及泄水孔，以排除沿窗扇流下的雨水。窗台板可以用木板，也可以用水磨石或大理石等其他材料，要求较高的窗子可设筒子板和贴脸板。

选择玻璃应兼顾使用要求及窗户的美观要求。大量民用建筑中以普通平板玻璃最为广泛，因其制作简单、价格便宜且光线的穿透能力较好。一些有特别需要的建筑可以选择有相应功能的玻璃，例如：为了保温或隔声需要，可以选用双层中空玻璃；需遮挡或模糊视线的，可以选用磨砂玻璃或压花玻璃；为了安全可采用夹丝玻璃、钢化玻璃或有机玻璃；为了防晒可采用有色、吸热和涂层、变色等种类的玻璃。

熟记要点

窗框与窗扇的防水措施

窗框与窗扇之间，要求关闭紧密，开启方便，同时应能有效地防止雨水渗入。在内开窗的下口和外开窗的中横框处，都是防水的薄弱环节，仅设裁口条还不能防水，一般需做披水条和滴水槽，以防雨水内渗，在近窗台处做积水槽和泄水孔，以利渗入之雨水排出窗外。

熟记要点

木窗的种类

1. 按开启特点分类

（1）平开窗：指窗扇向内或向外水平开启的木窗。

（2）固定窗：指没有活动窗扇的木窗。

（3）推拉窗：是指窗扇上下或左右推拉开启的窗。

（4）转窗：指窗扇绕水平或垂直轴旋转实现开启的窗。

2. 按转轴位置分类

（1）上悬窗的转轴（合页）安装在窗扇的上部。

（2）下悬窗的转轴（合页）安装在窗扇的下部。

（3）中悬窗的转轴，安装在窗扇的高度方向的中部。

（4）立转窗的转轴，安装在窗扇的宽度方向的中部。

第二节 铝合金门窗

铝合金门窗自20世纪70年代末期开始在我国生产和应用。与传统材料门窗相比，它具有自重轻、强度高、外形美观、色彩多样、密封性能好、耐腐蚀、维修保养比较方便等优点，所以其发展速度很快（见图17-5、图17-6）。

1. 铝合金门窗的构件

（1）铝合金型材 是构成铝合金门窗骨架的基本材料，常用型材均有固定的截面尺寸，虽然各个地区有微小差异，但对使用影响很少。

（2）玻璃 各类铝合金门扇通常均采用平板玻璃或铝合金扣板来作为门窗芯板。

（3）密封材料 为了保证连接安全可靠及防止雨水渗透、空气渗透，在玻璃与边框之间、门框与墙体之间等连接处均需要加柔性的垫片、密封条、密封胶等，以加强连接的严密性和可靠性。

（4）连接紧固件 连接紧固件用于拼装、固定和连接各个部分。例如：连接件、钢钉、膨胀螺栓、铆钉、焊条等。

（5）五金配件 是指合页、插销、门锁、把手、滑轮、地弹簧、防拆卸装置、限位器、闭门器等。

图17-5 铝合金门窗

图17-6 铝合金门窗

2. 铝合金门窗框与墙体的连接构造

铝合金门窗上墙安装一般应在土建工程基本结束后，墙面最后粉刷前进行，其固定方式主要依靠金属件锚固来定位和传递。安装时必须保证定位正确牢固，洞口与门窗框外侧应留出操作间隙，安装固定后再用矿棉毡、玻璃棉毡或沥青麻刀等保温隔声材料分层填满，但不能用水泥砂浆作为填充材料，以免腐蚀铝合金，门窗框四周应留出6~8mm深的槽口，再用耐候密封胶封实。

门窗安装前应先检查有无弯曲和变形，如果有变形应立即更换，安装时要注意门窗的开启方向及安装孔位置，检查埋件是否埋设牢固。门窗框料及组合拼接件，除不锈钢外，均不能与其他金属直接接触，以免产生电腐蚀现象，所有门窗的加强件及紧固件均须做防腐处理，一般可采用沥青防腐漆满涂，或镀锌处理。

门窗框固定铁板，除四周距离边角150mm设一点外，一般间距不大于400~500mm。其连接方法有：采用墙上预埋钢板连接；墙上预留孔洞埋入燕尾铁脚连接；采用水泥高强钉连接。锚固铁件用厚度不小于1.5mm的镀锌钢板。门窗固定时不能用金属锤打敲击，以防止击伤或变形，门窗四周要先埋木条抹灰，然后将木条取出，再灌建筑耐候密封胶，应避免灰浆直接粘到门窗表面，待工程竣工后方可剥去门窗外包胶膜。门窗固定要做到横平竖直，高低一致（见图17-7）。

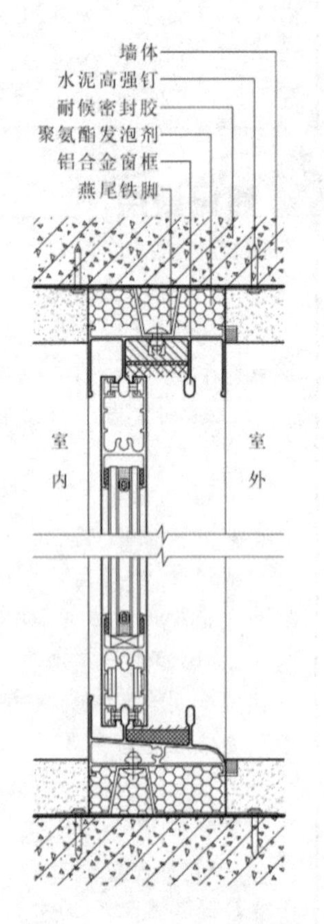

图17-7 铝合金窗构造

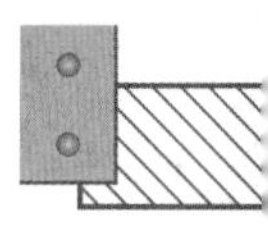

三、塑钢门窗

目前在我国发展较快，用量最大的门窗产品就是塑钢门窗，它是以改性硬质聚氯乙烯（简称UPVC）为主要原料，经挤压成型为各种断面结构的塑料型材，定长切割后组装制成的塑料门窗。这种门窗具有良好的隔热保温性、隔噪音性、气密性、水密性、耐老化性、抗腐蚀性。预测其使用寿命50年左右。

为了增加型材的刚性，在其内腔衬增加型钢或铝合金等加强件，用热熔焊接机焊接组装制作成门窗框、门窗扇等，因此称它为塑钢门窗。设计门窗框异型材断面结构形状时，应满足如下几点：

（1）有适当的断面安装固定铁件，并与墙体连接固定；

（2）对固定窗的窗框，要设计安装玻璃、密封条和玻璃压条的沟槽；

（3）对开启的窗和门，其框的异型材为满足气密、水密、五金安装、排水、连接等功能，设计时要带有沟槽、凸面、内腔加强筋等特殊结构。

塑钢门窗中的金属增强型材的形状和尺寸规格，根据主型材主腔结构而定，由于主型材的型腔尺寸不同，所以金属增强型材的形状尺寸也有数种。钢质增强件应采用镀锌的钢板，厚度为1.5~2.5mm，在切口处应涂防锈漆，铝质增强件无需特别处理。塑料型材的结构应能保证将增强衬筋装入封增长的空腔内，腔内不能有水渗入（见图17-8）。

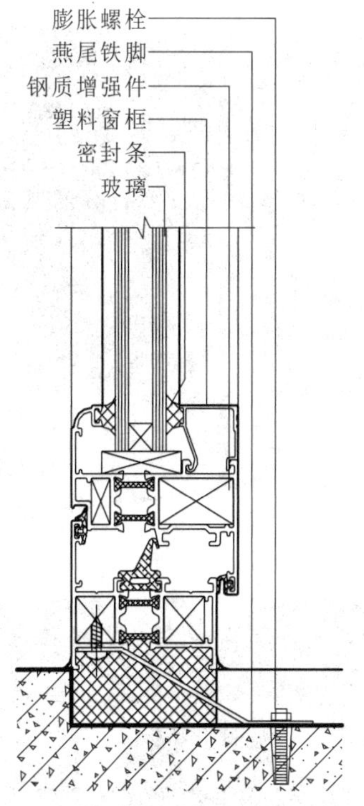

图17-8 塑钢窗构造

熟记要点

塑钢窗的排水

塑钢窗在两个部位存在排水问题，其一是玻璃镶嵌槽（即窗扇的排水），其二是窗框的排水，所以无论是平开窗还是推拉窗的框、扇型材都应该设置有排水腔，以使流入窗扇内的雨水和冷凝水可以排出室外。排水腔应该设置在安装玻璃压条槽的相反一侧，这样，安装玻璃可在室内进行。排水腔要和主腔隔开，以防止水流入主腔内，腐蚀加强金属件。

玻璃镶嵌槽的排水最好是由外腔直接向外排放，也可以通过排水腔向下经框排水道排出。开设的排水孔特别要注意它的密闭性，室外要加排水孔封盖。窗框排水腔的排水方式也可以直接向外排出或通过前腔向下排出，最好采用向下排出的方式。

★思考题★

1. 怎样设计木质门框?
2. 铝合金门窗与塑钢门窗的构造有什么区别?

第十八章　家具

家具构造是装饰装修中的精髓，它依附在建筑空间里，直接与使用效率相关。我国传统家具一直继承着榫结合的特色构造，发展框式家具，随着现代装饰材料的运用和工业技术的发展，越来越多的成品家具向着多元化方向发展，实木家具、板式家具、软体家具等多种构造形式开始涌进市场。但是，当我们购买成品家具的同时，仍然需要使用根据环境空间尺度定身制作的家具，这些家具如同其他装饰构造，需要经过严谨的设计，方可应用自如，改善我们的建筑空间。

(a)

(b)

(c)

(d)

图18-1　储藏柜

第一节　储藏柜

储藏柜主要用于储藏物品，对于不用的使用环境，储藏柜的形式不同，功能不同。例如：家居卧室内的储藏柜用于放置衣物、被褥等（见图18-1）；办公间内的储藏柜用于放置文件、资料及办公用品等；车间、仓库内的储藏柜用于放置原料、产品及工业零配件等。针对不同的使用方向，储藏柜的构造设计均有不同。

1. 储藏柜设计

储藏柜的主要功能是存放物品，在设计时要选用与存放物品相适应的材料。木材轻便灵活、方便加工，可以用于结构复杂、装饰细节多样的储藏柜；金属材料承重大、成本高、加工复杂，可以用于工业领域的大体量货架；玻璃材料晶莹剔透、外观华丽，可以用于商业空间内集展示、储藏于一体的货柜。多种材料相互穿插使用，也能达到和谐、别致的装饰效果。在设计中要对使用要求和经济成本作综合考虑，美观、华丽的材料用于表面，低廉、牢固的材料用于承重，待整体构造基本完成后可以适当添加装饰色彩与细节构造，这对提高储藏柜的档次有很大帮助。

在装饰装修中需要量身定制的储藏柜尺寸要与使用环境尺寸相匹配，而内部结构的划分要与储藏的物品相对应，同时，这些又都要与材料的规格相对应。小型储藏格一般边长300~350mm，适用于书本、器皿、工艺品等；中型储藏格边长400~600mm，适用于被褥、衣物等；大型储藏格边长600~1200mm，适用于产品、设备等。不少储藏柜要达到保洁要求，需要设计柜门，而柜门的形式多样，装饰工艺品、电子精密产品可以使用全封闭式玻璃柜门；图书、器皿可以使用木质开门；挂置的衣物和大型产品、设备可以使用梭拉门和卷帘门等。也有不少形式的储藏柜融合到了整体建筑空间中，完全去除柜门，以房间门取而代之，令使用更加方便。

2. 储藏柜构造

（1）板式构造 即是人造板为基材，采用专用的五金连接件装配而成的家具构造。储藏柜一般采用18mm厚木芯板、纤维板制作，板材既是承重体，又是围合体，宽度900mm的单板水平承重可达20kg，针对承重要求高的储藏柜，可以设计双层或三层板材，横向板材的受力点应该传递至纵向板材上（见图18-2）。板材的切割要求均匀、整齐，可以在外表增加装饰层，但是不能影响整体构造。板式构造是目前使用最频繁的家具构造，适用于家居、办公、商业展示等各种场合的储藏柜设计（见图18-3）。

（2）框式构造 即是采用方材或杆件连接成具有承载力度的立框，根据需要在立框之间镶嵌薄板或玻璃等围合构造。我国传统的木质储藏柜多用这种结构，又称为榫接合，它能根据放置的

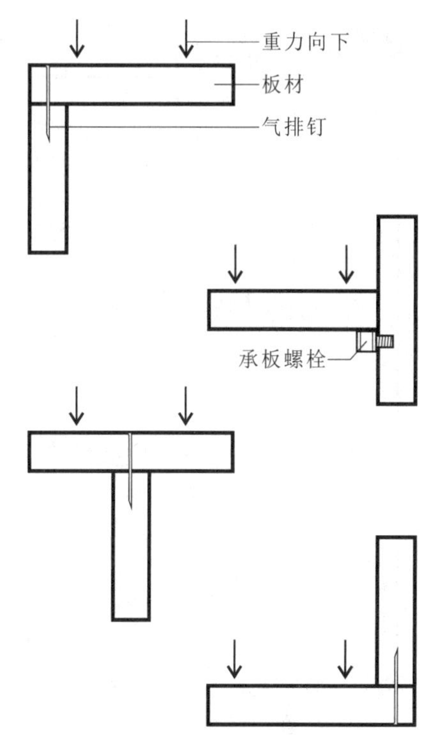

图18-2 板材的承接构造

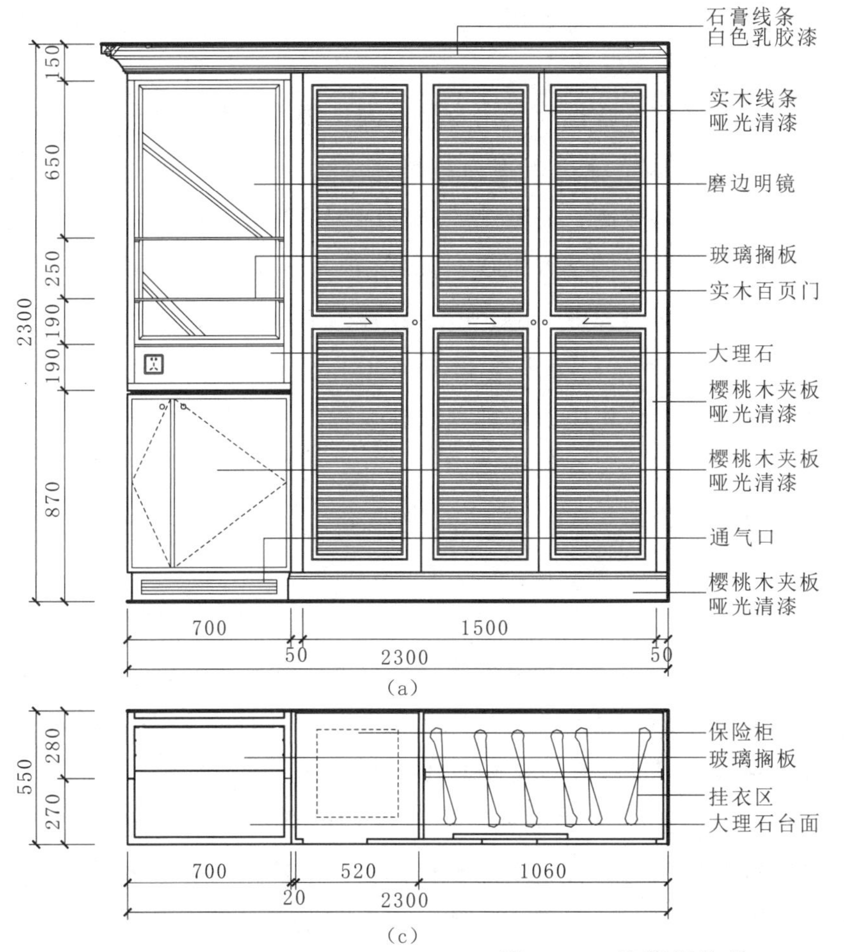

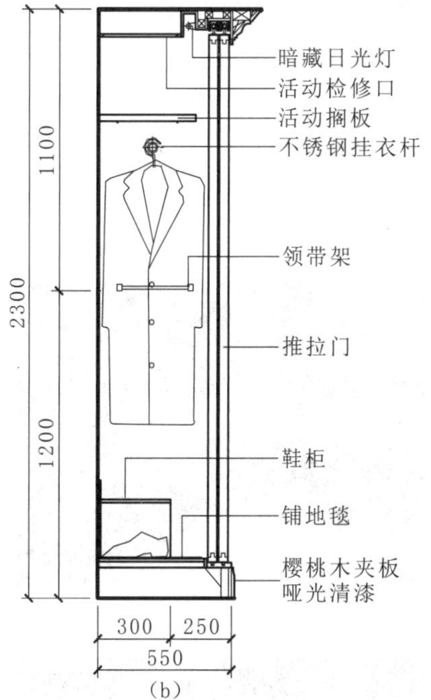

图18-3 储藏柜构造

(a) 立面图 (b) 剖面图 (c) 平面图

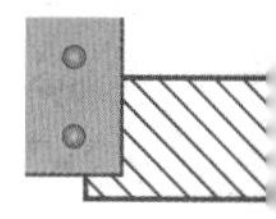

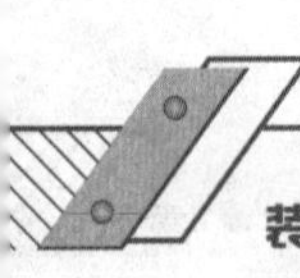

物品来选择换杆件材料，承载力适中。但是在构造设计中需要考虑对框架的装饰，并处理好榫接合的方式。

（3）抽屉 是储藏柜必不可少的构件，一般采用15mm厚木芯板或纤维板制作，深度与储藏柜相当，但是要安装金属滑轨配件，深度较储藏柜少50mm，抽屉宽度一般不超过600mm，高度不超过250mm，过大的抽屉会增加滑轨的承载负荷，容易损坏。随着现代物质生活水平的提高，还将衣帽架、裤架等构件设计成抽屉的形式，更加丰富了储藏柜的形式。

第二节 橱柜

橱柜是厨房、餐厅空间的必备家具，适用于住宅、公共餐厅等空间，它要根据实际空间尺度来进行设计。现代橱柜多以板式结构为主，工厂统一制作板件并搭配五金连接件，其后运送到使用现场统一安装。

1. 橱柜设计

橱柜的使用功能主要集中在储藏、清洗、烹饪、展示等方面，设计中首先考虑使用功能，划分区域，在不同分区内设置构造，来满足正常使用。

为了经济、合理地利用有限空间，橱柜一般分为上、下两部分，上部与墙壁连接，称为吊柜，下部坐落在地面上，称为底柜。吊柜位置较高，底部处于1400~1500mm，高处可以连接到顶棚，单格柜门的边长300~350mm，一般用于放置餐具与常用物品。底柜高度800~900mm，深度500~600mm，柜门宽度根据实际长度等分，每扇宽380~450mm，一般用于放置大件厨具、食品等。底柜上表面即是操作台面，需要铺设光洁的石材，便于清洁，石材上会根据清洗水槽和炉灶的位置来开设洞口，为后期设备安装奠定基础。

2. 橱柜构造

现代橱柜一般都为板式构造，根据使用要求将18mm厚中密度纤维板裁切后，使用五金连接件装配。用于橱柜的纤维板表面经过喷塑覆面，具有一定的保洁功能，外表面可以继续增加各种装饰单板，以提高装饰效果（见图18-4）。

具有承重要求的橱柜，需要再适当增加纵、横向板材的数量。橱柜柜门通过铰链安装至柜体上，玻璃柜门一般要采用铝合金边框包围，对于上下一体的立柜也可以考虑采用卷帘门。吊柜采用塑料膨胀螺钉固定在墙面上，固定点间距不大于400mm。底

熟记要点

橱柜中的管线设备

橱柜内集中了各种管线，是家具工艺程度最高的区域。所有管线设备一般分为水、电、气三大类。

1. 水设施：通过主阀门供水至水池，使用PP-R管连接，布设时一般应安装在容易检查更换的明处，尤其是阀门和接口在安装后一定要加水试压，以防泄露。水池使用后的污水经PVC管排入到建筑中预留的下水管道。

2. 电设施：厨房内所用的电器设备一般包括照明灯具、微波炉、消毒柜、抽油烟机、冰箱、热水器等，设施门类复杂。在布设电线时应考虑到使用频率的高低，分别设置数量不等、型制不同的插座。

3. 气设施：厨房内一般使用液化石油气、天然气两种。供气单位所提供的控制表应远离明火，所连接的输气软管应设置妥当，避免燃气泄露发生危险。

（a）

（b）

图18-4 橱柜

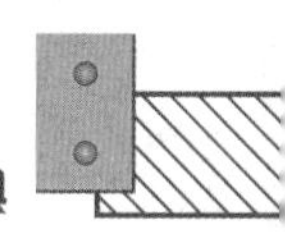

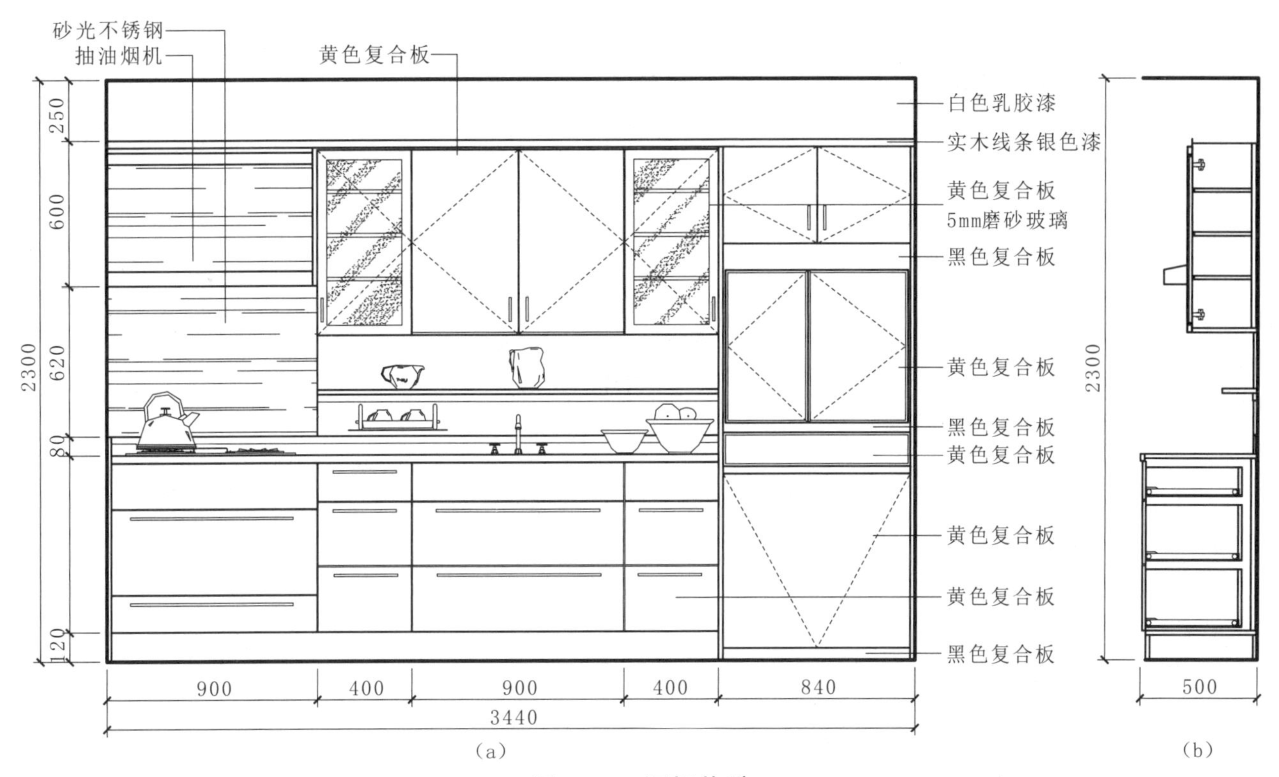

图18-5 橱柜构造

(a) 立面图 (b) 剖面图

柜通常采用成品金属立柱支撑于地面上，金属立柱间距一般为600mm左右，或者根据整体长度等分。为了提高使用效率，可以在橱柜柜体内适当安装置物架，使用螺钉固定在竖向板材上，每两个螺钉的连接点保持间距50mm以上（见图18-5）。

第三节 装饰台柜

装饰台柜的运用非常广泛，家居、银行、酒吧、大堂、办公室等空间均有布置，它能分隔空间，为临时操作提供了平台，同时也点缀了环境。

1. 装饰台柜设计

装饰台柜的设置要因地制宜，一般布置在视觉显著的部位，以提高它的装饰效果，更要方便使用。一般台柜与人的接触较少，体量较高，用于站姿操作的台面高度达到1000～1300mm，人在台柜旁保持站立的姿态，随时准备离去，或者坐在高脚凳上，使身体与台柜保持平行。用于坐姿操作的台面可以仍然保持760mm的桌面高度，装饰台柜深度300～600mm不等，分单面使用和双面使用两种，单面台柜一般贴墙设计，双面台柜还可以设计出高差，满足两面不同的使用功能。装饰台柜可以选用多种装饰材料，穿插搭配，呈现出别具一格的装饰风格。在装饰之余，

熟记要点

橱柜设备安装

吊柜的安装应根据不同的墙体采用不同的固定方法；底柜的安装应先调整水平旋钮，保证各柜体台面、前脸均在一个水平面上；两柜连接使用木螺丝钉；后背板通管线、表、阀门等应在背板划线打孔。安装水槽底板下水孔处要增加塑料圆垫，下水管连接处应保证不漏水、不渗水，不得使用各类胶粘剂连接接口部分。安装不锈钢水槽时，保证水槽与台面连接缝隙均匀，不渗水。安装水龙头，要求安装牢固，上水连接不能出现渗水现象。抽油烟机的安装，注意吊柜与抽油烟机罩的尺寸配合，应达到协调统一。安装灶台，不得出现漏气现象，安装后用肥皂沫检验是否安装完好。

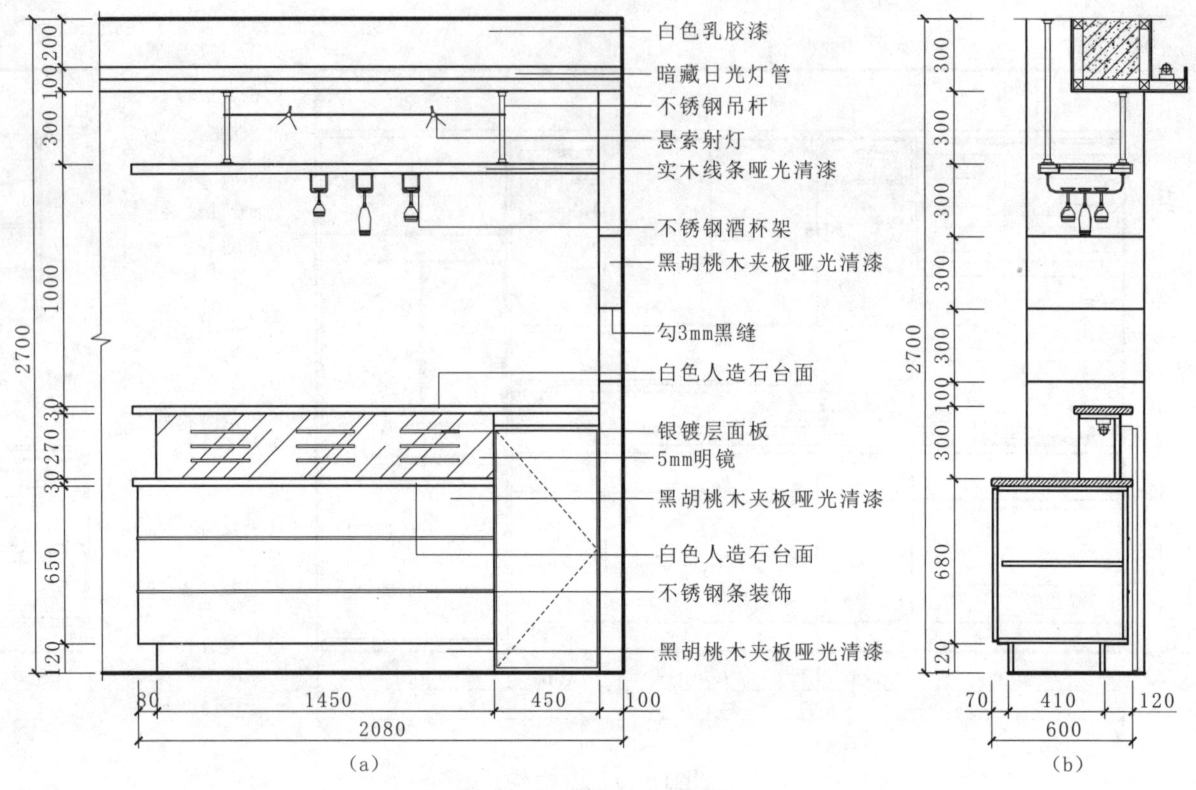

图18-6 装饰台柜构造

(a) 立面图 (b) 剖面图

台柜内可以设计储藏空间，隐蔽的柜门和抽屉能提高装饰台柜的使用效率。

2. 装饰台柜构造

普通家居台柜可以采用板式构造，形式与储藏柜相同。公共空间的中大型台柜应采用木龙骨制作框架，外表钉接15mm厚木芯板或中密度纤维板，加强结构的同时也能更好地覆盖装饰层，例如：钉接装饰面板；粘贴铝塑板；镶嵌玻璃或金属板等。对于要求安装天然石材的装饰台柜，基层龙骨应该选用型钢骨架，通过各种规格的槽型钢、角型钢焊接，组合成坚固的框架才能满足天然石材的挂接（见图18-6）。

熟记要点

装饰台柜的形式

1. 贴墙式：利用贴墙放置，吊柜可以摆放在台柜上方或悬于墙上。它占地面积少，适合于较小的室内空间。

2. 转角式：利用空间转角进行布置，可以围台而坐，方便交谈。

3. 隔断式：利用台柜对空间实行分隔，适用于面积较大的多种功能空间。

4. 嵌入式：在不规则的室内空间可以充分利用边角空间，例如：凹入的部分安放台柜，不但增加了实用面积，而且还使整个空间都显得整齐。

5. 餐桌式：台柜与餐桌结合，在必要时将吧台的餐桌部分展开或拉出用于就餐。

★思考题★

1. 怎样设计组合储藏柜？

2. 橱柜中的吊柜与底柜该怎样固定？

3. 装饰台柜有哪些形式？